职业教育规划教材

基因工程操作基础

主　编　覃鸿妮　谢钰珍　吴　凡
副主编　梅　啸　钱莉春　薛高旭

苏州大学出版社

图书在版编目(CIP)数据

基因工程操作基础／覃鸿妮，谢钰珍，吴凡主编.
—苏州：苏州大学出版社，2018. 12
职业教育规划教材
ISBN 978-7-5672-2551-0

Ⅰ. ①基… Ⅱ. ①覃…②谢…③吴… Ⅲ. ①基因工程-高等职业教育-教材 Ⅳ. ①Q78

中国版本图书馆 CIP 数据核字(2018)第 213524 号

基因工程操作基础
覃鸿妮 谢钰珍 吴 凡 主编
责任编辑 徐 来

苏州大学出版社出版发行
(地址:苏州市十梓街 1 号 邮编:215006)
虎彩印艺股份有限公司
(地址:东莞市虎门镇陈黄村工业区石鼓岗 邮编:523925)

开本 787mm×1092mm 1/16 印张 15.25 字数 353 千
2018 年 12 月第 1 版 2018 年 12 月第 1 次印刷
ISBN 978-7-5672-2551-0 定价:39.00 元

苏州大学版图书若有印装错误,本社负责调换
苏州大学出版社营销部 电话:0512-67481020
苏州大学出版社网址 http://www.sudapress.com
苏州大学出版社邮箱 sdcbs@suda.edu.cn

前言

随着基因组研究向各学科的不断蔓延，分子生物学技术已渗透到生命科学的各个领域。分子生物学一线技术员以及高一级的研发人员已成为各大相关行业、生产企业和经营单位的紧缺人才。高等学校培养的人才是否真正符合企业的需要，课程体系的设置和课程内容的选择显得尤为重要。为了实现高层次、复合型、创新型技术技能人才的培养目标，我们以校企合作为契机，综合基因服务、生物技术、生物制药等相关企业的分子生物学业务，以企业真实项目为蓝本，校企联合编写了这本分子生物学实训指导教材，供生物工程、生物技术、生物制药、生物信息等专业的高职学生和企业一线的工作人员选用。

本书采用项目式编写方法，以项目描述、项目分析、项目实施、结果呈现来组织教学内容，项目的相关理论知识附在每个项目最后。每个项目从项目描述引入并下达任务，通过项目分析弄清项目的基本原理、待解决的问题以及需要的各种设备、试剂和耗材，可以有效地培养学生分析问题的能力，养成良好的科研素养。每个项目绝非简单实验步骤的罗列，而是设计了多个环环相扣的任务，让学生在完成这些任务的过程中，对相关理论知识能有一个整体的认识，有助于培养学生的细心、耐心和责任心。

全书分为6个项目，具体内容包括：培养基的制备、接种和培养；动物、植物、微生物DNA和RNA的提取和检测；聚合酶链式反应（PCR）克隆和从头合成目的基因；目的基因的转化和原核表达；基因的定点突变；cDNA文库和高通量测序（NGS）文库的构建。前面的四个项目环环相扣，项目1培养的大肠杆菌可作为项目2中质粒提取的来源，项目4中基因转化的载体和目的基因可分别来源于项目2提取的质粒、动植物DNA或项目3中利用PCR合成的基因。分子生物学技术相关企业岗位中的基因合成、基因测序等项目往往也是环环相扣的，需要不同岗位和部门紧密合作，仅仅懂得一个实验的原理和步骤是不能胜任不同工作任务的调配的。

本书的特点是深入浅出、实用性强，注重不同实验间的内在联系。除了NGS文库的构建外，其他项目都无须购买昂贵的仪器和试剂，学生可以在一般的分子生物学实验室根据项目信息，在老师的指导下进行试剂配制和实验。所有的基因序列、载体信息都提供得很详细，学生可采用本书中的原始序列，也可以根据需要自行选用不同的基因、载体和引物。NGS文库的构建是高通量测序前必要的样品制备技术，由于试剂盒价格偏贵，不适合大批量学生实验，可供部分学生选做或作为基因测序相关知识的理论教学参考。

本书由覃鸿妮、谢钰珍、吴凡主编，梅啸、钱莉春、薛高旭任副主编，其中覃鸿妮、钱莉春、薛高旭联合编写项目1和项目4，覃鸿妮和吴凡联合编写项目3和项目5，覃鸿妮和谢钰珍联合编写项目2，吴凡和梅啸联合编写项目6。本教材编写过程中，苏州金唯智生物科技有限公司在技术上给予了大力支持，并提供了项目来源，在此表示感谢。

由于编者水平有限，书中难免存在不足之处，恳请读者批评指正。

编者

2018年5月

目录

项目1
大肠杆菌的培养与分离

大肠杆菌(学名:*Escherichia coli*,简写:*E. coli*)是人和动物肠道中最著名的一种细菌,主要寄生于大肠内,约占肠道菌中的1%,经常作为细菌的模式生物广泛用于科学研究。大肠杆菌是一种两端钝圆、能运动、无芽孢的革兰阴性短杆菌(图1-1)。除某些特殊血清型的大肠杆菌对人和动物有病原性,常引起严重腹泻和败血症外,大部分菌型不致病,能合成维生素B和维生素K,对人体有益。

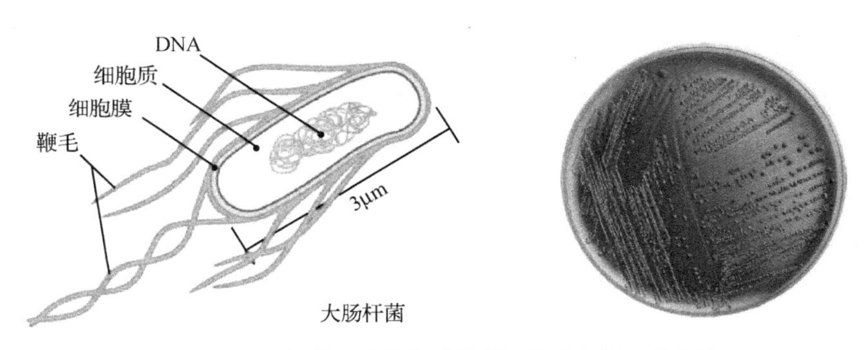

图1-1 大肠杆菌细胞结构及体外培养的大肠杆菌菌群

大肠杆菌遗传背景清楚,培养条件简单,常作为外源基因表达的宿主。目前,大肠杆菌是应用最广泛、最成功的原核表达体系,常作为基因高效表达的首选体系。经过人工处理后带上了人工给予的新的遗传性状的细菌称为基因工程菌。从生物安全方面考虑,基因工程菌是在不断筛选后被挑选出的菌株,这些菌株由于失去了细胞壁的重要组分,所以在自然条件下已无法生长,甚至普通的清洁剂都可以轻易地杀灭这类菌株。这样,即便由于操作不慎导致活菌从实验室流出,也不易导致生化危机。此外,生物工程用的菌株基因组都被优化过,使之带有不同基因型(如β-半乳糖苷酶缺陷型),可以更好地用于分子克隆实验。

【项目描述】

培养材料为一个给定的大肠杆菌工程菌菌液,该工程菌人工添加了抗氨苄青霉素(AMP)的基因,可以在添加了AMP的培养基上生长。本项目的菌液由苏州金唯智生物科技有限公司提供。具体要求如下:

1 大肠杆菌的培养

利用液体培养基使大肠杆菌大量繁殖。

2 大肠杆菌的分离与保存

(1)利用固体斜面、固体平板培养基进行画线培养,得到单个细菌繁殖的单菌落。

(2)利用固体穿刺培养基保存菌种。

【项目分析】

1 基本原理

培养基是通过人工加入大肠杆菌生长所必需的各种成分,包括水、碳源、氮源、无机盐和生长因子等各种营养物质配制而成的养料。给定的大肠杆菌经过基因工程处理过,其对氨苄青霉素(AMP)具有抗性,而其他杂菌对 AMP 没有抗性,因此在培养基中添加适量的 AMP,在无菌条件下使用合适的接种方法接种后培养,有利于获得生长良好的纯种大肠杆菌。

2 需要解决的问题

(1) 配制适宜大肠杆菌生长的培养基,包括液体培养基、固体平板培养基、固体斜面培养基、固体穿刺培养基。

(2) 对培养基进行灭菌,并加入抗性 AMP,在无菌条件下将大肠杆菌接种到培养基上。

(3) 选择适宜的外界环境,使其生长繁殖。

3 主要仪器设备、耗材、试剂

(1) 仪器设备:电子天平、恒温水浴锅、微量移液器、高压灭菌锅、超净工作台、恒温培养箱、通风柜、纯水机等。

(2) 耗材:试管、培养皿、三角瓶、量筒、烧杯、玻璃棒、封口膜、绳子、接种工具、酒精灯、移液器吸头等。

(3) 试剂:蛋白胨、牛肉膏、NaCl、NaOH、琼脂粉、AMP、ddH_2O 等。

【项目实施】

本项目分 3 个任务,分别是培养基的制备、大肠杆菌的接种和大肠杆菌的培养,前一个任务完成的好坏会直接影响后续任务的实施,同时本项目培养的大肠杆菌又可作为项目 2 中质粒 DNA 提取的材料来源。

任务1 培养基的制备

1 试剂用量的计算、称量及溶解

配制蛋白胨、NaCl、牛肉膏浓度分别为10g/L、5g/L、3g/L的培养基500mL。按配方准确称取蛋白胨、NaCl于大烧杯中。牛肉膏用玻璃棒挑取，放在小烧杯中称量，加适量水放在65℃水浴锅中溶化后倒入装有蛋白胨和NaCl的大烧杯中，加水溶解并定容到500mL。

注意：蛋白胨极易吸潮，故称量时要迅速。为了避免药品间混杂，一把药匙用于一种药品(可在药匙上贴上标签)，勿将瓶盖盖错。将小烧杯中溶解的牛肉膏倒入大烧杯时，须用蒸馏水多次冲洗小烧杯，以保证牛肉膏完全倒入大烧杯中。

2 调节pH

在未调pH之前，先用精密pH试纸测量培养基的初始pH，如果偏酸，则用滴管或微量移液器向培养基中加少量1mol/L的NaOH溶液，如果偏碱，则加入少量1mol/L的HCl溶液，边加边搅拌，并随时用pH试纸测其pH，直至pH为7.0～7.6。

3 分装及灭菌

(1) 分装。将配制好的500mL培养基分装入2个500mL的三角瓶中。其中一个三角瓶中分装液体培养基，直接将250mL培养基倒入三角瓶中；另外一个三角瓶中分装固体培养基，将剩下的250mL培养基转入另一三角瓶中，并向其中加入4g琼脂，混匀后密封。

(2) 灭菌。将上述培养基于高压灭菌锅中121℃条件下灭菌30min。

(3) 分装及加入AMP纯化。灭菌后，液体培养基不用分装，冷却后加入250μL AMP即可；固体培养基冷却到50℃左右，加入250μL AMP后在未凝固前分别分装到试管和平板内，冷却凝固，制成斜面、平板和穿刺培养基各2个，平板培养基凝固后将平板倒置于桌面上。

注意：分装前，试管、平板及各种封口膜均须灭菌，分装在超净工作台中进行，不离开酒精灯火焰以保证无菌环境。斜面培养基分装高度不宜超过试管的1/5，平板培养基分装厚度不宜超过培养皿的1/3，穿刺培养基分装高度以试管高度的1/3为宜。

任务2 大肠杆菌的接种

1 消毒

接种前，先将超净工作台用酒精擦干净后紫外线灭菌30min，然后用75%的酒精擦手，待酒精挥发后点燃酒精灯。

2 接种

(1) 斜面接种。左手拿着斜面管，使斜面向上，并尽量放平，用右手将封口膜取下，同时将管口在火焰上燃烧一圈,右手拿住接种针,将针头在火焰上烧红,待其冷却后马上蘸取菌液,立即转入斜面管底部,沿斜面画“Z”字形曲线,完成后用无菌封口膜封口。

(2) 穿刺接种。无菌操作同斜面接种,用接种针蘸取菌液后,垂直插入固体培养基2/3处,再垂直拔出,封口。

(3) 平板接种。左手托住培养皿底部,食指扶住上盖,微开培养皿,右手拿起接种环在酒精灯上消毒,待其冷却后马上蘸取菌液,在培养皿的四个区域分别以不同方向画“Z”字形曲线,将培养皿合上,倒置培养。

(4) 液体接种。用移液枪吸取适量菌液,左手将三角瓶微倾,用微量移液器吸头靠近液体,注入菌液,封口,摇匀。

任务3 大肠杆菌的培养

(1) 将接种好的培养基放在37℃的环境下进行过夜培养。

(2) 第2天,观察培养基中大肠杆菌的生长状况,并记录结果。

【结果呈现】

培养后,可以分离出由一个细胞繁殖而来的肉眼可见的单菌落(图1-2)。

图1-2 斜面、平板、穿刺培养基中生长的大肠杆菌

【思考题】

(1) 平板在接种前和接种后为什么要倒置?

(2) 为什么接种第一步要灼烧接种针?每次画完线到下一个点画线前都要灼烧接种针吗?在画线操作结束时,仍需要灼烧接种针吗?为什么?

【时间安排】

(1) 第1天:准备相关试剂、耗材,并检查所需设备是否都能正常运转,进行培养基制备及大肠杆菌接种并放于培养箱过夜培养。

(2) 第2天:观察培养基中大肠杆菌的生长状况并记录结果。

1　大肠杆菌

1.1　概述

大肠杆菌在自然界分布很广，是人和动物肠道中的正常菌群。大肠杆菌是我们了解最清楚的原核生物，属于单细胞原核生物，具有原核生物的主要特征：细胞核为拟核，无核膜，细胞质中缺乏像高等动植物细胞中所含有的线粒体、叶绿体等具有膜结构的细胞器，核糖体为70S，以二分分裂繁殖。大肠杆菌正常情况下一般不致病，属于条件致病菌。大肠杆菌染色呈革兰阴性，为两端钝圆的短杆菌，大小为(0.5～0.8)μm×(1.0～3.0)μm。大肠杆菌有周身鞭毛，可运动，具有致育因子的菌株还有性菌毛(图1-3)。

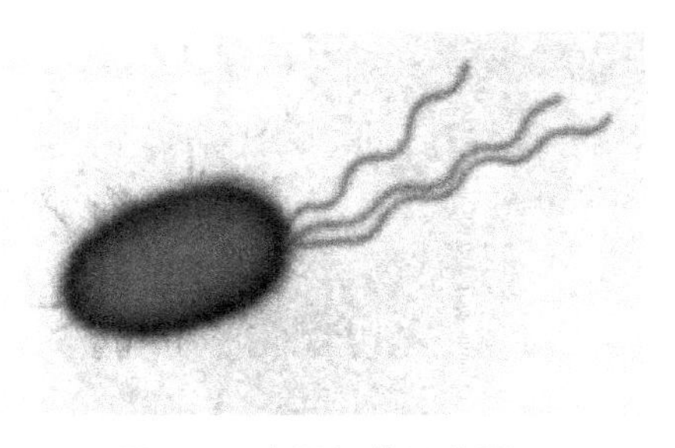

图1-3　大肠杆菌示意图

1.2　大肠杆菌的形态结构

(1) 细胞壁。细胞壁位于大肠杆菌的最外层，厚约11nm，分为两层，即外膜和肽聚糖层。外膜是大肠杆菌细胞壁的主要成分，占细胞壁干重的80%，厚约8nm，位于肽聚糖层的外侧，主要由磷脂、蛋白质和脂多糖组成。脂多糖是革兰阴性细菌的内毒素，也是革兰阴性细菌细胞壁的特有成分，主要与其抗原性、致病性及对噬菌体的敏感性有关。肽聚糖层由1～2层网状的肽聚糖组成，占细胞壁干重的10%，厚2～3nm，是细菌等原核生物所特有的成分。大肠杆菌的肽聚糖由聚糖链、短肽和肽桥三部分组成。聚糖链由N-乙酰葡萄糖胺和N-乙酰胞壁酸分子通过β-1,4糖苷键连接而成。短肽由L-丙氨酸、D-谷氨酸、内消旋二氨基庚二酸、D-丙氨酸组成，并由L-丙氨酸与胞壁酸相连。一条聚糖链短肽的D-丙氨酸与另一条聚糖链短肽的内消旋二氨基庚二酸直接形成肽键(肽桥)，从而使肽聚糖形成网状的整体结构(图1-4)。由脂蛋白将外膜和肽聚糖层连接起来，从而使大肠杆菌的细胞壁形成一个整体结构。

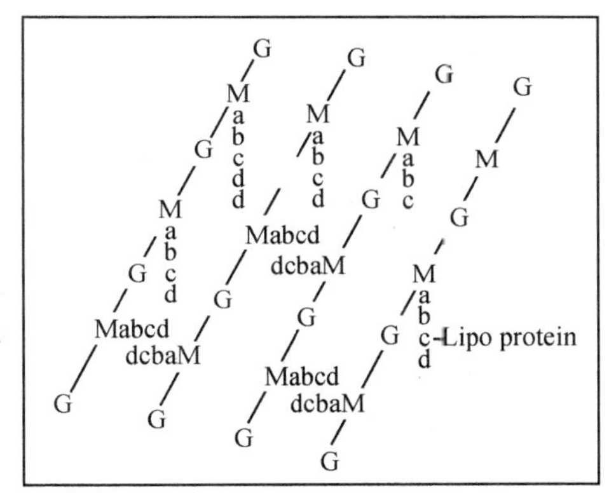

M：N-乙酰胞壁酸；G：N-乙酰葡萄糖胺；a：L-丙氨酸；b：D-谷氨酸；c：二氨基庚二酸；d：D-丙氨酸

图1-4　大肠杆菌肽聚糖的交联结构

(2) 细胞膜。大肠杆菌细胞膜的结构与其他生物细胞膜的结构相似，但其细胞膜中蛋白质的含量高且种类多。其细胞膜具选择透性，从而可控制营养物质进出细胞。大肠杆菌细胞的生物活性非常强，含有丰富的酶系，如各种脱氢酶系、氧化磷酸化酶系、电子传递系统、透性酶等。因此，细胞膜是原核生物能量转化的场所，并能通过它对外界环境的各种刺激做出反应，并可传递信息，参与细胞壁的合成等。

（3）细胞质。细胞质是细菌的内环境，是蛋白质、各种酶类和核酸生物合成的场所，也是吸收营养物质后进行物质合成和分解代谢的场所。大肠杆菌的细胞质中含有糖原颗粒、核糖体和质粒等结构。

（4）核糖体。核糖体是细胞质中一种核糖核蛋白颗粒，是蛋白质合成的场所。大肠杆菌的核糖体呈椭圆球形，体积为 13.5nm × 20nm × 40nm，由 65% 的核糖核酸和 35% 的蛋白质组成。大肠杆菌的核糖体分散在细胞质中，完整核糖体的沉降系数为 70S，由 30S 和 50S 两个大小不同的亚基组成。

（5）质粒。在大肠杆菌中，除遗传物质的主要载体染色体之外，还有一种闭合环状的双链 DNA 遗传因子，即质粒。质粒具有自我复制的特性，不同质粒的基因及质粒和染色体基因均可发生基因重组。质粒可通过细菌的接合而转移，也可随细胞的分裂而传递或丢失。由于质粒具有这些特性，所以在分子生物学和遗传工程中质粒经常作为外源基因的载体。大肠杆菌中已发现的质粒有 F 因子、R 因子和 Col 因子等。

① F 因子。F 因子又称致育因子，是最早发现的质粒，可以表达性菌毛。其相对分子质量为 6.3×10^7，长 94.5kb，约为大肠杆菌染色体的 2%。F 因子的基因含有 3 个主要基因群，分别负责插入、复制和转移功能（图 1-5）。其中，含有 F 因子的可以类比为"雄性菌"，没有 F 因子的可以类比为"雌性菌"。"雄性菌"可以通过其上的性菌毛与"雌性菌"发生短暂的接合作用。在这一短暂的接合过程中，"雄性菌"会把这个 F 因子的质粒复制并转移给"雌性菌"，从而使之也变成"雄性菌"。这一现象的发现也为我们进行不同菌种之间的遗传物质交流等分子生物学及微生物遗传学的研究提供了一个非常好的方法。

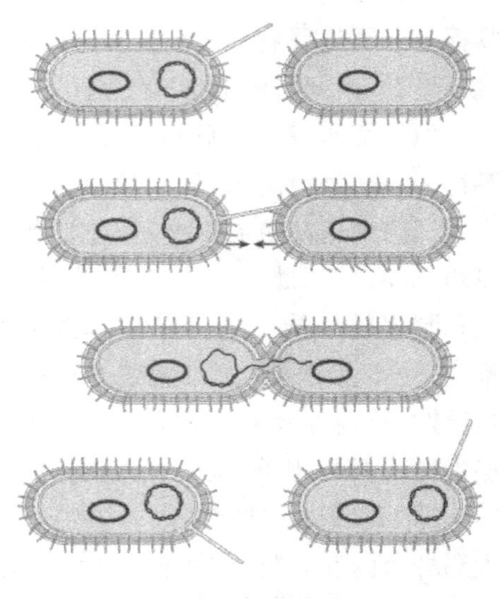

图 1-5 大肠杆菌的 F 因子

② R 因子。R 因子是抗药因子或抗多药剂因子的简称。它是一种细胞质性的质粒，这种质粒具有使寄主菌对链霉素、氯霉素、四环素等抗生素或磺胺剂产生抗药性的基因群。和 F 因子一样，R 因子通过接合进行转移，获得该因子的细菌同时获得对多种药剂的抗性。R 因子最早于 20 世纪 50 年代从痢疾志贺菌中发现，后来发现大肠杆菌中也含有这种质粒。R 因子中的 R 是 resistance 一词的首字母。R 因子常由相连的两个 DNA 区段组成。这类质粒中，可通过接合转移者除有决定耐药性的 R 区段 DNA 外，还有传递区段（RTF，resistance transfer factor）。RTF 决定性菌毛的形成，通过接合而传递。如果只有 R 区段而无 RTF 区段，则不能通过接合传递。非接合性质粒必须经传递性质粒带动、噬菌体转导或以转化方式转入受体菌。

③ Col 因子（Col 质粒）。Col 因子即产大肠杆菌素因子。它编码有控制大肠杆菌素合成的基因。大肠杆菌素的化学成分为脂多糖和蛋白质的复合物，它能通过抑制复制、转录、转

译或能量代谢而专一性地杀死不含 Col 因子的其他肠道细菌。Col 质粒的种类很多，主要可分为两类：第一类以 ColE1 为代表，特点是相对分子质量小，无接合作用，属松弛型控制，多拷贝；第二类以 ColIb 为代表，特点是相对分子质量大，与 F 因子相似，具有通过接合而转移的功能，属严紧型控制，只有 1～2 个拷贝。凡带 Col 质粒的菌株，因质粒本身可编码免疫蛋白，故对大肠杆菌素有免疫作用，不受其伤害。

（6）拟核。大肠杆菌的细胞核无核膜和核仁，没有固定的形态，结构简单，称为拟核，又称细菌染色体。拟核具有高度紧密的结构，由 RNA、蛋白质和超螺旋环状 DNA 组成。大肠杆菌的全部基因都包含在这条 DNA 上。环状 DNA 的总长度可达 1300μm，相对分子质量为 2.8×10^9，含有 3000～4000 个基因，目前已经确定了 1400 多个基因的结构、功能及其在基因图上的位置。通过研究大肠杆菌基因的结构、功能及表达调控可揭示其他生物的遗传现象和规律。

1.3　大肠杆菌的特殊结构

（1）荚膜。荚膜是某些细菌向细胞壁外分泌的并位于细胞壁外侧的一层厚度不定的胶状物质。大肠杆菌的荚膜主要由多糖组成，具有抗原性，构成了大肠杆菌的表面抗原，即 K 抗原。

（2）鞭毛。鞭毛是某些细菌长在细胞表面的长丝状、波曲状的附属物，其数目为一至数根，长为菌体的若干倍，最长可达 70μm，直径一般为 10～20nm。鞭毛由鞭毛蛋白组成，构成了细菌的鞭毛抗原。大肠杆菌有周身鞭毛，和其运动有关。若将大肠杆菌穿刺接种于半固体培养基上，它将沿穿刺线向周围扩散生长。大肠杆菌的细胞表面还含有一种比鞭毛更细、较短且直硬的丝状体，称为菌毛，可分为普通菌毛和性菌毛。普通菌毛主要用于吸附于动植物、真菌以及各种细胞的表面，有的是噬菌体吸附的位点。性菌毛是在 F 因子的控制下形成的，它是细菌接合的“工具”。通过性菌毛的接合，可在细菌之间传递质粒或染色体基因等。

1.4　大肠杆菌的生理生化特性

1.4.1　产能代谢

大肠杆菌为兼性厌氧菌，其营养类型为化能异养。其呼吸类型为：在有氧条件下进行有氧呼吸产能，在无氧条件下进行无氧呼吸和发酵产能。

（1）有氧呼吸。有氧呼吸是指以分子氧作为最终电子受体的生物氧化过程。大肠杆菌可以利用葡萄糖等作为碳源和能源。葡萄糖经糖酵解（EMP）途径分解为丙酮酸，丙酮酸再经三羧酸循环（TCA）彻底氧化为 CO_2 和 H_2O，并从中获得大量能量。在此过程中，底物氧化释放的电子通过电子传递链最后交给氧。电子传递链又称呼吸链，其功能之一是传递电子，功能之二是将电子传递过程中释放的能量合成 ATP，即电子传递磷酸化作用。大肠杆菌呼吸链的组分与线粒体呼吸链的组分有所不同，但详细组分还不是十分清楚。大肠杆菌的呼吸链上有 2 个部位释放质子（线粒体呼吸链上有 3 个部位释放质子）。因此，大肠杆菌呼吸链的 P∶O 为 2，即 1 对电子经呼吸链的电子传递可得到 2 个分子的 ATP。

（2）无氧呼吸。无氧呼吸是在无氧条件下，底物脱下的氢经部分呼吸链传递，最后交给氧化态的无机物（个别为有机氧化物）的呼吸类型。大肠杆菌含有硝酸盐还原酶，在无氧条件下以硝酸盐作为最终电子受体而将硝酸盐还原为亚硝酸盐。

(3) 发酵。发酵是厌氧或兼性厌氧微生物获取能量的一种方式。在此过程中,有机质氧化释放的电子不经电子传递链而直接交给另一内源性有机物。基质在发酵过程中氧化不彻底,发酵的结果仍积累某些有机物。大肠杆菌在无氧条件下进行混合酸发酵,通过发酵将葡萄糖转变成琥珀酸、乳酸、甲酸、乙醇、乙酸、H_2 和 CO_2 等多种产物。大肠杆菌将丙酮酸分解成乙酰辅酶 A 与甲酸。甲酸在酸性条件下(pH 6.2 以下)经甲酸氢酶进一步分解为 CO_2 和 H_2,因此大肠杆菌发酵葡萄糖既产酸又产气。

1.4.2 生化反应

由于上述大肠杆菌进行混合酸发酵产生较多有机酸,使发酵液 pH 下降到 4.2 以下,加入甲基红指示剂呈红色,故大肠杆菌甲基红反应阳性。产气杆菌发酵葡萄糖形成的丙酮酸经缩合脱羧转变为乙酰甲基甲醇,进一步还原为 2,3-丁二醇。乙酰甲基甲醇在碱性条件下氧化生成二乙酰,二乙酰与精氨酸中的胍基反应生成红色化合物,此反应为 V. P. 反应。产气杆菌发酵葡萄糖的 V. P. 反应呈阳性。由于大肠杆菌发酵葡萄糖不产生 2,3-丁二醇,故大肠杆菌的 V. P. 反应呈阴性。V. P. 试验、甲基红试验对大肠杆菌的检测具有重要意义。大肠杆菌还具有氧化酶阴性、不液化明胶、产生吲哚、不利用柠檬酸盐以及在三糖铁琼脂培养基中不产生 H_2S 等生化反应特性。

1.5 大肠杆菌的分裂繁殖

1.5.1 染色体复制与分裂的关系

大肠杆菌以分裂的方式进行繁殖,它的分裂是从染色体的复制开始的。为了使遗传物质能均等地传给两个子代,染色体的复制必须与细胞的分裂保持一致。染色体复制不完成,细胞就不能分裂;复制一旦完成,即开始分裂。大肠杆菌 DNA 复制从起始到完成需 40min。在染色体复制完成约 20min 后,细胞进行分裂。在生长缓慢时,每一个大肠杆菌内只有一条染色体,染色体复制完成后细胞进行分裂,然后才开始下一次复制。在快速生长时,染色体一次复制尚未结束,在尚不分开的染色体上又开始了新的复制,导致染色体复制的时间大为缩短,细胞分裂的代时(细菌繁殖一代所需时间)也相应缩短。由此可知,抑制 DNA 的复制即可抑制细胞的分裂。例如,用丝裂霉素 C 处理对数生长期的大肠杆菌,由于抑制了 DNA 的合成,虽然细菌能继续生长,但却不能分裂。

1.5.2 大肠杆菌的分裂过程

接种到新鲜培养基中的大肠杆菌细胞从周围环境中选择性地吸收营养物质,在细胞内合成所需的 RNA、DNA、蛋白质及酶等大分子物质,细胞体积不断增大,随后开始分裂过程。首先是拟核开始分裂,同时细胞中央的细胞膜也开始对称地向中心凹陷生长,使拟核均等地分配到凹陷两侧。随着细胞膜向内凹陷,母细胞的肽聚糖层也跟着由四周向中心生长,把细胞膜分为两层,每层分别成为子细胞的细胞膜。肽聚糖层也分为两层,直至中央会合,形成由细胞质膜和肽聚糖组成的隔膜。隔膜完全形成后,两个子细胞分开,完成了一次细胞分裂。

1.6 大肠杆菌 DNA 的复制方式

遗传信息通过亲代 DNA 分子的复制,从亲代传递给子代,从而保证了遗传的稳定性。因此,DNA 的复制对生物的遗传具有重要的意义。

1.6.1 双链 DNA 的半保留复制

DNA 双链在复制时分开,作为合成子链的模板。复制后,双链 DNA 分子中的一条链为亲代的 DNA,而另一条链则为新合成的 DNA。这种方式的复制称为半保留复制。半保留复制首先是在大肠杆菌中得到证明的。1958 年,梅塞尔森和斯塔尔首先将大肠杆菌在重同位素^{15}N 的培养基上培养十几个小时,以保证全部 DNA 都被^{15}N 所标记,然后再将大肠杆菌转入^{14}N 培养液,间隔一定时间取样,提取菌体 DNA 并经氯化铯密度梯度离心,进行紫外线吸收光谱分析。从不同代期的光谱分析中可以看出:在代期为 0 时(亲代 DNA)为^{15}N 构成的重密度带。复制一代以后为$^{14}N^{15}N$ 组成的中间密度带(没有得到^{15}N 构成的重密度带,表明在复制过程中亲代 DNA 不能作为完整的单位保留下来;也未得到^{14}N 轻密度带,表明子代 DNA 分子不能重新合成)。复制两代以后出现两条带,一条为轻密度带^{14}N,另一条为$^{14}N^{15}N$ 的中间密度带。随后,随着代期的延长,中间密度带被稀释,从而说明大肠杆菌 DNA 的复制为半保留复制。后来证明这是生物界 DNA 复制的普遍方式。

1.6.2 染色体环状复制

大肠杆菌的染色体为双链环形 DNA,总长度为 4.6×10^6bp,DNA 总长度可达 1100 ~ 1400μm。凯恩斯通过精辟的实验证明了大肠杆菌 DNA 是以环状方式复制的。首先将大肠杆菌生长在含^3H 胸腺嘧啶的培养基中,这样在放射性培养基上生长时所合成的全部 DNA 都是具有放射性的。培养接近两代时,分离出菌体的完整 DNA,可以从其放射自显影图上看到分枝的环状图式。后来在有些病毒中也发现了环状复制。因为复制环的图式像希腊字母 θ,故称这种复制为 θ 复制。

1.6.3 DNA 复制的酶学

DNA 的复制过程十分复杂,是在多种酶的参与下完成的。

(1) 拓扑异构酶Ⅰ。首先在大肠杆菌中发现,当其与 DNA 结合时,可形成稳定的复合物。在此复合物中,DNA 的一条链断裂,然后再重新连接,从而改变 DNA 的连环数和超螺旋数。此过程不需要 ATP。

(2) 旋转酶。属Ⅱ型拓扑异构酶。大肠杆菌的旋转酶由两个 A 亚基和两个 B 亚基组成。旋转酶可连续引入负超螺旋到同一个双链闭环 DNA 分子中,从而消除复制过程中所产生的正超螺旋。此酶的活性需要 ATP。

(3) 解螺旋酶。大肠杆菌的解螺旋酶是由 rep 基因编码的蛋白质或酶,称为 Rep 蛋白。Rep 蛋白利用 ATP 水解的能量松开双螺旋。

(4) DNA 聚合酶。1956 年,科恩伯格等首先在大肠杆菌提取液中发现了 DNA 聚合酶Ⅰ,后来又相继发现了 DNA 聚合酶Ⅱ和 DNA 聚合酶Ⅲ。

DNA 聚合酶Ⅰ由 1 条多肽链组成,其活性主要有:① 5′→3′聚合酶活性,即使脱氧核糖核苷酸逐个加到 3′- OH 末端的核苷酸链上,使 DNA 链沿 5′→3′方向延长,其聚合活性只能在已有的核苷酸链上延长 DNA，而不能从无到有开始 DNA 链的合成；② 3′→5′核酸外切酶活性，此活性对 DNA 复制的忠实性极为重要，在极少情况下，聚合酶在 3′-OH 末端加上 1 个与模板链上碱基不配对的碱基，此时聚合酶 I 即可发现并切除这个错配碱基，从而避免复制过程中的错误；③ 5′→3′核酸外切酶活性，它只作用于双链 DNA 的碱基配对部分，从 5′末端水解下核苷酸，此活性在切除由紫外线照射而形成的胸腺嘧啶二聚体中起重要作用，在 DNA 复制中冈崎片段 5′端 RNA 引物的切除也靠此酶。

DNA 聚合酶Ⅱ由 1 条多肽链组成，酶的活性低。其活性主要有：5′→3′聚合活性，3′→5′核酸外切酶活性和 5′→3′核酸外切酶活性。

DNA 聚合酶Ⅲ是由多个亚基组成的蛋白质，是大肠杆菌细胞内真正负责开始合成 DNA 的酶。此酶活性极高。全酶由 7 种亚基组成，其中 α 亚基具有 5′→3′聚合酶活性。α、ε、θ 三种亚基组成全酶的核心酶，称为 pol III。ε 亚基具有校对功能。此酶也具有 5′→3′核酸外切酶活性和 3′→5′核酸外切酶活性。

（5）DNA 连接酶。大肠杆菌 DNA 连接酶由 1 条多肽链组成。此酶能把 3′-OH 和 5′-P 连接起来，但要求这两个基团都在相邻的脱氧核苷酸碱基配对的末端，它不能将两条游离的 DNA 分子连接起来。

1.6.4 大肠杆菌染色体 DNA 的复制

大肠杆菌染色体 DNA 的复制是从染色体的一个特定位置，即复制起始区（*ori*C）开始的双向复制，在环状染色体的相对位置上的终止区（*ter*C）终止。整个复制过程可划分为 3 个阶段：复制的发动、复制叉的延伸和复制的终止。首先，切口酶在复制起点将一股超螺旋的 DNA 切开，在解旋酶的作用下 DNA 双螺旋解旋形成一个复制泡，此时切口被封闭，复制泡的两边各形成一个复制叉，一个顺时针移动，另一个逆时针移动，在复制叉处开始 DNA 的复制。在 RNA 聚合酶的作用下先形成一段与模板互补的引物 RNA，然后在 DNA 聚合酶的作用下根据碱基配对原则将脱氧核糖核苷酸添加到引物 RNA 的 3′端，使 DNA 由 5′→3′复制，从而使新链不断延长。由于在一个复制叉上亲代 DNA 的两条链皆是新 DNA 合成的模板，两条链又是反向平行的，而 DNA 的合成只能从 5′→3′方向进行，所以在一个复制叉上随着复制叉的向前延伸，一条链的复制是连续的，称为前导链，另一条链的复制则是不连续的，称为后随链。后随链合成的 DNA 中大部分是以小段形式存在的，称为冈崎片段。每个冈崎片段都由一个 RNA 引物引发。当复制叉延伸到复制终点时，由 DNA 聚合酶 I 除去 RNA 引物并由 DNA 填补缺口，最后由 DNA 连接酶封闭切口，从而形成两个与原来完全一样的双链 DNA 环状分子。由于大肠杆菌染色体是环形的，所以两个复制叉汇合在起点对面距起点 180°的终点。这样一个包括复制起点和终点的独立的复制单位叫复制子。大肠杆菌只有一个起点和一个终点，整个染色体为一个复制子。大肠杆菌染色体的复制速度很快，每分钟复制 10^5 核苷酸对，完整染色体在 40min 内完成复制，从而为细胞的分裂做好准备，保证了遗传物质的稳定性和连续性。

早期分子生物学的研究主要以大肠杆菌为实验材料，通过研究大肠杆菌，揭示了许多生命现象和规律。1953 年，沃森和克里克提出 DNA 的双螺旋结构模型并设想 DNA 以半保留方式进行复制。1958 年,梅塞尔森和斯塔尔以大肠杆菌为材料,用实验证明了 DNA 半保留复制的有效性。1968 年,冈崎发现了冈崎片段。1969 年,凯恩斯用放射自显影技术证明了大肠杆菌环状 DNA 的半保留复制。至 20 世纪 70 年代,大肠杆菌的复制过程已相当清楚,从而为分子生物学的发展以及对细胞分裂的认识奠定了理论基础。

2 细胞体外培养

体外培养(in vitro culture),就是将活体结构成分或活的个体从体内或其寄生体内取出,放在类似于体内生存环境的体外环境中让其生长和发育的方法。细胞体外培养是指将活细胞(尤其是分散的细胞)在体外进行培养的方法。

对于体内、体外培养得到的细胞,两者的差异在于:细胞离体后,失去了神经体液的调节和细胞间的相互影响,生活在缺乏动态平衡的相对稳定环境中,日久天长,易发生分化现象减弱、形态功能趋于单一化或生存一定时间后衰退死亡等变化,或发生转化获得不死性,变成可无限生长的连续细胞系或恶性细胞系。因此,培养中的细胞可视为一种在特定条件下的细胞群体,它们既保持着与体内细胞相同的基本结构和功能,也有一些不同于体内细胞的性状。实际上细胞一旦被置于体外培养,这种差异就开始发生了。体外培养的细胞分化能力并未完全丧失,只是环境的改变,细胞分化的表现和在体内不同。细胞是否表现分化,关键在于是否存在使细胞分化的条件,如 Friend 细胞(小鼠红白血病细胞)在一定的因素作用下可以合成血红蛋白,血管内皮细胞在类似基膜物质底物上培养时能长成血管状结构,杂交瘤细胞能产生特异的单克隆抗体,这些均属于细胞分化行为。

2.1 细胞体外培养的环境条件

2.1.1 外部环境

(1) 温度。维持培养细胞旺盛生长,必须有恒定适宜的温度。

人体细胞培养的标准温度为 36.5℃ ±0.5℃,偏离这一温度范围,细胞的正常代谢就会受到影响,甚至死亡。培养细胞对低温的耐受力较高温强。温度上升不超过 39℃时,细胞代谢与温度成正比;在 39℃ ~40℃1h,细胞即受到一定损伤,但仍有可能恢复;在 40℃ ~41℃ 1h,细胞会普遍受到损伤,仅小半数有可能恢复;在 41℃ ~42℃1h,细胞受到严重损伤,大部分细胞死亡,个别细胞仍有恢复可能;在 43℃以上 1h,细胞全部死亡。

大多数植物组织培养都是在 23℃ ~27℃条件下进行的,低于 15℃,植物组织会表现停止生长,高于 35℃会表现对植物生长不利。不同植物的最适温度有所差异,如月季为 25℃ ~27℃,番茄为 28℃。不同的培养目标采用的培养温度也不同,有时候会做一些高温和低温处理,如桃胚在 2℃ ~5℃经过一段时间的低温处理有利于提高胚的成活率,草莓茎尖分生组织经过 35℃高温处理可得到无病毒苗。

各类微生物的生长温度不同,从大范围来看,可分三大类:一类是高温微生物,其最适温度在 50℃ ~60℃。如果要分离这类菌,可将分离培养基置于 50℃ ~60℃温度下培养,能抑制一些嗜冷、中性微生物生长,可以有效地分离到高温菌类。第二类是中温微生物,它们的最适生长温度是 20℃ ~40℃,超过 50℃就停止生长。这类微生物最为常见,数量占首位。工业发酵微生物绝大多数都属于此类。其中,不同类群微生物的最适温度又有所差别,一般细菌、放线菌的最适温度为25℃～37℃，霉菌和酵母的最适温度为20℃～28℃。第三类为低温微生物，它们的最适温度为15℃或更低。当从样品中分离各种菌类时，分别置于自身最适温度下培养便可大体上抑制另一些微生物的生长。

(2) 气体环境。气体是人体细胞培养生存的必需条件之一，所需气体主要有氧气和二氧化碳。氧气参与三羧酸循环，产生供给细胞生长增殖的能量和合成细胞生长所需用的各种成分。开放培养时一般把细胞置于95%空气加5%二氧化碳混合气体环境中。二氧化碳既是细胞代谢产物，也是细胞生长繁殖所需成分，它在细胞培养中的主要作用在于维持培养基的pH。

(3) pH。过酸或过碱可导致细胞死亡。这主要与蛋白质的变性和细胞膜的结构受损有关。大多数细胞的适宜pH为7.2～7.4，偏离这一范围对细胞培养将产生有害的影响。但细胞的耐酸性比耐碱性大一些，在偏酸环境中更利于细胞生长。有资料显示，原代羊水细胞培养在pH为6.8时最适宜。细胞培养液pH浓度的调节最常用的方法是加$NaHCO_3$，因为$NaHCO_3$可提供CO_2，但CO_2易于逸出，故最适合用于封闭培养。而羟乙基哌嗪乙硫磺酸(HEPES)因其对细胞无毒性，也起缓冲作用，有防止pH迅速变动的特性而用于开放细胞培养技术中，其最大优点是在开放式培养或细胞观察时能维持较恒定的pH。

(4) 渗透压。细胞内外可溶于水的物质比例和种类决定细胞的膨胀与收缩程度，因为细胞膜是半透膜，只允许对自己有利的物质通过，而且细胞膜调节渗透压的能力是有限的。同一物质在细胞内外的分布数量不同，当某一种极易溶于水的物质在细胞外浓度过大时有可能导致细胞干瘪死亡，这些物质在细胞内过多时将导致细胞过量吸水膨胀。

(5) 光照。植物细胞和少数细菌需要利用光进行光合作用。

2.1.2 无菌环境

培养环境无毒和无菌是保证细胞生存的首要条件。当细胞放置于体外培养时，与体内相比，细胞丢失了对微生物和有毒物的防御能力，一旦被污染或自身代谢物质积累等，可导致细胞死亡。因此在进行培养时，保持细胞生存环境无污染、代谢物及时清除等，是维持细胞生存的基本条件。因此，细胞体外培养一般在无菌室内进行。

无菌室一般由更衣间、缓冲间、操作间三部分组成。为保持无菌状态，经常消毒是必要的。通常采用每日(使用前)紫外线照射(1～2h)，每周甲醛、乳酸、过氧乙酸熏蒸(2h)和每月新洁尔灭擦拭地面和墙壁一次的方式进行消毒。实际工作中，要根据无菌室建筑材料的差异来选择合适的消毒方法。

此外，还应注意防止无菌室的污染。造成无菌室污染的原因包括：送入无菌室的风没有过滤除菌；进出无菌室时，外界空气直接对流进入无菌室的操作间；等等。

在进行细胞培养时，所有操作都应在超净工作台上进行。超净工作台的工作原理是：鼓风机驱动空气通过高效过滤器得以净化，净化的空气被徐徐吹过台面空间而将其中的尘埃、细菌甚至病毒颗粒带走，使工作区构成无菌环境。根据气流流动方向不同，可将超净工作台分为侧流式、直流式和外流式三种类型。

在使用过程中，超净工作台的平均风速保持在0.32～0.48m/s为宜，过大、过小均不利于保持净化度。使用前最好开启超净工作台内紫外灯照射10～30min，然后让超净工作台预工作

10～15min，以除去臭氧，并使工作台面空间呈净化状态。使用完毕后，要用70%的酒精将台面和台内四周擦拭干净，以保证超净工作台无菌。另外，还要定期用福尔马林熏蒸超净工作台。

2.2　消毒和灭菌

微生物污染是造成细胞体外培养失败的主要原因。一般采用物理消毒、化学消毒和抗生素消毒三种方法来进行消毒灭菌工作。

2.2.1　物理消毒

（1）紫外线消毒。紫外线是一种低能量的电磁辐射，可杀死多种微生物。其中，以革兰阴性菌最为敏感，其次是阳性菌，再次为芽孢，真菌孢子的抵抗力最强。紫外线的直接作用是通过破坏微生物的核酸及蛋白质等而使其灭活，间接作用是通过紫外线照射产生的臭氧杀死微生物。使用紫外线直接照射培养室消毒，方法简单，效果好。

紫外灯的消毒效果同紫外灯的辐射强度和照射剂量呈正相关，辐射强度随灯距离增加而降低，照射剂量与照射时间呈正比。因此，紫外灯与被照射物之间的距离和照射时间要适宜。如离地面2m的30W灯可照射9m^{2}的房间，每天照射2～3h，其间可间隔30min。若灯管离地面2m以外，则要延长照射时间，离地面2.5m时照射效果较差。紫外灯照射工作台的距离不应超过1.5m，照射时间以30min为宜。

紫外灯不仅对皮肤、眼睛会造成伤害，而且对培养细胞与试剂等也会产生不良影响，因此不要开着紫外灯操作。

（2）高温湿热灭菌。压力蒸汽灭菌是最常用的高温湿热灭菌方法。它对生物材料有良好的穿透力，能造成蛋白质变性凝固而使微生物死亡。布类物品、玻璃器皿、金属器皿和某些培养液都可以用该方法灭菌。

不同压力蒸汽所达到的温度不同，不同消毒物品所需的有效消毒压力和时间也不同。从压力蒸汽消毒器中取出消毒好的物品（不包括液体）后，应立即放到60℃～70℃的烤箱内烘干，再贮存备用，否则，潮湿的包装物品表面容易被微生物污染。煮沸消毒也是常用的湿热消毒方法，它具有条件简单、使用方便等特点。

（3）高温干热灭菌。高温干热灭菌主要是将电热烤箱内物品加热到160℃以上，并保持90～120min，杀死细菌和芽孢，达到灭菌目的。该方法主要用于玻璃器皿（如体积较大的烧杯、培养瓶）、金属器皿以及不能与蒸汽接触的物品（如粉剂、油剂）的灭菌。

高温干热灭菌后要关掉电热烤箱开关并使物品逐渐冷却后再打开，切忌立即打开，以免温度骤变而使箱内的玻璃器皿破裂。电热烤箱内物品间要有空隙，物品不要靠近加热装置。

烧灼也是灭菌方法之一，常利用台面上的酒精灯的火焰对金属器皿及玻璃器皿口缘进行烧灼消毒。

（4）过滤除菌。过滤除菌是将液体或气体用微孔薄膜过滤，使大于孔径的细菌等微生物颗粒阻留，从而达到除菌目的。在体外培养时，过滤除菌大多用于遇热容易变性而失效的试剂或培养液。目前，大多数实验室采用微孔滤膜滤器除菌，其关键步骤是安装滤膜及无菌过滤过程。

2.2.2 化学消毒

0.1%新洁尔灭水溶液可对器械、皮肤、操作表面进行擦拭和浸泡消毒。

2.2.3 抗生素消毒

抗生素主要用于消毒培养液,是培养过程中预防微生物污染的重要手段,也是微生物污染不严重时的"急救"方法。不同抗生素能杀灭的微生物不同,应根据需要选择。

可用于细胞培养的消毒灭菌方法很多,但每种方法都有一定的适用范围。例如,常用过滤除菌系统、紫外线照射、电子杀菌灯、乳酸、甲醛熏蒸等手段消毒实验室空气;多用新洁尔灭消毒实验室地面;常用干热、湿热消毒剂浸泡、紫外线照射等方法消毒培养用器皿;采用高压蒸汽灭菌或过滤除菌方法消毒培养液。

2.3 细胞培养的基本方法

狭义的细胞培养(cell culture)主要是指分离(散)细胞培养,即将生物组织分散后制成的单个细胞悬浮于培养液或平衡盐溶液中。单个细胞分散存在于培养液或其他平衡盐溶液、缓冲溶液中,就称为细胞悬液(cell suspension)。广义的细胞培养的概念还包括单细胞培养(single cell culture)。细胞培养方式大致可分为两种:一种是群体培养(mass culture),即将含有一定数量细胞的悬液置于培养瓶中,让细胞贴壁生长,汇合(confluence)后形成均匀的单细胞层;另一种是克隆培养(clonal culture),即将高度稀释的游离细胞悬液加入培养瓶中,各个细胞贴壁后,彼此距离较远,经过生长增殖,每一个细胞形成一个细胞集落,称为克隆(clone)。一个细胞克隆中的所有细胞均来源于同一个祖先细胞。

现今,用于疫苗生产的细胞基本有三类,即原代细胞、二倍体细胞株及传代细胞系。经过几十年的研究和发展,目前我国已经拥有了可以进行大规模疫苗生产的动物原代细胞、二倍体细胞和 Vero 细胞等生产技术,用于生产多种人用、动物用疫苗。其中二倍体细胞(如我国于 20 世纪 70 年代建立的人胚肺二倍体细胞株 KMB17 和 2BS)对多种病毒具有广泛的敏感性,用其制备病毒性疫苗可以克服使用原代细胞时在其培养物中可能存在各种潜在致病因子的危险,是当前病毒性疫苗生产较为理想的细胞基质。Vero 细胞是 1962 年由日本千叶大学的 Yasumura 等人从成年非洲绿猴肾中分离获得的,是一种贴壁依赖性成纤维细胞,核型为 $2n=60$,高倍体率约为 1.7%,可持续地进行培养,不含任何污染因子。通常使用 199 培养基添加 5% 胎牛血清进行培养。该细胞可用于多种病毒的增殖,已被 WHO 批准广泛用于人用、动物用疫苗生产。

体外细胞培养可分为贴附型和悬浮型两种类型。① 贴附型:培养细胞贴附生长,属于贴壁依赖性细胞。大部分的培养细胞都属于此种类型,包括成纤维细胞、上皮细胞、游走细胞、多型细胞等。② 悬浮型:见于少数特殊的细胞,如某些类型的癌细胞及白血病细胞。其胞体圆形,不贴于支持物上,呈悬浮生长。这类细胞容易大量繁殖。

3 细菌的分离

3.1 细菌分离培养的目的

细菌分离培养是为了获得较纯的目的菌。收集到的标本中存在多种细菌,有致病菌,也有正常菌群,不可能是单一的细菌。因此,只有进行分离培养,才能对某一种我们感兴趣的细菌进行分析或鉴定。

3.2 常用细菌分离方法

3.2.1 平板画线接种法(分离培养法)

原理:平板画线法是指把杂菌样品通过在平板表面画线稀释而获得单菌落的方法。一般是将混杂在一起的不同种微生物或同种微生物群体中的不同细胞通过在分区的平板表面上做多次画线稀释,形成较多的独立分布的单个细胞,经培养而繁殖成相互独立的多个单菌落。通常认为这种单菌落就是某微生物的"纯种"。实际上同种微生物数个细胞在一起通过繁殖也可形成一个单菌落,故在科学研究中,特别是在菌种鉴定等工作中,必须对实验菌种的单菌落进行多次画线分离,才可获得可靠的纯种。

平板画线分离对细菌、酵母菌较为适宜,而霉菌和放线菌多采用稀释分离法进行菌种的分离纯化。

具体的画线形式有多种,这里仅介绍一种经过长期实践证明可获得良好实验效果的方法:将一块平板分成 A、B、C、D 四个面积不同的小区进行画线。A 区面积最小,作为待分离菌的菌源区;B 区和 C 区为经初步画线稀释的过渡区;D 区则是关键的单菌落收获区,它的面积最大,出现单菌落的概率也最高。由此可知,这四个区的面积安排应做到 D > C > B > A。

用途:分离出纯种细菌,以利于做纯培养。

操作方法(图 1-6):

(1) 右手拿接种环,烧灼冷却后,取菌液一环。

(2) 先画 A 区:将平板倒置于酒精灯火焰旁,用左手取出平板的皿底,使平板表面大致垂直于桌面,并让平板面向火焰。右手持含菌的接种环,先在 A 区轻巧地画 3 ~ 4 条连续的平行线当作初步稀释的菌源。烧去接种环上的残余菌样。

(3) 画其余区:将烧去残菌后的接种环在平板培养基边缘冷却一下,并使 B 区转至画线位置,把接种环通过 A 区(菌源区)而移至 B 区,随即在 B 区轻巧地画上 6 ~ 7 条致密的平行线,接着再以同样的操作在 C 区和 D 区画上更多的平行线,并使 D 区的线条与 A 区平行(但不能与 A 区或 B 区的线条接触),最后将左手所持皿底放回皿盖中。烧去接种环上的残菌。

(4) 恒温培养:将画线后的平板倒置在 37℃ 恒温箱中培养 2 ~ 3 天。

(5) 挑单菌落:良好的结果是在 C 区出现部分单菌落,而在 D 区出现较多独立分布的单菌落。然后从典型的单菌落中挑取少量菌体至试管斜面,经培养后即为初步分离的纯种。

(6) 清洗培养皿:将废弃的带菌平板煮沸杀菌后清洗、晾干。

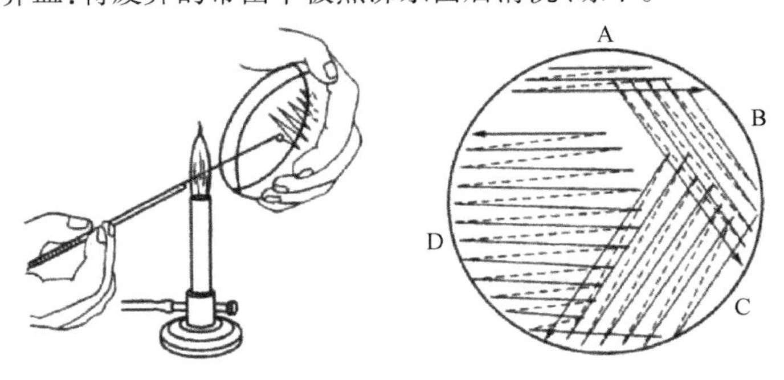

图 1-6 平板分区、线条和画线操作示范示意图

3.2.2 液体培养基接种法

用途:凡肉汤、蛋白胨水及各种单糖发酵均用此法接种。可以观察细菌不同的生长性状、生化特性,以供鉴别之用。

操作方法:右手执笔式握住接种环,灭菌冷却后取单个菌落。

(1) 左手拇指、食指、中指托住液体培养基的下端,右手小指和无名指(或手掌)拔取试管塞,将管口移至火焰上旋转烧灼。

(2) 将沾菌的接种环移入培养基管中,在液体偏少侧接近液面的管壁上轻轻研磨,蘸取少许液体与之调和,使菌液混合于培养基中。

(3) 管口通过火焰,塞好试管塞,将接种环灭菌后放下,经 37℃ 温箱孵育 18~24h,取出后观察生长情况。

3.2.3 半固体穿刺接种法

用途:观察细菌动力,保存菌种。

操作方法:

(1) 以无菌操作用接种针挑取单个菌落,立即垂直插入培养基中心至接近管底处,再循原路退回。

(2) 管口通过火焰,塞上棉塞,接种针灭菌后放下。试管置 37℃ 温箱孵育 18~24h,取出后对光观察穿刺线上细菌生长情况,观察细菌是否向周围扩散生长,穿刺线是否清晰等。

3.2.4 斜面培养基接种法

用途:常用于扩大纯种细菌及实验室保存菌种。

操作方法:

(1) 以无菌操作法用接种环挑取单个菌落,自斜面底向上画一直线,然后再从底部向上轻轻来回蜿蜒画线。

(2) 管口通过火焰,塞上棉塞,接种环烧灼后方可放下。置 37℃ 温箱孵育 18~24h,取出后观察斜面上菌苔生长情况。

4 菌落的观察

菌落(colony)是由单个细菌(或其他微生物)细胞或一堆同种细胞在适宜固体培养基表面或内部生长繁殖到一定程度形成的肉眼可见的子细胞群落。

菌落形态包括菌落的大小、形状、边缘、光泽、质地、颜色和透明程度等。每一种细菌在一定条件下形成固定的菌落特征。不同种细菌或同种细菌在不同的培养条件下,菌落特征是不同的。这些特征对菌种识别、鉴定有一定意义。

细胞形态是菌落形态的基础,菌落形态是细胞形态在群体集聚时的反映。细菌是原核微生物,故形成的菌落也小。细菌个体之间充满着水分,所以整个菌落显得湿润,易被接种环挑起。球菌形成隆起的菌落;有鞭毛细菌常形成边缘不规则的菌落;具有荚膜的菌落表面较透明,边缘光滑整齐;有芽孢的菌落表面干燥皱褶;有些能产生色素的细菌菌落还显出鲜艳的颜色,较难挑起。

一般常用的表述词有:

（1）大小：直径用毫米表示，直径1mm左右的为小菌落，2～3mm的为中等大小菌落，3mm以上的为大菌落。

（2）形状：点状、圆形、卵圆形、不规则形状。

（3）边缘：整齐、锯齿状、卷发状。

（4）表面：凸起、扁平、中心凹陷、光滑、皱纹、湿润、干燥。

（5）结构：均质性、颗粒状。

（6）颜色：无色、白色、灰白色、红色、柠檬色、黄色、金黄色、绿色。

（7）透明度：透明、半透明、不透明。

（8）其他：观察菌落周围的溶血现象。

大肠杆菌在普通琼脂培养基上都呈圆形，边缘整齐，表面光滑，半透明，小凸起；典型的大肠杆菌在伊红美蓝琼脂平板上呈深紫黑色，光滑，湿润，是带有金属光泽的圆形菌落。

5 培养基

5.1 培养基的分类

培养基（medium）是供微生物、植物组织和动物组织生长和维持用的人工配制的养料，一般都含有碳水化合物、含氮物质、无机盐（包括微量元素）、维生素和水等。不同培养基可根据实际需要添加一些自身无法合成的化合物，即生长因子。培养基由于配制的原料不同，使用要求不同，因此贮存方法也稍有不同。一般培养基在受热、吸潮后易被细菌污染或分解变质，因此一般培养基必须防潮、避光，在阴凉处保存。对一些须严格灭菌的培养基（如组织培养基），较长时间的贮存必须放在3℃～6℃的冰箱内。由于液体培养基不易长期保存，现在均改制成粉末。

培养基按不同的方式可以做如下分类：

5.1.1 按对培养基成分的了解分类

（1）天然培养基：一些利用动物、植物、微生物体或其提取物制成的培养基。这是一类营养成分既复杂又丰富，难以说出其确切化学组成的培养基。其优点是营养丰富，种类多样，配制方便，价格低廉，微生物生长旺盛，而且来源广泛，所以较为常用，尤其适合于配制实验室常用的培养基和大生产上的培养基；缺点是成分不清楚，稳定性常受生产厂家或批号等因素的影响，另外自养微生物一般不能在其上面生长，不适宜做精细的科学实验。天然培养基只适合于一般实验室的菌种培养、发酵工业中生产菌种的培养和某些发酵产物的生产等，如培养细菌常用的牛肉膏蛋白胨培养基。制作牛肉膏蛋白胨培养基的主要原料有：牛肉膏、麦芽汁、蛋白胨、酵母膏、玉米粉、麸皮、各种饼粉、马铃薯、牛奶、血清等。

（2）组合培养基：又称合成培养基或综合培养基，是一类按微生物的营养要求精确设计后用多种高纯化学试剂配制成的培养基。其优点是成分精确，重演性高；缺点是价格较贵，配制较为麻烦，且微生物生长比较一般。组合培养基仅适用于营养、代谢、生理、生化、遗传、育种、菌种鉴定或生物测定等对量要求较精确的研究工作。

（3）半组合培养基：一类主要以化学试剂配制，同时还加有某种或某些天然成分的培养基。为了克服天然培养基和组合培养基的缺点，多数微生物的培养采用一部分天然有机物作为碳源、氮源和生长因子，然后加入适量的化学药品配制而成的半合成培养基，这种培养基在生产和实验中使用较多。

5.1.2 按培养基外观的物理状态分类

（1）液体培养基：一类呈液态的培养基，主要用于单种微生物的培养和鉴定。液体培养基中不加任何凝固剂。这种培养基的成分均匀，微生物能充分接触和利用培养基中的养料，适于做生理研究等；由于发酵率高，操作方便，也常用于发酵工业。

（2）固体培养基：一类外观呈固态的培养基。根据性质又分为固化培养基、非可逆性固化培养基、天然固态培养基、滤膜。固体培养基是在培养基中加入凝固剂，如琼脂、明胶、硅胶等制成的。这种培养基广泛用于微生物的分离、鉴定、保藏、计数及菌落特征的观察等。

（3）半固体培养基：在液体培养基中加入少量凝固剂而配制成的半固体状态的培养基，可用于观察细菌的运动、鉴定菌种和测定噬菌体的效价等方面。这种培养基有时可用来观察微生物的动力，有时用来保藏菌种。

（4）脱水培养基：又称预制干燥培养基，指含有除水分外的一切成分的商品培养基。脱水培养基适用于一些特殊菌种的培养，如孟加拉红培养基（虎红琼脂）。

5.1.3 按培养基的营养成分是否完全分类

（1）基本培养基：又称最低限度培养基。它只能保证某些微生物的野生型菌株正常生长，是含有营养要求最低成分的合成培养基，常用“[-]”表示。这种培养基往往缺少某些生长因子，所以经过诱变的营养缺陷型菌株不能生长。

（2）完全培养基：在基本培养基中加入一些富含氨基酸、维生素和碱基之类的天然物质（如酵母浸出物、蛋白胨等），即加入生长因子而制成的培养基。完全培养基可满足微生物的各种营养缺陷型菌株的生长需要，常用“[+]”表示。

（3）补充培养基：往基本培养基中有针对性地加入某一种或某几种营养成分，以满足相应的营养缺陷型菌株生长的需要，这种培养基称为补充培养基，常用某种成分如“[A]”“[B]”表示。

5.1.4 按培养基的用途分类

（1）基础培养基：含有一般微生物生长繁殖所需基本营养物质的培养基。牛肉膏蛋白胨培养基是最常用的基础培养基。

（2）加富培养基：在基础培养基中加入血、血清、动植物组织提取液制成的培养基，用于培养要求比较苛刻的某些微生物。

（3）选择性培养基：一类根据某微生物的特殊营养要求或其对某化学、物理因素的抗性而设计的培养基，具有使混合菌样中的劣势菌变成优势菌的功能，广泛用于菌种筛选等领域，常用于肠球菌、链球菌等的分离纯化。本项目在培养基中添加了抗性 AMP，为典型的选择性培养基。

（4）鉴别培养基：一类在成分中加有能与目的菌的无色代谢产物发生显色反应的指示剂，从而达到只需用肉眼辨别颜色就能方便地从近似菌落中找出目的菌菌落的培养基。鉴别培养基主要用于微生物的快速分类鉴定，以及分离和筛选产生某种代谢产物的微生物菌种。

5.1.5 按微生物的种类分类

(1) 细菌培养基:仅适用于细菌的培养和研究,常用的有营养肉汤和营养琼脂培养基。

(2) 放线菌培养基:仅适用于放线菌的培养和研究,常用的为高氏 1 号培养基。

(3) 酵母菌培养基:仅适用于酵母菌的培养和研究,常用的有马铃薯蔗糖培养基和麦芽汁培养基。

(4) 霉菌培养基:仅适用于霉菌的培养和研究,常用的有马铃薯蔗糖培养基、豆芽汁蔗糖(或葡萄糖,葡萄糖比较昂贵)琼脂培养基和察氏培养基等。

5.2 培养基的配制原则

(1) 目的要明确。根据培养目的不同选择不同的培养基。就微生物主要类型而言,有细菌、放线菌、酵母菌、霉菌、原生动物、藻类及病毒之分,培养它们所需的培养基各不相同。在实验室中常用牛肉膏蛋白胨培养基(或简称营养肉汤培养基)培养细菌,用高氏 1 号培养基培养放线菌,培养酵母菌一般用麦芽汁培养基,培养霉菌则一般用察氏培养基。

(2) 营养要协调。培养基中营养物质浓度合适时微生物才能生长良好,营养物质浓度过低时不能满足微生物正常生长所需,浓度过高则可能对微生物生长起抑制作用。例如,高浓度糖类物质、无机盐、重金属离子等不仅不能维持和促进微生物的生长,反而会起到抑菌或杀菌作用。另外,培养基中各营养物质之间的浓度配比也直接影响微生物的生长繁殖和(或)代谢产物的形成与积累,其中碳氮比(C/N)的影响较大。

(3) pH 要适宜。培养基的 pH 必须控制在一定的范围内,以满足不同类型微生物的生长繁殖或产生代谢产物的需要。各类微生物生长繁殖或产生代谢产物的最适 pH 条件各不相同,一般来说,细菌与放线菌适于在 pH 7 ~ 7.5 范围内生长,酵母菌和霉菌通常在 pH 4.5 ~ 6 范围内生长。值得注意的是,在微生物生长繁殖和代谢过程中,由于营养物质被分解利用和代谢产物的形成与积累,会导致培养基 pH 发生变化,若不对培养基 pH 条件进行控制,往往会导致微生物生长速度下降和(或)代谢产物产量下降。因此,为了维持培养基 pH 的相对恒定,通常在培养基中加入 pH 缓冲剂,常用的缓冲剂是一氢磷酸盐和二氢磷酸盐(如 K_2HPO_4 和 KH_2PO_4)组成的混合物。K_2HPO_4 溶液呈碱性,KH_2PO_4 溶液呈酸性,两种物质等量混合溶液的 pH 为 6.8。当培养基中酸性物质积累导致 H^+ 浓度增加时,H^+ 与弱碱性盐结合形成弱酸性化合物,培养基的 pH 不会过度降低;当培养基中 OH^- 浓度增加时,OH^- 与弱酸性盐结合形成弱碱性化合物,培养基的 pH 也不会过度升高。

但 K_2HPO_4 和 KH_2PO_4 缓冲系统只能在一定的 pH 范围(pH 6.4 ~ 7.2)内起调节作用。有些微生物,如乳酸菌能大量产酸,上述缓冲系统就难以起到缓冲作用,此时可在培养基中添加难溶的碳酸盐(如 $CaCO_3$)来进行调节。$CaCO_3$ 难溶于水,不会使培养基的 pH 过度升高,但它可以不断中和微生物产生的酸,同时释放出 CO_2,将培养基的 pH 控制在一定范围内。

在培养基中还存在一些天然的缓冲系统,如氨基酸、肽、蛋白质都属于两性电解质,也可起到缓冲剂的作用。

(4) 控制氧化还原电位。不同类型微生物的生长对氧化还原电位(F)的要求不一样。一般好氧性微生物在 F 值为 +0.1V 以上时可正常生长,一般以 +0.3 ~ +0.4V 为宜;厌氧性微生物只能在 F 值低于 +0.1V 条件下生长;兼性厌氧微生物在 F 值为 +0.1V 以上时进行好氧呼吸,在 +0.1V 以下时进行发酵。F 值与氧分压和 pH 有关,也受某些微生物代谢产物的影响。在 pH 相对稳定的条件下,可通过增加通气量(如振荡培养、搅拌)提高培养基的氧分压,或加入氧化剂,从而使 F 值升高;在培养基中加入抗坏血酸、硫化氢、半胱氨酸、谷胱甘肽、二硫苏糖醇等还原性物质可降低 F 值。

(5) 原料来源选择。在配制培养基时应尽量利用廉价且易于获得的原料作为培养基成分,特别是在发酵工业中,培养基用量很大,利用低成本的原料更能体现出其经济价值。例如,在微生物单细胞蛋白的工业生产过程中,常常利用糖蜜(制糖工业中含有蔗糖的废液)、乳清(乳制品工业中含有乳糖的废液)、豆制品工业废液及黑废液(造纸工业中含有戊糖和己糖的亚硫酸纸浆)等作为培养基的原料。再如,工业上的甲烷发酵主要利用废水、废渣作原料;而在我国农村,已推广利用人畜粪便及禾草为原料发酵生产甲烷作为燃料。另外,大量的农副产品或制品,如麸皮、米糠、玉米浆、酵母浸膏、酒糟、豆饼、花生饼、蛋白胨等都是常用的发酵工业原料。

当然,一些对于微生物检测要求比较高的行业,如食品饮料行业、医药行业、第三方检测及科研机构等,就需要高质量的原材料作为培养基原料,以保证培养基的品质稳定、检测结果准确。

(6) 灭菌处理。要获得微生物纯培养,必须避免杂菌污染,因此应对所用器材及工作场所进行消毒与灭菌。对培养基而言,更要进行严格的灭菌。对培养基一般采取高压蒸汽灭菌,一般培养基需要在 1.05kg/cm^2、121.3℃条件下灭菌 15 ~ 30min。在高压蒸汽灭菌过程中,长时间高温会使某些不耐热物质遭到破坏,如使糖类物质形成氨基糖、焦糖,因此含糖培养基常在 0.56kg/cm^2、112.6℃条件下灭菌 15 ~ 30min。某些对糖类要求较高的培养基,可先将糖进行过滤除菌或间歇灭菌,再与其他已灭菌的成分混合。长时间高温还会引起磷酸盐、碳酸盐与某些阳离子(特别是钙、镁、铁离子)结合形成难溶性复合物而产生沉淀,因此在配制用于观察和定量测定微生物生长状况的合成培养基时,常须在培养基中加入少量螯合剂,避免培养基中产生沉淀,常用的螯合剂为乙二胺四乙酸(EDTA)。还可以将含钙、镁、铁等离子的成分与磷酸盐、碳酸盐分别进行灭菌,然后再混合,避免形成沉淀。高压蒸汽灭菌后,培养基的 pH 会发生改变(一般使 pH 降低),可根据所培养微生物的要求,在培养基灭菌前后加以调整。

在配制培养基的过程中,泡沫的存在对灭菌处理极不利,因为泡沫中的空气形成隔热层,使泡沫中的微生物难以被杀死。因而有时需要在培养基中加入消泡沫剂以减少泡沫的产生,或适当提高灭菌温度。

核酸的分离与纯化

核酸是由许多核苷酸聚合成的生物大分子化合物，为生命的最基本物质之一。核酸广泛存在于所有动植物细胞、微生物体内。不同的核酸，其化学组成、核苷酸排列顺序等不同。根据化学组成不同，核酸可分为脱氧核糖核酸（简称 DNA）和核糖核酸（简称 RNA）两大类，其中 DNA 是储存、复制和传递遗传信息的主要物质基础，RNA 在蛋白质合成过程中起着重要作用。本项目分为 4 个子项目，分别是大肠杆菌质粒 DNA 的提取及定性、定量检测，植物基因组 DNA 和总 RNA 的提取，动物基因组 DNA 和总 RNA 的提取，酿酒酵母 DNA 及总 RNA 的提取。

子项目 1

大肠杆菌质粒 DNA 的提取及定性、定量检测

质粒多存在于细菌和酵母菌中，是染色体外小型双链环状的 DNA 分子，大小为 1 ~ 200bp，在细菌中能不断复制自身（图 2-1）。质粒在细胞内的复制一般有两种类型：紧密控制型（stringent control）和松弛控制型（relaxed control）。前者是低拷贝数的质粒，只在细胞周期的一定阶段进行复制，当染色体不复制时，它也不能复制，通常每个细胞内只含有一个或几个质粒分子，如 F 因子。后者是高拷贝数的质粒，在整个细胞周期中随时可以复制，在每个细胞中有许多拷贝，一般在 20 个以上，如 ColE1 质粒。

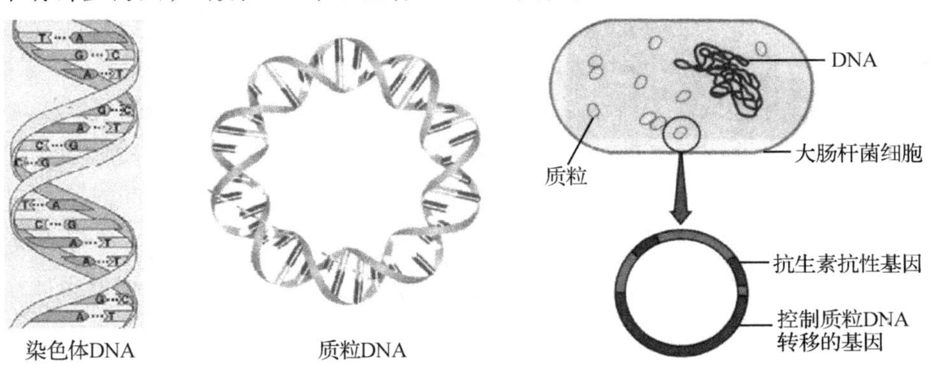

图 2-1 大肠杆菌质粒的分子结构示意图

质粒分子本身是含有复制功能的遗传结构，还带有某些遗传信息，所以会赋予宿主细胞一些遗传性状，如抗药性。其自我复制能力及所携带的遗传信息在重组 DNA 操作，如扩增、筛选过程中都是极为有用的。因此，细菌质粒是重组 DNA 技术中常用的载体。

【项目描述】

本项目所用材料为项目 1 中通过液体培养基培养的大肠杆菌 PUC57-Kan 菌液，提取其中的质粒，具体要求如下：

（1）质粒的提取：用碱裂解法抽提大肠杆菌中的质粒 DNA。

（2）质粒的定性分析：用琼脂糖凝胶电泳分析所提取的质粒 DNA 的大小。

（3）质粒的定量和纯度检测：用紫外吸收法测定所提取的质粒的浓度和纯度。

【项目分析】

1 基本原理

（1）碱裂解法抽提质粒 DNA。碱裂解法抽提质粒 DNA 是基于染色体 DNA 与质粒 DNA 的变性与复性的差异而达到分离目的的。在 pH 高达 12.6 的碱性条件下，染色体 DNA 的氢键断裂，双螺旋结构解开而变性，质粒 DNA 的大部分氢键也断裂，但超螺旋共价闭合环状的两条互补链不会完全分离。当用 pH 4.8 的 NaAc 高盐缓冲液将溶液恢复至中性时，变性的质粒 DNA 又恢复原来的构型，保存在溶液中，而染色体 DNA 不能复性而形成缠连的网状结构，通过离心，染色体 DNA 与不稳定的大分子 RNA、蛋白质-SDS 的复合物等一起沉淀下来而被除去。DNA 和 RNA 都属于核酸，性质非常相似，因此抽提的质粒中很容易混有少量 RNA。而 RNA 酶只识别单链 RNA，对双链的 DNA 分子不起作用，故利用 RNA 酶可以去除质粒 DNA 分子中的 RNA 分子。

（2）琼脂糖凝胶电泳检测质粒 DNA。许多重要的生物分子，如蛋白质、核酸等都具有可电离的基团，在某一特定的 pH 下它们可以电离正电荷或负电荷，加上电场后，这些带电粒子就会向着与其所带电荷极性相反的电极方向移动。

DNA 分子在琼脂糖凝胶中泳动时有电荷效应和分子筛效应。在高于等电点的 pH 溶液中，DNA 分子带负电荷（DNA 分子的等电点比较小，平均为 4～4.5，因此在大多数情况下带负电荷），在电场中向正极移动。由于糖-磷酸骨架在结构上的重复性质，相同数量的双链 DNA 分子几乎具有等量的净电荷，所以通常以同样的速率向正极方向移动。除了净电荷，DNA 分子的迁移速率还取决于分子筛效应，即 DNA 分子本身的大小和构型。DNA 分子的迁移速率与其相对分子质量的对数值成反比关系，因此具有不同相对分子质量的 DNA 片段可有效分离。此外，凝胶电泳还可以分离相对分子质量相同但构型不同的 DNA 分子。比如相对分子质量相同的质粒，超螺旋共价闭合环状质粒 DNA 迁移最快，其次为线性质粒 DNA（即共价闭合环状质粒 DNA 两条链发生断裂），最慢的为开环质粒 DNA（即共价闭合环状质粒 DNA 一条链发生断裂）。

（3）紫外吸收法测定质粒浓度和纯度。组成核酸分子的碱基均具有一定的吸收紫外线的特性，最大吸收值出现在波长为250～270nm时。核酸的最大吸收波长是260nm，这个物理特性为测定核酸溶液浓度提供了基础。在波长260nm的紫外线下，$A_{260}=1$相当于50μg/mL的双链DNA和40μg/mL的单链DNA或RNA，可以此来计算核酸样品的浓度。

分光光度法不但能确定核酸的浓度，还可通过测定在260nm和280nm的紫外线下吸光度的比值(A_{260}/A_{280})来估计核酸的纯度。纯DNA的比值为1.8，纯RNA的比值为2.0。若比值高于1.8，说明样品中可能混有RNA，或在抽提过程中DNA部分降解；若比值低于1.8，说明样品中可能存在蛋白质、酚等杂质。当然也会出现既含蛋白质又含RNA的DNA溶液比值为1.8的情况，所以有必要结合凝胶电泳等方法鉴定有无RNA，或用测定蛋白质的方法检测是否存在蛋白质。紫外分光光度法只用于测定浓度大于0.25μg/mL的核酸溶液，对于浓度很低的核酸溶液可采用荧光光度法。

2 需要解决的问题

(1) 碱裂解法抽提质粒所需的试剂较为复杂，准备和配制适宜浓度的试剂是需要解决的首要问题。如果没有条件购买试剂盒，则需要提前一天做好试剂的准备工作。

(2) 琼脂糖凝胶电泳检测质粒DNA条带前，按照被分离DNA的大小，决定凝胶中琼脂糖的百分含量。电泳前需要对DNA进行染色，常用EB(ethidium bromide，EtBr)作非放射性的Marker来识别和显示核酸条带。尽管EB是一种高效的显色剂，但它的高危险性要求特殊的安全管理和回收流程。EB是一种强诱变剂(可能造成遗传性危害)，可以通过皮肤吸收，因此应当避免一切与EB的直接接触。可改用低毒性的其他材料来替代EB，以减少在实验室里可能发生的危险。

3 主要仪器设备、耗材、试剂

(1) 仪器设备：恒温摇床、台式高速离心机、紫外凝胶成像仪、紫外-可见分光光度计、琼脂糖凝胶电泳系统、涡旋仪、微量移液器等。

(2) 耗材：移液器吸头、离心管、吸水纸等。

(3) 试剂：质粒抽提试剂盒(试剂使用按试剂盒说明书进行)、乙二胺四乙酸(EDTA)、溴酚蓝、琼脂糖、蔗糖、硼酸、EB或其他核酸染料、三羟甲基氨基甲烷(Tris)。

如果没有质粒抽提试剂盒，则还需要以下试剂：葡萄糖、氢氧化钠、RNA酶、十二烷基硫酸钠、醋酸钠、冰醋酸、异戊醇、氯仿、乙醇等。

【项目实施】

本项目分4个任务，分别是试剂的配制、质粒的抽提、质粒的定性检测、质粒的定量和纯度检测。本项目提取的质粒将作为后续项目目的基因的材料来源。因此，该项目提取质粒的质量好坏直接影响后续项目的实施。

任务1 试剂的配制

1 质粒抽提试剂

有条件的实验室可以直接购买质粒抽提试剂盒，其中包含了所需要的所有试剂，按说明书使用即可。如果没有购买质粒抽提试剂盒，则需要配制如表2-1所示试剂。

表2-1 质粒抽提试剂配制表

试剂	配制方法
溶液Ⅰ	50mmol/L 葡萄糖、25mmol/L Tris-HCl、10mmol/L EDTA
溶液Ⅱ	0.4mol/L NaOH 和 2% SDS，用前等体积混合
溶液Ⅲ	5mol/L NaAc 60mL、冰醋酸 11.5mL、超纯水 28.5mL
氯仿-异戊醇	体积比为 24:1
Tris 饱和酚-氯仿-异戊醇	体积比为 25:24:1
乙醇	70%（体积分数）
RNA 酶	溶于 10mmol/L Tris-HCl(pH 7.5)、15mmol/L NaCl 中，配成 10mg/mL 的溶液，100℃加热 15min，缓慢冷却至室温，10000r/min 离心 5min，上清液于 -20℃保存备用

2 琼脂糖凝胶电泳试剂

琼脂糖凝胶电泳试剂的配制见表2-2。

表2-2 琼脂糖凝胶电泳试剂配制表

试剂	配制方法
TE 缓冲液	10mmol/L Tris-HCl、1mmol/L EDTA
0.5mol/L EDTA	在约 80mL 水中加入所需的 EDTA 二钠盐和约 2g NaOH，再用 5mol/L NaOH 将 pH 调至 8.0，定容至 100mL
5×TBE	54g Tris，27.5g 硼酸，0.5mol/L EDTA(pH 8.0)20mL，定容至 1000mL
10×Loading-Buffer	溴酚蓝 0.4%、蔗糖 60%

任务2 质粒的抽提

1 采用试剂盒抽提质粒

试剂盒试剂准备：RNA 酶加到 Buffer S1 中，56mL 乙醇加到 Buffer W2 中（不能有水）。

（1）取过夜培养的菌液 2mL 于 2mL 的离心管中。

（2）8000r/min 离心 2min，小心去除上清液，并用吸水纸吸干残余液体（去掉培养基，收集管底的菌液）。

（3）加入 250μL Buffer S1 悬浮细菌沉淀，盖紧离心管，翻转混匀，放置 10min（让管底的菌体悬浮起来）。

(4) 加入250μL Buffer S2,温和并充分地上下翻转5次,静置1min(崩解细胞膜及染色体DNA,留下质粒DNA)。

(5) 加入350μL Buffer S3,温和并充分混匀6~8次,冰上放置10min(中和NaOH,复性)。

(6) 12000r/min离心10min(将蛋白质、染色体DNA沉淀在管底)。

(7) 将上清液转移到制备管中,静置1min(让质粒DNA充分吸附在硅胶膜上)。

(8) 12000r/min离心1min,弃滤液。

(9) 将制备管置回离心管,加入500μL Buffer HB,12000r/min离心1min,弃滤液(除去蛋白等杂质)。

(10) 加入700μL Wash Buffer,12000r/min离心1min,弃滤液。以同样的方法用700μL Wash Buffer再洗一次,弃滤液(洗去HB)。

(11) 将制备管放回2mL离心管中,12000r/min离心1min,弃滤液(确保Wash Buffer干净)。

(12) 将制备管移入另一新的1.5mL离心管中,在制备膜中央加入100μL Eluent,静置1min(使膜上的DNA充分被洗脱下来)。

(13) 12000r/min离心1min,弃制备管,此时1.5mL离心管中的液体即为质粒DNA溶液。

2 自配试剂抽提质粒

(1) 取过夜培养的菌液2mL于2mL的离心管中。

(2) 8000r/min离心2min,小心去除上清液,并用吸水纸吸干残余液体(去掉培养基,收集管底的菌液)。

(3) 加入250μL溶液Ⅰ悬浮细菌沉淀,盖紧离心管,翻转混匀,放置10min(让管底的菌体悬浮起来)。

(4) 加入250μL溶液Ⅱ(新鲜配制),温和并充分地上下翻转5次,静置1min(崩解细胞膜及染色体DNA,留下质粒DNA)。

(5) 加入350μL溶液Ⅲ,温和并充分混匀6~8次,冰上放置10min(中和NaOH,复性)。

(6) 12000r/min离心10min(将蛋白质、染色体DNA沉淀在管底)。

(7) 将上清液转移到制备管中,静置1min(让质粒DNA充分吸附在硅胶膜上)。

(8) 12000r/min离心1min,弃滤液。

(9) 将制备管置回离心管,加入500μL等体积的酚-氯仿-异戊醇,12000r/min离心1min,弃滤液(除去蛋白质等杂质)。

(10) 加入700μL等体积的氯仿-异戊醇,12000r/min离心1min,弃滤液。以司样的方法用700μL Wash Buffer再洗一次,弃滤液(洗去微量酚和脂质)。

(11) 将制备管放回2mL离心管中,12000r/min离心1min,弃滤液。

(12) 在制备管中加入2倍体积的无水乙醇,室温放置30min,12000r/min离心1min,弃上清液。

(13) 用1mL 70%乙醇洗涤质粒DNA沉淀2次,12000r/min离心1min,弃滤液。

(14) 将制备管移入另一新的1.5mL离心管中,在制备膜中央加入100μL超纯水,静置1min(使水膜上的DNA充分被洗脱下来)。

(15) 12000r/min离心1min,弃制备管,此时1.5mL离心管中的液体即为质粒DNA溶液。

任务3 质粒的定性检测

1 制胶

根据样品数量选择合适的制胶器和梳子,配制好琼脂糖凝胶,倒入透明托盘中,将具有所需齿数、厚度和数量的梳子插入制胶架的定位槽中,待胶液冷却到60℃左右时加入1μL核酸染料,轻轻混匀,室温下静置至凝胶凝固。

2 加样

取提取的质粒DNA管,向管中加入少量溴酚蓝进行染色。待凝胶凝固后轻轻从一侧开始拔掉梳子,将凝胶托盘从制胶器中取出,用微量移液枪把混匀的样品加入样品孔内,并记录加样的顺序,最后把凝胶放入电泳槽。

3 电泳

加样完成后,盖好电泳槽上盖,电泳槽的电极端插入电泳仪的输出电压孔内,电泳槽电极的红、黑线应分别对应插入电泳仪输出端的红、黑插孔。打开电泳仪,设置好实验参数后,按"输出/停止"键,接通电源,开始电泳。当溴酚蓝显色染料移动到距凝胶前沿1~2cm处时停止电泳。

任务4 质粒的定量和纯度检测

(1) 质粒DNA用TE缓冲液或超纯水稀释200倍(总体积约300μL),测定A_{260}和A_{280}。

(2) 记录数据,分析质粒DNA的浓度和纯度。

① DNA浓度的计算方法1。

$A_{260}=1$相当于50μg/mL天然双螺旋DNA、40μg/mL单链DNA或RNA,所以计算公式为:DNA(μg/mL)$=A_{260}\times 50$;RNA(μg/mL)$=A_{260}\times 40$。

② DNA浓度的计算方法2。

在溶液pH为7.0,吸收池厚度为1cm的情况下,浓度为1μg/mL的天然DNA溶液的$A_{260}=0.020$;浓度为1μg/mL的天然RNA溶液的$A_{260}=0.022$。所以计算公式为:DNA(μg/mL)$=A_{260}/0.020$;RNA(μg/mL)$=A_{260}/0.022$。

③ DNA纯度的测定。

DNA或RNA样品的纯度可以根据它们A_{260}/A_{280}的比值来判断。纯DNA溶液的$A_{260}/A_{280}=1.8$,若大于此值,表示有RNA污染;若小于此值,则表示有蛋白质或苯酚等污染。

纯 RNA 溶液的 $A_{260}/A_{280}=2.0$，样品中若有蛋白质或苯酚，则比值小于 2.0。

【结果呈现】

抽提的质粒 DNA 溶于超纯水或者 TE 缓冲液，为无色无味的透明液体；琼脂糖凝胶电泳检测 DNA 条带，在紫外凝胶成像仪中可见清晰的电泳条带，与 Marker 条带对比，可知质粒 DNA 大小（图 2-2）。

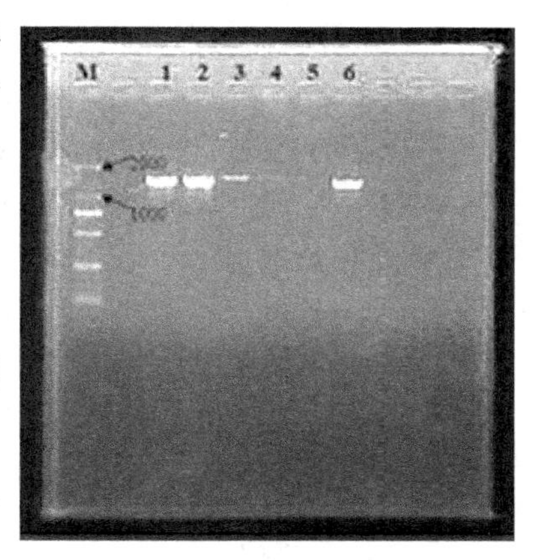

图 2-2　质粒 DNA 电泳结果图

【思考题】

（1）质粒抽提步骤复杂，需要经过多次离心，每一次离心后，如何判断上清液和沉淀哪一个是我们所需要的？

（2）DNA 一定带负电荷吗？如何判断 DNA 所带电荷，从而避免在琼脂糖凝胶电泳过程中将电极接反？

【时间安排】

（1）第 1 天：准备相关试剂、耗材，并检查所需设备是否都能正常运转，然后进行质粒抽提。

（2）第 2 天：电泳检测质粒，分光光度法检测质粒浓度和纯度。

子项目 2

植物基因组 DNA 和总 RNA 的提取

基因组是指一个细胞（核）中的全部 DNA，包括所有的基因（gene）和基因间隔区（intergenic region）。近年来植物分子生物学和植物分子遗传学研究领域十分活跃，成果辈出，使对不同植物种的基因组进行全面分析成为可能。在后植物基因组科学时代，可望解决的课题主要有：随着各植物种基因组分析的开展和完善，并通过对它们的比较研究，可以从基因组的高度更好地理解生物多样性和物种进化；借助于对不同植物种基因文库的比较，从中可以找出某一物种所特有的基因构件，发现全新基因，探明新型基因表达调控机制，实现目的基因工程植株的创建、生物制药及工业用生物催化剂的生产和应用等。在分子生物学及信息处理科学大量革新技术的支持下，以人类基因组课题为代表的、对基因组全貌和功能进行分析的一大批研究课题正在全面展开。

要完成上述课题，就需要抓紧建立一套完善的基因组科学理论体系。其中，基因组 DNA 和总 RNA 的提取是植物分子生物学研究的基础技术，得到适合自己研究要求的高质量的基因组 DNA 和总 RNA 也是后续基因组研究的前提条件。

【项目描述】

本项目材料为植物幼叶，提取叶片中的基因组 DNA 及总 RNA，具体要求如下：

1　提取植物叶片中的 DNA 及总 RNA

选取植物幼叶，采用 CTAB 法提取其 DNA，Trizol 法提取其总 RNA。

2　DNA 和总 RNA 的定性检测

用琼脂糖凝胶电泳对所得的 DNA 和 RNA 进行检测，根据电泳条带分析 DNA 和 RNA 的降解程度和纯度。

3　DNA 和总 RNA 的浓度及纯度检测

用紫外分光光度计检测，并根据吸光度（A）计算 DNA（RNA）浓度和纯度。

【项目分析】

1　基本原理

（1）CTAB 法提取植物基因组 DNA。

CTAB（hexadecyl trimethyl ammonium bromide），全名为十六烷基三甲基溴化铵，是一种阳离子去污剂，具有从低离子强度溶液中沉淀核酸与酸性多聚糖的特性。在高离子强度的溶液中（ >0.7mol/L NaCl），CTAB 与蛋白质和多聚糖形成复合物，只是不能沉淀核酸。通过有机溶剂抽提，去除蛋白质、多糖、酚类等杂质后加入乙醇沉淀，即可使核酸分离出来。

植物幼嫩组织的细胞处于旺盛的分裂阶段，核较大而胞质较少，核酸浓度高，且内含物少、次生代谢产物少，蛋白质及多糖类物质相对较少。采用机械破碎植物细胞，然后加入 CTAB 分离缓冲液将 DNA 溶解出来，再经氯仿-异戊醇抽提除去蛋白质，提取的 DNA 的产量高、纯度好。注意提取 DNA 所用的提取液、吸头、离心管等须高压灭菌以灭活 DNA 酶。

（2）Trizol 法提取植物基因组总 RNA。

Trizol 试剂是由苯酚和异硫氰酸胍配制而成的单相的快速抽提总 RNA 的试剂。高浓度强变性剂异硫氰酸胍可溶解蛋白质，破坏细胞结构，使核蛋白与核酸分离，释放核酸；同时还可抑制 RNA 酶，使 RNA 从细胞中释放出来时不被降解而保持 RNA 的完整性。细胞裂解后，除了 RNA，还有 DNA、蛋白质和细胞碎片，而苯酚的作用是使蛋白质变性。在匀浆和裂解过程中，Trizol 试剂能迅速破碎细胞，使核蛋白复合体中的蛋白质变性并释放出核酸。由于释放出的 RNA 和 DNA 在特定 pH 下溶解度不同，从而使 DNA 和 RNA 得到分离。在氯仿抽提、离心分离后，样品分成水样层和有机层。当上层水相呈酸性时，DNA 分子会沉淀在酚与溶液的界面，只有 RNA 分子留在水相（苯酚在低 pH 的情况下也能促进水相中的蛋白质和 DNA 向有机相分配，从而最大限度地除去总 RNA 中的蛋白质和 DNA）；当水相接近中性时，DNA 就会溶解在水相（导致水相呈中性的常见原因是 Trizol 与样品比例不对，所以在抽提时应尽量在保证提取量的前提下使 Trizol 过量）。将水相转管后，即可通过异丙醇沉淀得到纯净的 RNA。

(3) DNA 和 RNA 的检测。

① 核酸的大小及完整性检测。DNA 可用普通的琼脂糖凝胶电泳进行检测;RNA 可使用非变性或变性凝胶电泳进行检测,但 RNA 分子的形态会影响电泳的效果。由于 RNA 分子内部的相互作用,RNA 分子可能会形成非常难以分辨的二级结构或三级结构,从而改变 RNA 的迁移率。在非变性凝胶电泳中,分子质量大的可能由于呈折叠形而跑得更快,最后得到的结果是条带不能有效地把分子大小不同的 RNA 分开,所以非变性电泳只能用于鉴定 RNA 的完整性。而在变性凝胶电泳中,甲醛的作用就是使 RNA 变形,所有 RNA 分子完全伸展,呈线形单链。甲醛使 RNA 完全变形之后,在胶中的迁移速度与其分子质量的对数成正比,28S rRNA 大约为 3800bp,18S rRNA 大约为 1900bp。根据这个原理,可以大致判断 RNA 的条带及其完整性。完整的未降解的 RNA 制品的电泳图谱应可清晰看到 18S rRNA、28S rRNA、5S rRNA 的三条带,且 28S rRNA 带的亮度应为 18S rRNA 带的两倍。

② 紫外分光光度法定量分析 DNA(RNA)。原理是 DNA(RNA)分子在 260nm 处有特异的紫外吸收峰,且吸收强度与 DNA (RNA)的浓度成正比。此外,还可通过琼脂糖凝胶电泳上显示的 DNA(RNA)带的亮度来大概分析。EB 作为一种荧光染料,能插入 DNA(RNA)的碱基对平面之间而结合于其上,在紫外光的激发下产生荧光,而 DNA(RNA)分子上 EB 的量与 DNA 分子的长度和数量成正比。在电泳时加入已知浓度的 DNA(RNA)Marker 作为 DNA(RNA)相对分子质量及浓度的参考,样品 DNA(RNA)的荧光强度就可以大致表示 DNA(RNA)量的多少。这种方法的优点是简便易行,可结合琼脂糖凝胶电泳分析 DNA(RNA)样品的完整性来进行,缺点是不太准确。

2 需要解决的问题

(1) 植物的次生代谢物(主要是胞质内的多酚类或色素类化合物)对核酸提取有干扰作用。因此,一般尽可能选幼嫩的、代谢旺盛的新生组织作为提取 DNA、RNA 的材料,因为幼嫩的新生组织次生代谢产物较少,核酸含量高,且易于破碎。植物材料最好是新鲜的,且叶片磨得越细越好。

(2) 核酸的结构在 pH 4.0 ~ 11.0 间较稳定,pH 在此范围外就会使核酸变性降解,故在制备试剂时应避免过酸或过碱。

(3) DNA 分子链很长,是双螺旋结构,既有一定的柔性,又有一定的刚性,强机械作用(如剧烈搅拌)会令 DNA 分子断裂,不利于收集,故在抽提时,所有操作均须温和,避免剧烈振荡。

(4) RNA 极易降解,所有的提取步骤最好都要在冰浴中进行,另外还要防止内源性、外源性 RNA 酶的降解作用。所有试剂用 DEPC 处理水配制,用具用 DEPC 水冲洗并灭菌。抽提时要做到在超净台内操作,并且操作时戴口罩和一次性手套,尽量少讲话,并尽可能在冰上操作、低温离心(RNA 不稳定,极易降解),EP 管及 Tip 头等都要用 DEPC 水处理(0.1% DEPC 水浸泡过夜后高压蒸汽灭菌),应做到小心、细致,晃动及每次移液时动作要轻。这样做的目的有两个:一是防止 RNAse 污染降解 RNA;二是防止动作过度暴力破坏 RNA 的完整性。

3 主要仪器设备、耗材、试剂

(1) 仪器设备:离心机、紫外分光光度计、微量移液器、水浴锅、超低温冰箱、研钵、液氮罐、电子天平、pH 计、高压灭菌锅、琼脂糖凝胶电泳系统等。

(2) 耗材:移液器吸头、吸水纸、离心管、一次性手套和口罩等。

(3) 试剂:

① DNA 提取:十六烷基三甲基溴化铵(CTAB)、三羟甲基氨基甲烷(Tris)、浓盐酸、乙二胺四乙酸二钠(EDTA-Na_2)、氯化钠、聚乙烯吡咯烷酮(PVP)、β-巯基乙醇、乙酸钾(选用)、无水乙醇、氯仿、异戊醇、灭菌双蒸水等。

② RNA 提取:氯仿、异丙醇、Trizol、无水乙醇、焦碳酸二乙酯(DEPC)、双蒸水、乙酸钠等。

③ 琼脂糖凝胶电泳:琼脂糖、蔗糖、Tris、EDTA、硼酸、氢氧化钠、溴酚蓝、EB 等。

④ RNA 甲醛变性电泳:琼脂糖、EB、吗啉代丙烷磺酸(MOPS)、乙酸钠、氢氧化钠、EDTA、二甲苯青 FF、溴酚蓝、甘油、甲酰胺(去离子)、甲醛、DEPC 水等。

【项目实施】

本项目分 4 个任务,分别是试剂的配制,植物基因组 DNA 的提取,植物总 RNA 的提取,DNA(RNA)的定性、定量检测。本项目是一个相对独立的项目,与其他项目没有必然的联系,因此本项目可以根据需要选做或是在时间上灵活安排。

任务 1　试剂的配制

1　DNA 的提取

DNA 提取试剂配制如表 2-3 所示。

表 2-3　试剂配制表

试剂	配制方法
CTAB 提取液	2%(质量浓度)CTAB,100mmol/L Tris-HCl(pH 8.0),20mmol/L EDTA-Na_2(pH 8.0),1.4mol/L NaCl,2% PVP(灭菌后加入 2% PVP,使之充分溶解)
氯仿-异戊醇	24:1(体积比),置棕色瓶中,4℃下保存
TE 缓冲液(pH 8.0)	称取 1.211g Tris、0.372g EDTA-Na_2,先用 800mL 蒸馏水加热搅拌溶解,用盐酸将 pH 调至 8.0,再用蒸馏水定容至 1000mL,高压灭菌 20min

注:CTAB 法提取 DNA 时,在研磨叶片前,需在提取缓冲液中加入 1%(体积分数)的 β-巯基乙醇。

2　RNA 的提取

0.1% DEPC 处理水:0.1mL DEPC 原液 + 100mL 双蒸水,振摇过夜,高压灭菌。

70% 乙醇(RNA 用):用 DEPC 处理水配制 70% 乙醇(用高温灭菌器皿配制),然后装入高温灭菌的玻璃瓶中,存放于低温冰箱。

Trizol:购自公司或自行配制(表 2-4)。

表 2-4 Trizol 试剂配制表

试剂	用量
苯酚饱和液	380mL
硫氰酸胍盐	118.16g
硫氰酸铵	76.12g
醋酸钠(0.1mol/L,pH 5.0)	33.4mL
甘油	50mL
DEPC 处理水	定容至 1L

3 琼脂糖凝胶电泳检测

普通琼脂糖凝胶电泳相关试剂配制方法同前(见表 2-2)。甲醛变性琼脂糖凝胶相关试剂配制方法如表 2-5 所示。

表 2-5 甲醛变性琼脂糖凝胶相关试剂配制表

试剂	配制方法
10 × MOPS Buffer	20.93g MOPS、3.4g 乙酸钠、1.86g EDTA,用 NaOH 将 pH 调至 7.0,加 DEPC 处理水定容至 500mL(室温避光保存)
RNA 电泳缓冲液 (1 × MOPS Buffer)	10 × MOPS 150mL,37% 甲醛 80mL,加水至 1500mL(一般在 3 次电泳结束后需更换此电泳缓冲液)
RNA 加样缓冲液	1mmol/L EDTA(pH 8.0)、0.4%(质量浓度)溴酚蓝、0.4%(质量浓度)二甲苯青 FF、50%(体积分数)甘油,高压灭菌后 4℃ 下保存

任务 2 植物基因组 DNA 的提取

在提取过程中用到的吸头、研钵、提取缓冲液等先高压灭菌 20min,取出后待用,然后按照下述步骤提取基因组 DNA:

(1) 在 65℃ 水浴中预热 CTAB 提取液。

(2) 在液氮中研磨 2 ~ 3g 新鲜的或 -20℃ 冷冻的样品材料。注意:要研磨成很细的粉末,动作要快。

(3) 迅速加入 CTAB 提取液,混匀,倒入离心管中,在 65℃ 水浴中放置 30min。其间轻轻摇动离心管 3 次。

(4) 加入 5mol/L 的乙酸钾充分混匀,在冰浴中放置 30min,4℃ 下 12000r/min 离心 5min,吸上清液(注意:对于幼嫩叶片此步可以省略,对于成熟的老叶片需采用)。

(5) 加入等体积的氯仿-异戊醇,混匀,放置乳化 10min,12000r/min 常温离心 10min。

(6) 吸上清液到新离心管中,用氯仿-异戊醇重复抽提一次。

(7) 吸上清液到新离心管中,加入 2.5 倍体积 -20℃ 预冷的无水乙醇,轻轻翻转混匀,使核酸沉淀下来(有些情况下,这一步可以产生用玻璃棒搅起来的长链 DNA 或者是云雾状的 DNA,如果看不到 DNA,则可将样品在 -20℃ 下放置 10 ~ 30min 甚至过夜以沉淀 DNA)。

(8) 收集 DNA:如果 DNA 呈可见的丝状,可用枪头挑起,转移至新离心管中,或用枪头固定絮状沉淀,剩余液体倒入废液缸;如果 DNA 呈云雾状,可 2000r/min 离心 1 ~ 2min,小心地倒掉上清液,取沉淀。

(9) 用 400μL 70% 乙醇洗沉淀 2 次、100% 乙醇洗沉淀 1 次,按步骤(8)重新收集 DNA。

(10) 吸干乙醇,将含有 DNA 的离心管晾干(注意:DNA 放在离心管管壁下部 0.5mL 以下的位置以保证 DNA 被完全溶解)。

(11) 晾干后用 200 ~ 500μL TE 或灭菌双蒸水溶解 DNA。

(12) 用紫外分光光度计测定浓度及纯度,剩余样品在 -20℃ 冰箱中可长期保存。

注意: 提取的 DNA 的质量由它的长度和纯度决定。轻轻操作 DNA 溶液和快速冷冻植物组织对减轻机械剪切力和核酸酶切割非常重要,不能振荡,不能使用太细口的吸头,也不能吸得太快。多糖、蛋白质及木本植物中的酚类物质是植物 DNA 抽提中的主要污染物,提取材料要尽量使用幼嫩叶片。如果食材较老,多糖含量高,在提取缓冲液中应提高 β-巯基乙醇的用量,且在用氯仿-异戊醇抽提之前可先用酚-氯仿-异戊醇抽提一遍,这样去除蛋白质较为彻底。所得 DNA 应为无色或灰白色,若呈褐色则有多酚类物质污染。对多糖含量高的材料,提取液中 CTAB 的浓度可增至 3% 或更高。

任务 3 植物总 RNA 的提取

实验所用器皿、耗材均用 0.1% 的 DEPC 水处理 24h 后高温高压灭菌两次,以除去 RNA 酶,所有试剂都应保证没有 RNA 酶污染。按下列步骤提取总 RNA,操作时戴手套,并应及时更换新手套。

(1) 取适量新鲜植物嫩叶,去叶脉,放入液氮预冷的研钵中。

(2) 加入液氮并研磨成细粉末,然后移入 2mL EP 管中。

(3) 加入 500μL Trizol 液,充分混匀(注意:样品总体积不能超过所用 Trizol 体积的 10%)。

(4) 冰上静置 5 ~ 10min 以利于核酸蛋白质复合体的解离(此步室温放置也可,Trizol 含有 RNA 酶抑制剂,不用担心 RNA 降解)。

(5) 加入 500μL 氯仿,盖紧管盖,用手剧烈摇荡 EP 管 15s,冰上静置 15min。

(6) 4℃ 下 10000r/min 离心 10min(这是关键的一步,离心后分成三层,RNA 在上清液中,所以离心管从离心机中拿出来的时候动作要轻,以免管内物质振荡导致下层沉淀激起)。

(7) 取上清液移入新管(吸取上清液的时候动作一定要轻,切忌吸取太多,吸取 400 ~ 500μL 即可,再多就容易碰到下层沉淀)。

(8) 加入等体积的异丙醇,冰上放置 10min,10000r/min 离心 10min。

(9) 弃去上清液,加入至少 1mL 的 70% 乙醇,涡旋振荡混匀,让乙醇充分接触沉淀,洗涤沉淀,然后 4℃ 下 7500r/min 离心 5min。

(10) 小心弃去上清液,冰上或真空干燥沉淀 5 ~ 10min(注意不要干燥过度,否则会降低

RNA 的溶解度)。

(11) 将 RNA 溶于 TE 或 DEPC 处理水中,Tip 吹吸数次,必要时可在55℃ ~60℃水浴中放置10min。

(12) 于 -20℃下贮存或进行下一步实验。

任务4 DNA(RNA)的定性、定量检测

1 电泳定性检测

(1) DNA 检测——琼脂糖凝胶电泳。

制作1%的琼脂糖凝胶,吸取提取的 DNA 溶液 5μL,电泳检测,具体方法见项目2的子项目1。

(2) RNA 检测——甲醛变性琼脂糖凝胶电泳。

① 制备1%的甲醛变性琼脂糖凝胶(50mL):称取琼脂糖0.5g,加0.1% DEPC 处理水36mL,加热至沸腾(中间摇一下),冷却到50℃ ~60℃,在通风橱内加入甲醛(37%)9mL、10×MOPS Buffer 5mL,混匀后倒入凝胶模具中。

② 电泳槽清洗:0.3% H_2O_2灌满,室温下放置30min,0.1% DEPC 水冲洗晾干。

③ 加样:取去离子甲酰胺 10μL,甲醛 3.5μL,10 × MOPS Buffer 2μL,RNA(2 ~4μg,<10μL),加入无菌离心管中混合,65℃加热15min,迅速在冰浴中冷却片刻(目的:消除RNA的二级结构),然后加入3μL RNA 加样缓冲液和0.5μL EB 混匀,取适量加样于凝胶点样孔内。

④ 电泳:将胶板浸没在 RNA 电泳缓冲液中,点样前5V/cm 预跑5min,点样后3 ~4V/cm 电泳。

⑤ 待溴酚蓝显色染料迁移至凝胶长度的2/3 ~4/5 处结束电泳,紫外灯下观察拍照。

2 紫外分光光度法定量检测

(1) 取少量待测 DNA(RNA)样品,用 TE 或蒸馏水稀释50 ~100倍。

(2) 用 TE 或蒸馏水做空白,在260nm、280nm 处调节紫外分光光度计的读数至零。

(3) 加入待测 DNA(RNA)样品,在2个波长处读取吸光度(A)。

(4) 浓度计算:根据吸光度(A)计算 DNA(RNA)浓度,$A_{260}=1$ 约为 50μg/mL 双链 DNA 或 40μg/mL RNA。所以,dsDNA =50μg/mL × A_{260} ×稀释倍数;ssRNA =40μg/mL × A_{260} ×稀释倍数。

(5) 纯度分析:纯 DNA 样品的 A_{260}/A_{280} 大约为1.8,高于1.8可能有 RNA 污染,低于1.8可能有蛋白质或苯酚等污染;纯 RNA 样品的 A_{260}/A_{280} 大约为2.0,样品中若有蛋白质或苯酚则小于2.0。

【结果呈现】

1 植物基因组 DNA

(1) DNA 纯品呈白色纤维状固体,乙醇沉淀后,DNA 呈白色絮状。

(2) 琼脂糖凝胶检测植物基因组 DNA 片段,与 Marker 相比,大小在 20 ~ 30kb 之间,带型单一无拖尾现象,说明提取的 DNA 质量较高(图 2-3)。

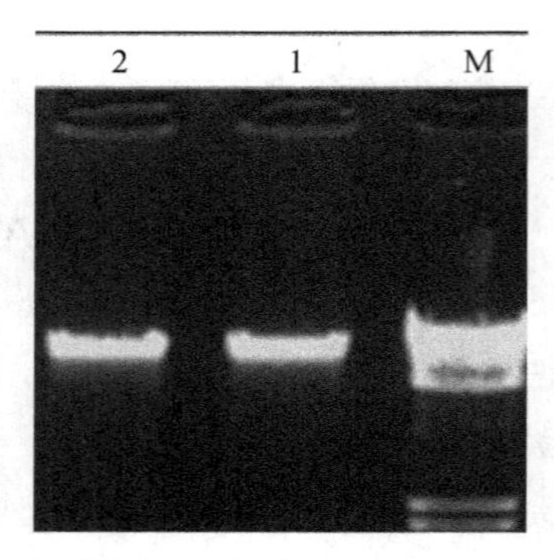

图 2-3　植物基因组 DNA 的提取及电泳图

2　植物总 RNA

(1) RNA 纯品呈白色粉末状或结晶,乙醇沉淀后不形成肉眼可见形态。

(2) 甲醛变性琼脂糖凝胶电泳检测提取的总 RNA,出现的电泳条带有两条,对应两条最大的核糖体 RNA(rRNA)分子,即 18S 和 28S rRNA,较小的 rRNA 也很丰富但看不到,因为太小,跑出了凝胶的边界(图 2-4)。多数细胞中的信使 RNA(mRNA)经 EB 染色后不足以形成可见的带。只有 18S 和 28S rRNA 带亮,且 28S rRNA 的亮度大约为 18S rRNA 的两倍,说明提取的 RNA 没有发生降解,纯度好。

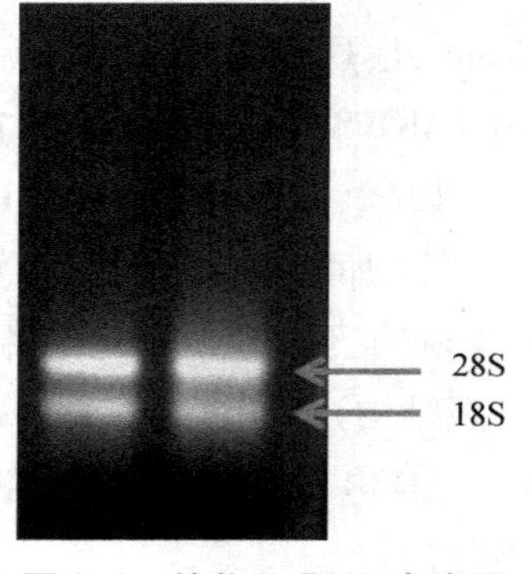

图 2-4　植物总 RNA 电泳图

【思考题】

(1) 提取 DNA、RNA 之前为什么要先进行高压灭菌?

(2) 为什么 RNA 的提取较 DNA 提取难度要大很多? 在提取 RNA 的过程中需要特别注意哪些问题?

【时间安排】

1　植物基因组 DNA 提取

(1) 第 1 天:准备相关耗材并配制相关试剂,检查实验所需设备是否都能正常运转。

(2) 第 2 天(上午):提取植物基因组 DNA,配制 1% 琼脂糖凝胶。

(3) 第 2 天(下午):电泳检测基因组 DNA,分光光度法检测浓度及纯度。

2　植物总 RNA 提取

(1) 第 1 天:设备检查,相关实验器具、耗材的处理与准备(防止 RNA 酶污染),并进行试剂配制。

(2) 第 2 天(上午):提取植物总 RNA,配制 1% 甲醛变性琼脂糖凝胶。

(3) 第2天(下午):电泳检测总RNA,分光光度法检测浓度及纯度。

子项目3

动物基因组DNA和总RNA的提取

DNA、RNA和蛋白质是三种重要的生物大分子,是生命现象的分子基础。哺乳动物的一切有核细胞都可以用来制备DNA(RNA),除特殊要求外,白细胞、肝或脾组织是最常用的材料。当原始材料较少或较难获得时(如羊水细胞),还必须经过细胞培养来获得足够量的细胞;有时为了简便易行,还可以无创地采集材料,如口腔上皮脱落细胞、发根细胞。根据材料来源的不同,采取不同的材料处理方法,但随后的DNA(RNA)提取方法大致相似。

DNA是主要遗传物质,是基因的本质,控制生物的性状,在生物的遗传和变异中起着非常重要的作用。从全血或组织细胞中提取DNA是遗传性疾病、胎儿产前无创性诊断、肿瘤和传染性疾病等早期确诊的重要手段和技术;而总RNA提取作为分子生物学研究的基础实验之一,提取的RNA的质量和产量均可直接影响后续Northern杂交、cDNA文库构建、cDNA末端快速扩增等研究的成败。因此作为基因组研究和遗传学研究的最基本条件,获取高质量的DNA或RNA至关重要。

子项目3-1 动物基因组DNA的提取

【项目描述】

本项目所用材料为哺乳动物组织、全血或培养细胞,提取其中的基因组DNA,具体要求如下:

1 标本的采集

(1) 全血:经各种抗凝剂(EDTA、柠檬酸或肝素)处理过的全血。

(2) 组织:新鲜离体组织块(手术切除的肺癌组织)。

(3) 培养细胞:处于对数生长期的A549细胞(人肺腺癌细胞)。

2 基因组DNA的提取

用酚-氯仿提取法抽提动物基因组DNA。

3 DNA的定性分析及定量检测

琼脂糖凝胶电泳分析所提取DNA的大小及完整性,紫外吸收法测定所提取DNA的浓度及纯度。

【项目分析】

1 基本原理

真核生物的一切有核细胞(包括培养细胞)都能用来制备基因组DNA,真核生物的DNA

以染色体的形式存在于细胞核内。因此,制备DNA的原则是既要将DNA与蛋白质、脂类和糖类等分离,又要保持DNA分子的完整。对于组织和培养细胞,通过研磨和SDS作用可破碎细胞;对于全血,因哺乳动物血液的红细胞没有细胞核,抽提外周血DNA其实就是从有核的白细胞中提取DNA。可用双蒸水溶胀红细胞和白细胞膜,释放出血红蛋白及细胞核,使核酸处于易提取状态;也可利用红细胞与白细胞结构上的差异(红细胞有其专属的表面抗原,当裂解液中含有可以攻击特定红细胞表面抗原的酶时,就会造成红细胞的变形,生物通道扩大、膨胀、裂解,或者引起红细胞的变性,而不会攻击其他细胞),利用裂解液裂解红细胞而获得白细胞。最后将分散好的组织或细胞在含EDTA、去污剂(如SDS)和蛋白酶K的溶液中消化分解蛋白质,再用酚-氯仿-异戊醇抽提,去除残留的蛋白质(这时蛋白质将进入有机相,如易变性则将呈现在有机相和无机相之间),得到的DNA溶液经乙醇沉淀即可使DNA从溶液中析出。

蛋白酶K的重要特性是能在SDS和EDTA存在下保持很高的活性。在匀浆后提取DNA的反应体系中,SDS可将细胞膜、核膜破坏,并将组蛋白从DNA分子上分离,使核蛋白上的核酸游离;EDTA可抑制细胞中DNase的活性;而蛋白酶K可以用于消化细胞核膜以及核内蛋白质,将蛋白质降解成小肽或氨基酸,使DNA分子完整地分离出来。

琼脂糖凝胶电泳定性检测抽提的DNA及紫外吸收法测定所提DNA的浓度和纯度原理同子项目1。

2　需要解决的问题

(1) 组织要尽量研磨得细一些,颗粒太大时细胞裂解不彻底,在随后的过程中会导致严重降解。红细胞裂解也一定要完全,否则会影响基因组DNA的质量。

(2) 真核细胞DNA的相对分子质量很大,机械张力极易引起DNA分子的断裂,因此操作条件要缓和,摇动速度不要太快,溶液转移次数要尽量减少。

(3) 由于酚的腐蚀性较强,摇动抽提时应戴一次性手套。

(4) 收集培养细胞时,消化时间长短是实验成败的关键。宁可短消化,不可过消化,否则细胞会死亡。在显微镜下观察,细胞质回缩、胞间间隙加大即表明细胞消化程度适宜。

3　主要仪器设备、耗材及试剂

(1) 仪器设备:研钵、液氮罐、水浴锅、台式高速离心机、涡旋仪、磁力搅拌器、pH计、微量移液器、高压灭菌锅、琼脂糖凝胶电泳系统、紫外凝胶成像仪、紫外-可见分光光度计等。

(2) 耗材:移液器吸头、离心管、吸水纸等。

(3) 试剂:Tris、浓盐酸、EDTA、SDS、蛋白酶K、苯酚、氯仿、异戊醇、无水乙醇、NaCl、NaAc、胰RNA酶、灭菌去离子水、琼脂糖、溴酚蓝、蔗糖、硼酸、EB等。

【项目实施】

本项目分4个任务,分别是标本的采集与保存、试剂的配制、DNA的提取、DNA的纯度和浓度检测。本项目是一个相对独立的项目,与其他几个项目没有必然的联系,因此本项目可以根据需要选做或是在时间上灵活安排。

任务1 标本的采集与保存

1 全血

用含抗凝剂的采血管采集人外周静脉血 5mL。柠檬酸、EDTA、肝素三种抗凝剂均可使用,但肝素对酶反应有可能起阻止作用,采血时如没有特殊要求,尽量使用柠檬酸或 EDTA 处理血样,一般不用肝素。加入抗凝剂混匀后 2℃ ~8℃保存一周, -20℃保存一个月, -70℃长期保存,尽可能保证样本不经过反复冻融。

2 组织

组织必须取自活体动物或死后 1 ~2min 内的动物。

手术切除的新鲜肿瘤组织标本最好是保存于 50% 乙醇中。具体方法是:先用生理盐水将组织洗一次,切成宽度小于 1cm 的小片,加入适量的生理盐水,然后边摇边加入无水乙醇至终浓度为 50%,这样固定的组织标本室温下可保存数日,4℃下可保存 6 年。此外,还可在标本离体后,迅速将其切成绿豆大小的小块,分装于冻存管内,放于 -80℃冰箱或液氮中保存,尽可能避免暴露于室温中过长时间。(在取组织时不仅要取肿瘤组织,一般还要取其癌旁正常组织一起保存,以便在日后的实验中发挥对比作用。)

3 培养细胞

用 0.25% 的胰酶消化处于对数生长期的 A549 细胞,离心并收集细胞。

任务2 试剂的配制

1 DNA 提取试剂

动物基因组 DNA 抽提试剂配制方法如表 2-6 所示。

表 2-6 动物基因组 DNA 抽提试剂配制表

试剂	配制方法
抽提缓冲液	10mol/L Tris-HCl(pH 8.0),0.1mol/L EDTA(pH 8.0),20μg/μL 胰 RNA 酶,0.5% SDS
DNA 细胞裂解液(pH 8.0)	10mmol/L Tris-HCl,150mmol/L NaCl,10mmol/L EDTA,0.5% SDS,室温保存
3mol/L 醋酸钠	40mL 去离子水搅拌溶解 40.8g $NaAc \cdot 3H_2O$,用冰乙酸将 pH 调至 5.2,定容至 100mL
蛋白酶 K	灭菌双蒸水配制成 20mg/mL, -20℃下保存备用
TE 缓冲液	10mmol/L Tris-HCl,1mmol/L EDTA

注:10% SDS 低温下易析出,若出现白色沉淀,用前 37℃温浴即可溶解。

2 琼脂糖凝胶电泳试剂

相关试剂的配制方法同前(见表 2-2)。

任务3 DNA的提取

(1) 样品裂解。

① 组织样品:取一干净陶瓷研钵,加适量液氮使之预冷。取新鲜的离体肺癌组织0.1g左右,剪碎放入研钵,边加液氮边研磨至粉末状。将组织粉末一点一点地加入盛有10倍体积抽提缓冲液的烧杯中,振摇烧杯,使粉末浸没。将悬液转移至50mL三角瓶中,并于37℃温育1h。

② A549细胞:弃培养基,加入适量胰酶(以覆盖整个细胞培养面为宜),轻轻摇动,消化2~5min后迅速吸取消化液离心并收集细胞。加入10倍体积抽提缓冲液(同前),充分混匀后37℃温育1h。

③ 外周静脉血:取2mL人外周血,按照1:5~1:10的比例加入去离子双蒸水,振荡20s,室温静置10min后,4℃下1500r/min离心15min,小心弃去含有红细胞碎片的上清液,重复裂解一次,留取白细胞沉淀。加入0.5mL的DNA细胞裂解液来悬浮白细胞沉淀。

> **注意:** DNA细胞裂解液中SDS是表面活性剂,主要作用是裂解细胞膜、核膜,使核膜里与蛋白质结合的核酸释放到溶液中;另外,Tris盐的作用是使抽提出来的DNA容易进入水相,减少在蛋白质层的滞留。

(2) 将裂解液(或悬浮后的溶液)转移至离心管中,裂解液不能超过1/3体积。

(3) 加入蛋白酶K(20mg/mL)至终浓度100μg/mL,混匀后50℃水浴温育3~5h,裂解细胞,消化蛋白,中间振摇数次(或放入37℃水浴中过夜)。

(4) 冷却至室温,加入等体积酚-氯仿-异戊醇(体积比为25:24:1)混合液,颠倒混匀使溶液呈乳浊状,12000r/min离心10min。

(5) 小心吸取上层水相,移入另一新的15mL离心管内(尽量不要带动中间的蛋白层)。

(6) 苯酚抽提两次,收集水相。

(7) 加入1/10体积的3mol/L NaAc和2倍体积的冰无水乙醇,轻轻颠倒混匀,即可见或多或少的DNA云絮状漂浮物。

(8) 用一干净的移液器吸头挑出DNA漂浮物,放入1.5mL的EP管中(或直接室温下6500r/min离心5min收集DNA沉淀)。

(9) 用70%乙醇洗涤DNA沉淀,3000r/min离心1min(洗涤2次)。

(10) 弃上清液,室温下干燥DNA,加入1mL TE(或灭菌双蒸水)溶解DNA,置4℃冰箱暂存。

(11) 加入RNA酶12μL,37℃水浴中作用3~4h。

(12) 取出离心管,加入等体积酚-氯仿-异丙醇混合液混匀,3000r/min离心10min。

(13) 将上层液体转移至新的离心管内,苯酚重复抽提除尽蛋白质。

(14) 加入2mL 3mol/L NaAc和10mL无水乙醇,轻轻颠倒混匀,可见DNA云絮状漂浮物。

(15) 用70%乙醇洗 DNA 2 次,空气干燥 5min,加入适当体积的 TE 缓冲液溶解 DNA,置于4℃冰箱保存。

步骤(11)~(15)可根据实际实验需求选做。

任务4　DNA的纯度和浓度检测

(1) 0.8%琼脂糖凝胶电泳定性检测提取的 DNA,操作同前。

(2) 紫外分光光度法计算浓度及纯度,操作同前。

【结果呈现】

1　全血基因组 DNA 电泳条带

DNA 片段大小约 19kb,带型单一,无拖尾现象,说明较完整,无降解(图 2-5)。

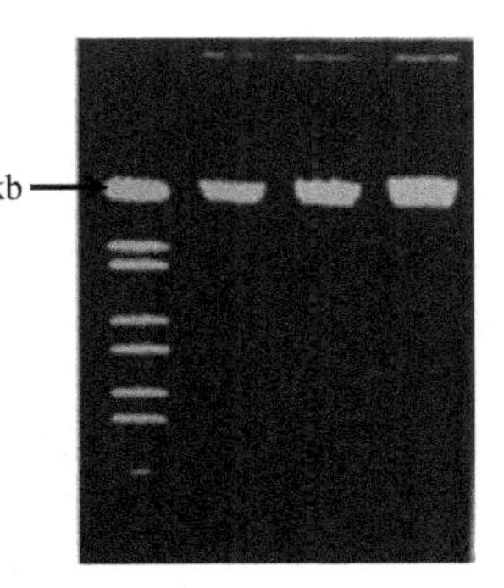

图 2-5　全血基因组 DNA 电泳结果图

2　新鲜动物组织基因组 DNA 电泳条带

DNA 片段大小约 23kb,带型有拖尾现象,说明存在部分降解(图 2-6)。(基因组 DNA 电泳,在电场中泳动较慢,如果发生降解,可出现电泳图谱拖尾现象。)

3　培养细胞基因组 DNA 电泳条带

带型单一,片段大小大于 10kb,轻微拖尾,说明提取的 DNA 质量较高(图 2-7)。

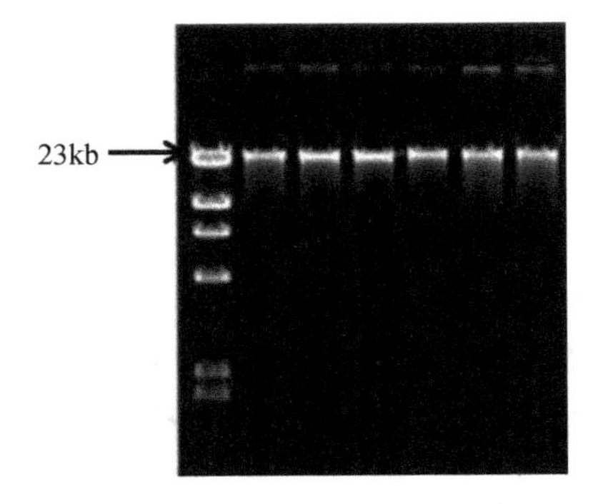

图 2-6　肺癌组织基因组 DNA 电泳结果图

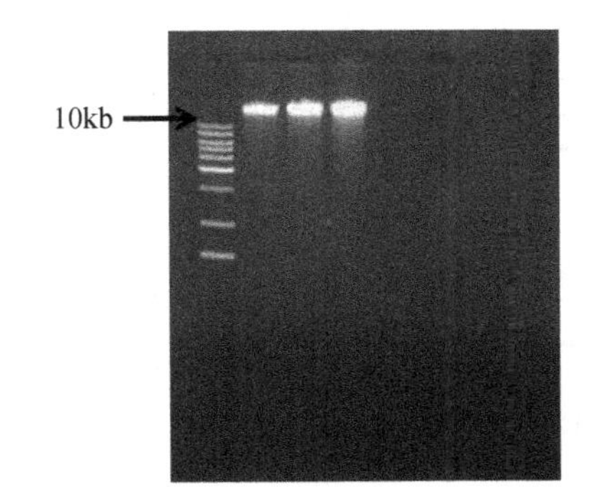

图 2-7　A549 细胞基因组 DNA 电泳结果图

【思考题】

(1) 标本抽提后若出现基因组 DNA 收率较低或无基因组 DNA 的情况,其可能原因有哪些? 相应可采取哪些对策?

(2) 简述动物基因组 DNA 提取过程中用到的试剂及各自的作用。

(3) 在整个基因组提取过程中,为什么要缓慢操作? 这与 DNA 本身的性质有什么联系?

【时间安排】

(1) 第1天:检查相关实验设备,配制相关试剂,准备相关耗材。

(2) 第2天(上午):采集标本并提取其基因组DNA(有条件的话,尽量用新鲜标本直接进行实验)。

(3) 第2天(下午):电泳检测DNA,分光光度法检测浓度及纯度。

子项目3-2 动物总RNA的提取

【项目描述】

本项目所用材料为哺乳动物组织、细胞或全血,提取其中的总RNA,具体要求如下:

1 标本的采集

(1) 全血:经各种抗凝剂(EDTA、柠檬酸或肝素)处理过的全血。

(2) 组织:小鼠新鲜肝脏组织。

(3) 培养细胞:处于对数生长期的A549细胞(人肺腺癌细胞)。

2 总RNA的提取

Trizol法提取动物组织/细胞总RNA。

3 总RNA的定性、定量分析

甲醛变性琼脂糖凝胶电泳分析所提取总RNA的大小及完整性,紫外吸收法测定所提取总RNA的浓度和纯度。

【项目分析】

1 基本原理

(1) Trizol法提取动物组织/细胞总RNA。原理与Trizol法提取植物总RNA基本一致(见项目2的子项目2)。但植物组织总RNA的提取要比动物和微生物组织困难,原因是植物具有坚硬的细胞壁,富含多种次生代谢物,细胞破碎后,这些物质将以不同方式干扰RNA的提取。

(2) 动物总RNA的定性、定量检测。原理同植物总RNA的定性、定量检测(见项目2的子项目2)。

2 需要解决的问题

(1) RNA在Trizol试剂中不会被RNase污染,但在氯仿分相后的上清液中已经没有了RNase的抑制剂,所以分相后的所有操作要特别小心,保证使用的离心管和吸头都是RNase-free的。

(2) 细胞裂解必须充分且操作迅速,裂解不完全会降低最后得率,因为一部分RNA会残留在未裂解的细胞中。细胞裂解之后要看不见颗粒状物质(结缔组织和骨除外)。在清洗和裂解细胞时最好在低温下或冰上操作,防止操作过程中释放的内源性 RNase 降解 RNA。

(3) Trizol 试剂含有苯酚,具有毒性和刺激性,注意在通风条件下操作。

3 主要仪器设备、耗材、试剂

(1) 仪器设备:超净工作台、高压灭菌锅、水浴锅、台式高速离心机、紫外凝胶成像仪、紫外分光光度计、琼脂糖凝胶电泳系统、涡旋仪、磁力搅拌器、pH 计、微量移液器、电动匀浆器等。

(2) 耗材:EP 管及 Tip 头(0.1% DEPC 水浸泡过夜后高压蒸汽灭菌)、一次性口罩和帽子等。

(3) 试剂:红细胞裂解液(抽提全血基因组总 RNA 时需要)——$NaHCO_3$、乙二胺四乙酸二钠、NH_4Cl;EDTA、焦碳酸二乙酯(DEPC)、去离子双蒸水、Trizol、氯仿、75% 乙醇(用 DEPC 处理水配制)、异丙醇、琼脂糖、EB 或其他核酸染料、吗啉代丙烷磺酸(MOPS)、甲酰胺(去离子)、甲醛、乙酸钠、溴酚蓝、二甲苯青 FF、甘油、氢氧化钠等。

【项目实施】

本项目分 4 个任务,分别是标本的采集与保存、试剂的配制、总 RNA 的提取、RNA 的纯度和浓度检测。本项目是一个相对独立的项目,与其他几个项目没有必然的联系,因此本项目可以根据需要选做或是在时间上灵活安排。

任务1 标本的采集与保存

1 全血

用含抗凝剂的采血管采集人外周静脉血 5mL。收集后最好在 4h 内把白细胞分离出来,否则细胞自溶,RNA 就降解了。新鲜全血的保存,一般是先分离得到白细胞,加入 Trizol 摇匀后置于 -80℃下可长期保存。

2 新鲜小鼠肝脏组织

断颈处死小鼠,立即解剖取出肝脏。组织样品收集后,须立即保存在液氮中,或先在准备好的冻存管里面加入 RNA 保护液,避免组织受到周围环境中 RNA 酶的影响而降解,然后迅速将离体组织放入管内,上下倾倒几次令其与保护液充分混合,然后放进 4℃ 冰箱过夜,再放在 -80℃ 冰箱保存。

3 A549 细胞

一般选取处于对数生长期的细胞。

任务2 试剂的配制

1 RNA抽提试剂

动物总RNA抽提试剂配制方法如表2-7所示。

表2-7 动物总RNA抽提试剂配制表

试剂	配制方法
50×红细胞裂解液(RBS)	$NaHCO_3$ 8.4g、EDTA-Na_2 0.372g、NH_4Cl 80.23g溶于800mL去离子双蒸水中,将pH调至7.2,定容至1L
75%乙醇	100%乙醇:DEPC处理水=3:1(体积比)
DEPC处理水	蒸馏水中加入DEPC至终浓度为0.1%(体积分数),搅拌至少12h(过夜搅拌),高温高压灭活DEPC

注:实验室用RBS一般先配成50×贮存液,再稀释成1×使用液。

2 琼脂糖凝胶电泳试剂

相关试剂的配制方法同前(见表2-5)。

任务3 总RNA的提取

实验前准备:预冷Trizol、异丙醇、75%无水乙醇。

(1) 样本处理。

① 全血:取1mL外周静脉血,加入3mL红细胞裂解液,颠倒混匀,室温放置10min,1500r/min离心15min;弃上清液,收集白细胞沉淀(可重复上述步骤充分裂解红细胞),加入1mL Trizol裂解白细胞,冰上放置5min,使样品充分裂解,匀浆液移至一新的离心管中(如不进行下一步操作,样品可置于-70℃下长期保存)。

(2) 组织:取50~100mg小鼠新鲜肝组织,加入11mL Trizol试剂(组织体积不能超过Trizol体积的10%,否则匀浆效果不好),充分匀浆1~2min,使细胞完全裂解(此时也可置于-70℃下长期保存)。

③ 培养细胞:弃去培养基,直接在培养板中加入Trizol裂解A549细胞,每10cm^{2}面积(即3.5cm直径的培养板)加1mL,用移液器吸打几次制成细胞悬液,转移至一新的离心管中(Trizol的用量根据培养板的面积而定,不取决于细胞数;Trizol加量不足可能导致提取的RNA有DNA污染)。

(2) 将匀浆样品冰上放置5min,使核酸和蛋白质的复合物完全解离。

(3) 每使用1mL Trizol加入200μL氯仿,颠倒混匀,室温放置5min。

(4) 4℃下12000r/min离心15min。

(5) 样品会分成三层:黄色的有机相、中间层和无色的水相。RNA主要在水相中,将上层水相转移至一新的EP管中(小心吸取水相,千万不要吸取中间界面,否则将导致RNA样品中有 DNA 污染）。

（6）加入等体积冰冷的异丙醇，混匀，冰上静置 15min（或 -20℃沉淀过夜，可提高 RNA 的抽提量）。

（7）4℃下 12000r/min 离心 10min。

（8）弃上清液，RNA 沉淀于管底。加入 1mL 预冷的 75% 乙醇，温和振荡离心管，悬浮沉淀。

（9）4℃下 7500r/min 离心 5min，弃上清液。

（10）短暂快速离心，用移液枪小心吸弃上清液，注意不要吸弃沉淀。

（11）冰上放置 1 ~2min 晾干沉淀（RNA 样品不要过于干燥，否则很难溶解）。

（12）根据所得 RNA 沉淀的量，加入适量 RNase-free 水（DEPC 处理水），轻弹管壁，充分溶解 RNA，-70℃下保存备用。

任务4 RNA 的纯度和浓度检测

1% 甲醛变性琼脂糖凝胶电泳检测提取的总 RNA，操作同前（见项目 2 的子项目 2）。取 2μL 待测 RNA 溶液，DEPC 水稀释 100 倍，用紫外分光光度计检测260nm 及280nm 两波长处的吸光度（A），计算相应的浓度及纯度。

【结果呈现】

三种标本的电泳图谱均可清晰看到 18S rRNA、28S rRNA 和 5S rRNA 三条带，且 28S rRNA（3800bp）的亮度约为 18S rRNA（1900bp）的两倍（图 2-8），这说明提取的总 RNA 较完整，基本未降解。小鼠肝脏组织样本 28S rRNA 上方有 1 ~2 条带，说明有 DNA 污染（后期可通过酚抽提两次后加 DNase 处理去除 DNA），加样孔内亮度较高，提示可能有蛋白质污染（图 2-9、图 2-10）。

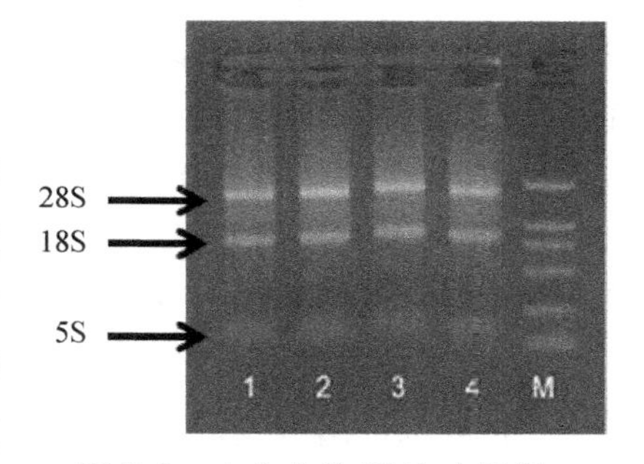

图 2-8 人全血总 RNA 电泳图

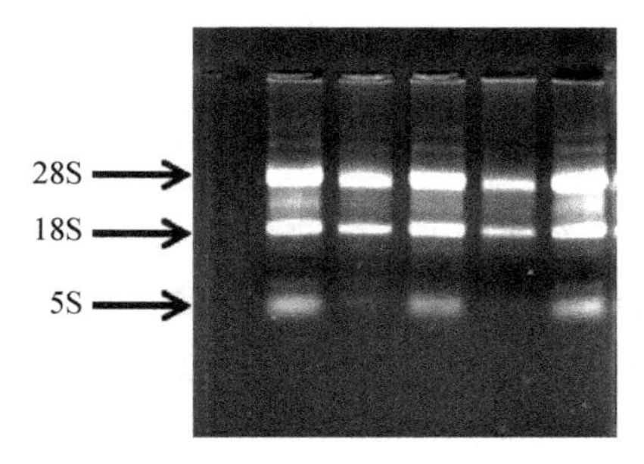

图 2-9 小鼠肝脏组织总 RNA 电泳图

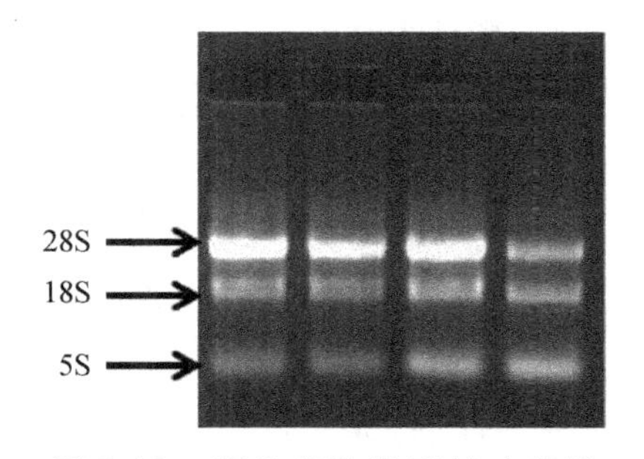

图 2-10 A549 细胞总 RNA 电泳图

【思考题】

(1) 样本前期处理时,如何保证研磨过程和匀浆中 RNA 不被降解?

(2) DEPC 的作用是什么? DEPC 处理过的制品、试剂为什么还要高温高压灭菌?

(3) 如何确认 RNA 溶液中有无 RNA 酶的残留?

【时间安排】

(1) 第 1 天:检查相关实验设备,配制相关试剂,准备相关实验耗材。

(2) 第 2 天(上午):采集标本并提取总 RNA。

(3) 第 2 天(下午):甲醛变性电泳检测总 RNA,分光光度法检测其浓度及纯度。

子项目 4

酿酒酵母 DNA 及总 RNA 的提取

酿酒酵母又称面包酵母或出芽酵母,是与人类关系最广泛的一种酵母。不仅因为传统上它可用于制作面包和馒头等食品及酿酒,在现代分子和细胞生物学中,酵母菌更是被用作真核的模式生物,被称为真核生物中的“大肠杆菌”。在遗传学方面,人们对酵母菌进行了广泛的研究,已经得到它的全基因组序列。尽管酵母菌基因组很小,但它在大多数生物学特征上都与其他更加高等的真核生物相似。越来越多的证据表明,在不同种类的真核生物之间许多细胞过程的机制是相当保守的,加之酵母菌具有遗传研究学和分子生物学的强大优势,因此成了研究真核生物各种分子生物学问题的首选生物。

培养酵母菌既简单、经济,又十分快捷,在营养丰富的培养基中,大约 90min 即可增殖一代。另外,酵母菌可以很好地适应有氧和无氧条件下的大规模培养。酵母菌用出芽的方式进行有丝分裂,所形成的芽离开母细胞后就形成了子代细胞,因此其细胞周期可根据芽的大小来区分。利用这一特点,可通过抑制酵母细胞的生长将酵母菌停留在细胞周期的某一阶段,从而分离到大量的酵母突变体(所谓的 *cdc* 突变体)。由于酵母菌可在成分明确的培养基上生长,因此可分离到大量营养缺陷型酵母细胞株,这不仅有助于研究复杂的代谢途径,而且也提供了大量利于遗传学分析的突变体。

酵母不仅是研究真核细胞各种生命过程的有用模型和重要工具,而且也是外源真核生物基因表达的适宜宿主生物,对现有工业酵母菌种遗传改良和重组基因工程酵母生产外源蛋白显示出广阔的前景。在以酵母为对象研究真核生物基因组的结构和功能或构建外源性蛋白表达系统时,提取高质量的基因组 DNA 或 RNA 就成了最基础的工作。

【项目描述】

本项目所用材料为双倍体酿酒酵母 CEN. PK2 和单倍体酿酒酵母 CEN. PK1,提取其中

的染色体DNA和总RNA,具体要求如下:

1 DNA(RNA)的提取

(1) 用珠磨法提取酿酒酵母染色体DNA。

(2) 用热酚法提取酿酒酵母总RNA。

2 DNA(RNA)的定性分析

用琼脂糖凝胶电泳检测所提取的DNA(总RNA)的完整性。

3 DNA(RNA)的定量和纯度检测

用紫外分光光度计检测,并根据吸光度(A)计算DNA(RNA)的浓度和纯度。

【项目分析】

1 基本原理

(1) 珠磨法提取酿酒酵母染色体DNA。DNA的提取,简单来说主要包括三大步骤,即破碎细胞释放核酸、DNA与RNA的分离以及DNA的纯化。酵母细胞壁结构特殊,壁坚韧,所以其细胞破碎的方法也比较特殊。细胞悬浮液与极小的研磨剂(如玻璃小珠)一起高速搅拌,细胞与研磨剂之间相互碰撞、剪切,可使细胞达到某种程度破碎,释放内含物。同时,在高盐浓度条件下,DNA可吸附于玻璃珠上,吸附了DNA的玻璃珠经离心、洗涤,去除盐、蛋白质以及其他杂质之后,即可得到DNA制品。

(2) 热酚法提取酿酒酵母总RNA。细胞内大部分RNA均与蛋白质结合在一起,以核蛋白的形式存在。因此,提取RNA时要把RNA与蛋白质分离并除去。将细胞置于含有十二烷基硫酸钠(SDS)的缓冲液中,细胞裂解,核酸释放;利用DNA和RNA在pH不同的苯酚中溶解度不一样(DNA溶于碱性酚,而RNA溶于酸性酚),从而使RNA与DNA分离开来。另外,酚还是有效的蛋白质变性剂,交替使用酚、氯仿可增大去除蛋白质的效果。加入氯仿后离心,样品分成水样层和有机层,RNA存在于水样层中。收集上面的水样层后,RNA可以通过异丙醇沉淀来还原。本法得到的RNA不仅纯度高,而且多呈自然状态,可供继续研究之用。

(3) DNA和RNA的定性、定量检测原理同前(见项目2的子项目2)。

2 需要解决的问题

(1) 酵母细胞壁比较坚韧,破碎阻力主要来自连接细胞壁网状结构的共价键。不同的破壁方法其破壁效果不同,最终提取的核酸的质量也会不同。因此,提取酵母DNA(RNA)的关键在于选择一种合适的方法使菌体内核酸释放出来。

(2) 酵母细胞富含核酸,而且核酸主要是RNA,含量为干菌体的2.67%~10%,DNA含量则较少,仅为0.03%~0.516%,因此酵母菌多被作为生产RNA的原料。当然,无论是提取哪一种核酸,在提取过程中均应尽量避免核酸酶对提取产物的降解作用。

(3) 苯酚有毒且腐蚀性较强,操作时应戴一次性手套,不要弄到手上、桌面上、皮肤上,以免损伤皮肤和衣物。

3 主要仪器设备、耗材、试剂

(1) 仪器设备:超净工作台、离心机、涡旋仪、紫外分光光度计、微量移液器、水浴锅、超低温冰箱、电子天平、pH 计、高压灭菌锅、琼脂糖凝胶电泳系统等。

(2) 耗材:移液枪吸头、吸水纸、离心管、一次性手套和口罩等。

(3) 试剂:

① DNA 提取:酵母提取物、蛋白胨、葡萄糖、Tris、EDTA-Na_2、盐酸、RNA 酶 A、无水乙醇、苯酚、氯仿、异戊醇、去离子双蒸水等。

② RNA 提取:酵母提取物、蛋白胨、葡萄糖、PBS 磷酸缓冲液、TES 溶液、苯酚、浓盐酸、氯仿、乙酸钠、无水乙醇、DEPC、去离子双蒸水等。

③ 琼脂糖凝胶相关试剂参见项目 2 的子项目 2。

【项目实施】

本项目分 4 个任务,分别是试剂的配制、酵母菌染色体 DNA 的提取(珠磨法)、酵母菌总 RNA 的提取(热酚法)、DNA(RNA)的浓度和纯度检测。本项目是一个相对独立的项目,与其他项目没有必然的联系,因此本项目可以根据需要选做或是在时间上灵活安排。

任务 1 试剂的配制

1 酵母菌染色体 DNA 的提取

DNA 提取相关试剂配制方法如表 2-8 所示。

表 2-8 DNA 提取相关试剂配制表

试剂	配制方法
YPD 液体培养基	10g 酵母提取物和 20g 蛋白胨溶于 900mL 去离子双蒸水中,高压灭菌 20min 后,加入灭菌的 100mL 20g/100mL 葡萄糖溶液,混匀保存
TE 缓冲液(pH 8.0)	称取 1.211g Tris、0.372g EDTA-Na_2,先用 800mL 去离子水加热搅拌溶解,用盐酸将 pH 调至 8.0,再用蒸馏水定容至 1000mL,高压灭菌 20min

2 酵母菌总 RNA 的提取

RNA 提取相关试剂配制方法如表 2-9 所示。

表 2-9 RNA 提取相关试剂配制表

试剂	配制方法
TES 溶液	80mL DEPC 处理水中加入 1mL 1mol/L Tris-HCl(pH 7.5)、2mL 0.5mol/L EDTA、5mL 10% SDS(质量浓度),定容至 100mL,高压灭菌
50×PBS 溶液	NaCl 8.0g、KCl 0.2g、KH_2PO_4 0.24g、$Na_2HPO_4 \cdot 12H_2O$ 36.3g 溶于 800mL 去离子双蒸水中,将 pH 调至 7.4,定容至 1L
酸性酚	在一固态酚中加入足量的水使酚呈水饱和,pH 约为 5.0,不要用缓冲液平衡酚,避光 4℃保存

续表

试剂	配制方法
3mol/L 乙酸钠(pH 5.3)	将408g $NaAc \cdot 3H_2O$ 溶于水中,用3mol/L 乙酸将 pH 调至5.3,定容至1L
0.1% DEPC 处理水	0.1mL DEPC 原液 + 100mL 双蒸水,振摇过夜,高压灭菌
70% 乙醇	用 DEPC 处理水配制70% 乙醇(用高温灭菌器皿配制),然后装入高温灭菌的玻璃瓶中,存放于低温冰箱中

注:实验用 PBS 溶液为 1×。

3 琼脂糖凝胶电泳检测

相关试剂配制同前(见表2-2、表2-5)。

任务2 酵母菌染色体 DNA 的提取(珠磨法)

(1) 挑取酵母单克隆到2.5mL 酵母试管培养基中(YPD 培养基),30℃培养16~18h。

(2) 收集过夜培养的菌液1.5mL,室温下,1500r/min 离心5min,收集菌体。

(3) 小心弃去上清液,用灭菌双蒸水洗2次,1500r/min 离心5min。

(4) 菌体沉淀用200μL TE 缓冲液重悬。

(5) 加入50mg 玻璃珠(直径0.3~0.5mm)和100μL 酚-氯仿-异戊醇混合液(体积比为25:24:1),高速振荡3min 以破碎80%~90%的细胞。

(6) 室温下,12000r/min 离心5min,取上清液。

(7) 加入等体积酚-氯仿-异戊醇混合液,涡旋振荡混匀,12000r/min 离心5min。

(8) 取上清液,加入0.5μL 无 DNA 酶的 RNA 酶 A,混匀,37℃温浴30min。

(9) 加入2倍体积无水乙醇,-20℃下静置30min。

(10) 10000r/min 离心5min,弃上清液。

(11) 沉淀物用70%乙醇洗两次(轻轻颠倒混匀,切勿吸打),自然干燥后,溶于20μL TE,-20℃下保存。

任务3 酵母菌总 RNA 的提取(热酚法)

(1) 挑取酵母单克隆菌落,在无菌条件下接种到2mL 的 YPD 培养基中,在30℃、160r/min 的恒温培养箱中培养20~24h(建议不要用高浓度的细胞制备 RNA,因为进入静止期后,结果的一致性差,RNA 产量不稳定)。

(2) A_{600}达到1.0时,收菌,将培养液转移至15mL 离心管,4℃下1500r/min 离心5min。

(3) 弃上清液,菌体沉淀用适量 PBS 溶液洗2次,4℃下1500r/min 离心2min,弃上清液。

(4) 用400μL TES 溶液重悬细胞沉淀,加入400μL 酸性酚,剧烈振荡混匀,65℃温育30~60min(其间不时用涡旋仪短暂振荡)。

(5) 冰上放置5min,4℃下12000r/min 离心5min。

(6) 取水相,加入400μL酸性酚,激烈振荡,重复步骤(5)。

(7) 取水相,加入400μL苯酚-氯仿-异戊醇(体积比为25∶24∶1)抽提一次,剧烈振荡,4℃下12000r/min离心5min。

(8) 取水相,加入1/10体积3mol/L pH 5.2的乙酸钠和2倍体积预冷的无水乙醇,-20℃下过夜沉淀(或液氮中沉淀2min)。

(9) 4℃下12000r/min离心5min,弃上清液。

(10) 加入1mL预冷的75%乙醇(由DEPC处理水配制)洗涤沉淀2次。每次洗涤后,4℃下12000r/min离心5min。

(11) 倒出液体,注意不要倒出沉淀,剩余少量液体短暂离心后用吸头吸出,注意不要吸弃沉淀。

(12) 在冰上干燥RNA沉淀(注意不要晾得过干,RNA完全干燥后很难溶解,晾干2~3min即可)。

(13) 用适量DEPC处理水充分溶解RNA(必要时可65℃水浴加热5min,使RNA完全溶解)。产物用于电泳分析或在-20℃下保存。

任务4 DNA(RNA)的浓度和纯度检测

方法同前(见项目2的子项目2)。

【结果呈现】

1 酵母染色体DNA

琼脂糖凝胶电泳检测结果如图2-11所示,条带整齐明亮,单一无杂带,大小约19kb,有轻微拖尾现象,说明提取的DNA存在部分降解。

2 酵母菌总RNA

甲醛变性琼脂糖凝胶电泳检测提取的总RNA后,出现了两条电泳条带,即28S和18S(5S条带不明显),条带明亮清晰,无拖尾现象,且28S的条带亮度约为18S的两倍,表明提取的总RNA完整性较高(图2-12)。

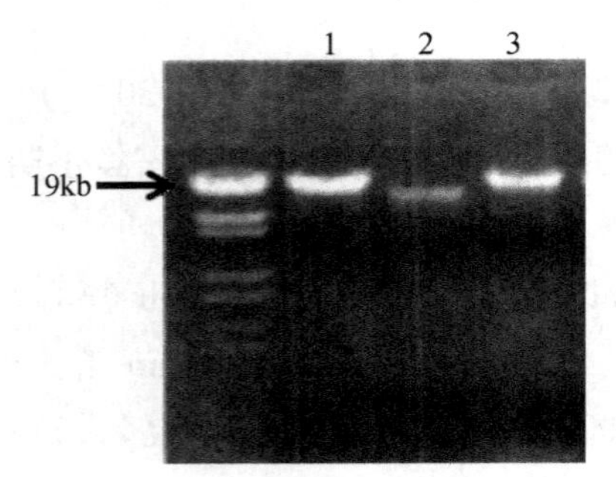

1,3为CEN. PK1总RNA;2为CEN. PK2总RNA

图2-11 酿酒酵母染色体DNA电泳图

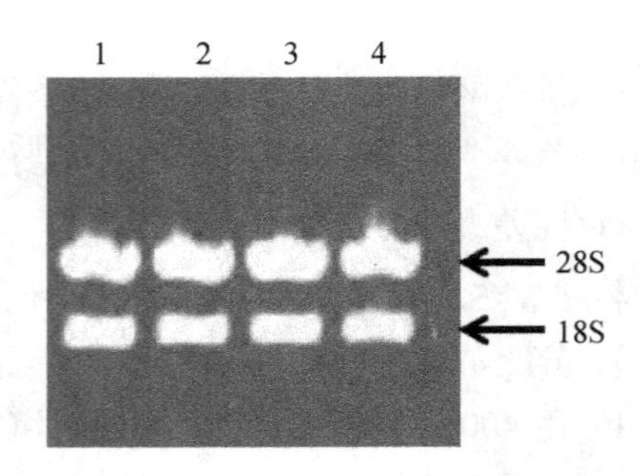

1,3为CEN. PK1总RNA;2,4为CEN. PK2总RNA

图2-12 酿酒酵母总RNA电泳图

【思考题】

(1) 抽提时为什么要选 A_{600} 为 1 时的菌液？A_{600} 代表什么意思？若 A_{600} 不在此范围内，会对实验结果造成什么影响？

(2) 什么是细胞总 RNA？主要包括哪些 RNA？为什么琼脂糖凝胶电泳检测后出现的主要是 rRNA(28S、18S、5S)？其他 RNA 为什么无可见条带？根据电泳条带如何判断提取的总 RNA 是否完整？

【时间安排】

(1) 第 1 天:酿酒酵母细胞培养。

(2) 第 2 天:酵母 DNA(总 RNA)的提取与检测。

1 核酸

1.1 核酸概述

核酸与蛋白质一样,是生物体内最重要的生物大分子,同时也是现代生物化学、分子生物学的重要研究领域,是基因工程操作的核心分子。核酸按其所含糖的不同可分为两大类(图 2-13):脱氧核糖核酸(deoxyribonucleic acid,DNA)和核糖核酸(ribonucleic acid,RNA)。DNA 主要存在于细胞核和线粒体内,携带遗传信息,并通过复制的方式将遗传信息进行传代。细胞以及个体的基因型(genotype)是由这种遗传信息决定的。RNA 是 DNA 的转录产物,参与遗传信息的复制和表达。RNA 存在于细胞质、细胞核和线粒体内。在某些情况下,RNA 也可以作为遗传信息的载体。所有生物细胞都含有这两类核酸。但病毒不同,DNA 病毒只含有 DNA,RNA 病毒只含有 RNA。

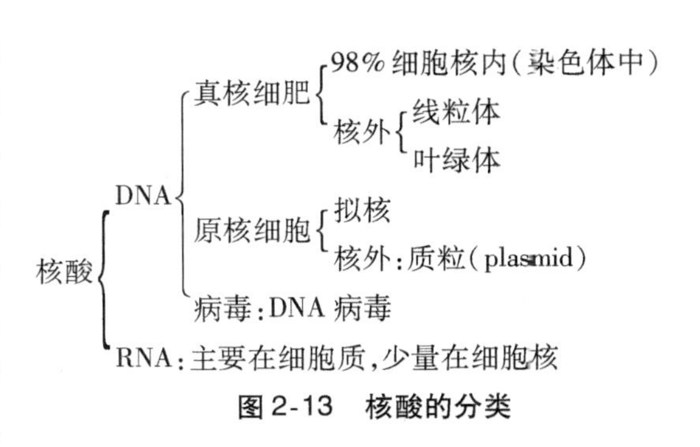

图 2-13 核酸的分类

1.2 质粒(plasmid)

质粒是指存在于细菌、真菌等微生物细胞中,独立于染色体外,能进行自我复制并赋予宿主细胞一定的遗传性状的遗传因子。除了酵母的杀伤质粒(killer plasmid)是一种 RNA 质粒以外,迄今已知的所有质粒都是 DNA 分子。自然界中,质粒是在营养充足时出现的,它的结构、大小、复制方式、拷贝数和繁殖力在不同的细菌体内都有差异,在菌种之间的转移力等方面也会有变化。

1.2.1 质粒的大小和拷贝数

质粒的大小以分子质量 MD 或碱基对数 kb 表示,1MD 的双链 DNA = 1.65kb。质粒的大小变化很大,一般在 1 ~ 200kb,最大的可达 1400kb(如苜蓿根瘤菌质粒 pRm141a)。质粒的拷贝数是指同一质粒在每个细胞中的数量,不同的质粒在同一细胞中的拷贝数有差异。质粒拷贝数是确定某种质粒特性的一个重要参数,从中也可获得其复制本质的基本信息。一般而言,质粒的拷贝数与其分子质量成反比关系,分子质量大的拷贝数低,分子质量小的拷贝数高。

1.2.2 质粒分子的构型

质粒 DNA 分子具有三种构型:SC 构型、OC 构型、L 构型,如图 2-14(a)所示。

(1) SC 构型:两条多核苷酸链均保持着完整的环形结构时,称为共价闭合环状 DNA (covalent closed circular DNA, cccDNA),即超螺旋的 SC 构型,走在凝胶的最前面。质粒通常以共价闭合环状的超螺旋双链 DNA 分子存在于细胞中。

(2) OC 构型:两条多核苷酸链中只有一条保持完整的环形结构,另一条出现一至数个缺口时,称为开环 DNA(ocDNA),即 OC 构型,走在凝胶的最后方部位。

(3) L 构型:两条链在同一处断裂而形成线性 DNA 分子,即为 L 构型,走在凝胶的中间。不同构型质粒 DNA 电泳图如图 2-14(b)所示。

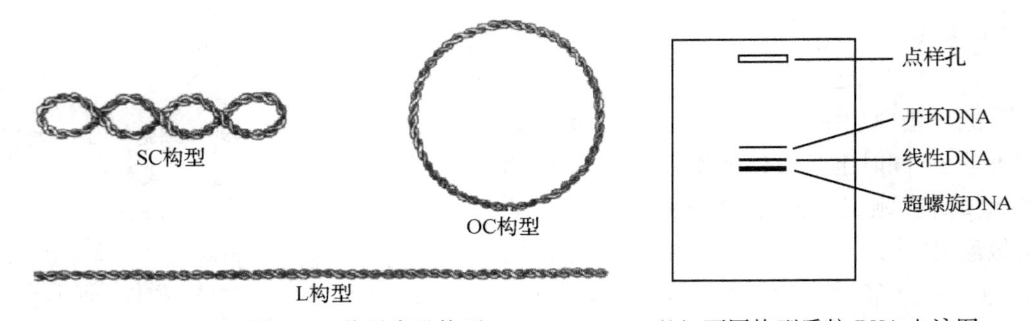

(a) 质粒 DNA 分子常见构型　　(b) 不同构型质粒 DNA 电泳图

图 2-14 质粒 DNA 分子构型及电泳示意图

1.2.3 质粒的命名

质粒的名称一般由几个英文字母及编号组成。

(1) 第 1 个字母(小写):p,代表质粒(plasmid)。

(2) 第 2、3 个字母(大写):可以采用发现者的人名、实验室名、表型性状或其他特征的英文缩写。如 pBR322 中,B 为构建者 F. Bolivar,R 为构建者 R. L. Rodriguez。

(3) 编号为阿拉伯数字:位于字母的右方,用于区分属于同一类型的不同质粒,如 pUC18 和 pUC19。

1.2.4 质粒的类型

质粒可以根据其表型效应、复制特性、转移性或亲和性差异划分为不同的类型。

(1) 按表型效应分类。

大多数质粒均控制着宿主细胞的一种或几种特殊性,即具有一定的表型。质粒依其表型的不同主要可分为 F 质粒、R 质粒、Col 质粒、降解质粒和致病性质粒等类型。其中对前三种的研究较为清楚,简介如下:

① F 质粒:又叫致育质粒(fertility plasmid)或 F 因子,是大肠杆菌等细菌决定性别并有

转移能力的质粒。它可使寄主染色体上的基因通过性菌毛随其一道转移到原先不存在该质粒的受体细胞中。

② R 质粒:也称抗药性质粒(resistance plasmid)。R 质粒有一种或多种抗生素抗性基因,此种抗性通常能转移到缺乏该质粒的受体细胞,使后者也获得同样的抗生素抗性能力。

③ Col 质粒:此类质粒有编码控制大肠杆菌素合成的基因,即所谓产生大肠杆菌素的因子。大肠杆菌素是一种毒性蛋白,它可以使不带 Col 质粒的亲缘关系密切的细菌菌株致死。

(2) 按质粒 DNA 中是否含有接合转移基因分类。

根据质粒 DNA 中是否含有接合转移基因,可以分成两大类型:接合型质粒和非接合型质粒。接合型质粒又称自我转移的质粒,这类质粒除含有自我复制基因外,还带有一套控制细菌配对和质粒接合转移的基因。非接合型质粒又称不能自我转移的质粒,此类质粒能够自我复制,但不含转移基因,因此这类质粒不能从一个细胞自我转移到另一个细胞。从基因工程的安全角度讲,非接合型质粒用作克隆载体更为合适。

(3) 按质粒复制的调控及其拷贝数分类。

质粒能利用寄主细胞的 DNA 复制系统进行自我复制。按照质粒复制的调控及其拷贝数,可把质粒分为两类:一类是严紧控制(stringent control)型质粒,其复制常与宿主的繁殖偶联,当细胞染色体复制一次时,质粒也复制一次,拷贝数较少,每个细胞中只有一个到十几个拷贝;另一类是松弛控制(relaxed control)型质粒,其复制与宿主不偶联,当染色体复制停止后仍然能继续复制,每个细胞中有几十到几百个拷贝。一般相对分子质量较大的质粒属严紧控制型,相对分子质量较小的质粒属松弛控制型。质粒的复制有时和它们的宿主细胞有关。例如,某些质粒在大肠杆菌内的复制属严紧控制型,而在变形杆菌内则属松弛控制型。

1.2.5 质粒的复制

复制子(replicon)是一个复制单位,细菌染色体是一个复制子,每一个质粒也是一个复制子。复制起点是复制子起始复制的部位。作为一个复制子,至少需要有一个复制起点(ori),即 ori 位点。

每个质粒 DNA 上都有复制起点,只有复制起点能被宿主细胞复制蛋白质识别的质粒才能在该种细胞中复制,不同质粒复制控制状况主要与复制起点的序列结构相关。有的质粒可以整合到宿主细胞染色质 DNA 中,随宿主 DNA 复制,称为附加体。例如,细菌的性质粒就是一种附加体,它可以质粒形式存在,也能整合入细菌的 DNA,又能从细菌染色质 DNA 上切下来。F 因子携带基因编码的蛋白质能使两个细菌间形成纤毛状细管连接的接合(conjugation),遗传物质可通过该细管在两个细菌间传递。

1.2.6 质粒与宿主的关系

质粒对宿主生存并不是必需的,这点不同于线粒体 DNA。线粒体 DNA 也是环状双链分子,也有独立复制的调控,但线粒体的功能是细胞生存所必需的。质粒也往往控制某些表型,但其表型不是宿主生存所必需的,也不妨碍宿主的生存。某些质粒携带的基因功能有利于宿主细胞在特定条件下生存。例如,细菌中许多天然的质粒带有抗药性基因,如编码合成能分解破坏四环素、氯霉素、氨苄青霉素等的酶基因,这种质粒称为抗药性质粒,又称 R 质粒，带有 R 质粒的细菌就能在相应的抗生素存在下生存繁殖。所以质粒对宿主不是寄生的，而是共生的。医学上遇到许多细菌的抗药性常与 R 质粒在细菌间的传播有关，F 质粒就能促使这种传递。

1.2.7 质粒载体

基因载体是一类能自我复制的 DNA 分子，其中的一段 DNA 被切除而不影响其复制，可用以置换或插入外源（目的）DNA 而将目的 DNA 带入宿主细胞。

（1）质粒载体的结构特点。

基因工程使用的质粒载体都已不是原来细菌或细胞中天然存在的质粒，而是经过了许多人工改造。基于不同的实验目的，设计出各种不同类型的质粒载体。随着分子生物学技术的发展，新的有特定用途的质粒不断被创建。但不管怎样，这些作为基因克隆载体的所有质粒 DNA 分子必定包括三种共同的组成成分，即复制基因、选择性记号和多克隆位点（图 2-15）。

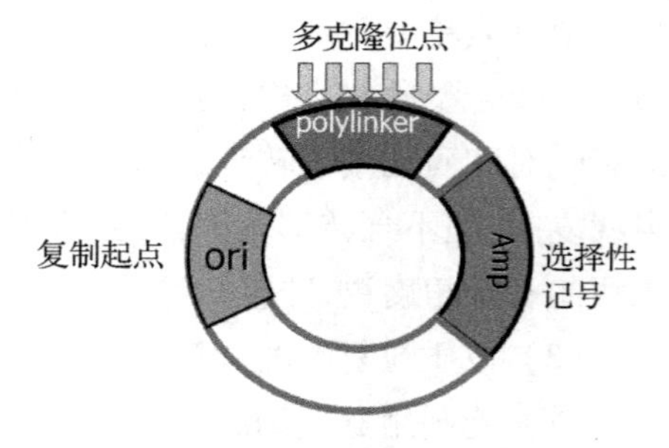

图 2-15 质粒载体模式图

① 复制基因、复制因子或复制区：是指一段特定的质粒 DNA，它含有质粒 DNA 的复制起点（ori）以及编码质粒 DNA 和质粒复制所需要的 DNA 序列结构。

② 选择性记号：即抗生素抗性基因。一种理想的质粒克隆载体应具有两种抗生素抗性基因，以便为寄主细胞提供易于检测的表型性状作为选择性记号，而且在有关的限制酶识别位点上插入外源 DNA 片段之后形成的重组质粒至少仍要保留一个强选择性记号。

③ 多克隆位点（multiple cloning site，MCS）：是包含多个（最多 20 个）限制性酶切位点的一段很短的 DNA 序列。MCS 中，每个限制性酶切位点通常是唯一的，即它们在一个特定的载体质粒中只出现一次。这样的分子结构特性可以满足基因克隆的需要，而且在其中插入适当大小的外源 DNA 片段之后不影响质粒 DNA 的复制功能。

（2）常见的质粒载体。

① pBR322。pBR322 质粒的大小为 4361bp，GenBank 注册号为 V01119 和 J01749，含有 30 多个单一位点，具有四环素抗性基因（tetr）和氨苄青霉素抗性基因（ampr），其质粒复制区来自 pMB1（图 2-16）。目前使用广泛的多质粒载体几乎都是由此发展而来的。利用四环素抗性基因内部的 BamH Ⅰ 位点来插入外源 DNA 片段，可通过插入失活进行筛选。

② pUC18 和 pUC19。pUC18 和 pUC19 的大小只有 2686bp，是最常用的质粒载体，其结构组成紧凑，几乎不含多余的 DNA 片段，GenBank 注册号为 L08752（pUC18）和 X02514（pUC19）。它们由 pBR322 改造而来，其中 lacZ（MSC）来自 M13mp18/19。图 2-17 是其质粒图谱。

这两个质粒的结构几乎是完全一样的，只是多克隆位点的排列方向相反。这些质粒缺乏控制拷贝数的 rop 基因，因此其拷贝数达 500 ~ 700。pUC 系列载体含有一段 lacZ 蛋白氨基末端的部分编码序列，在特定的受体细胞中可表现 α -互补作用。因此在多克隆位点中插入外源片段后，可通过 α -互补作用形成的蓝色和白色菌落筛选重组质粒。

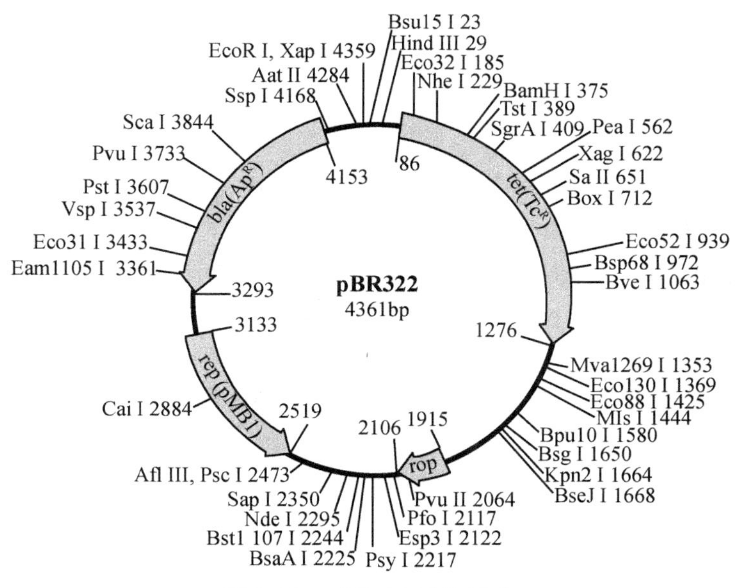

图 2-16 pBR322 质粒图谱

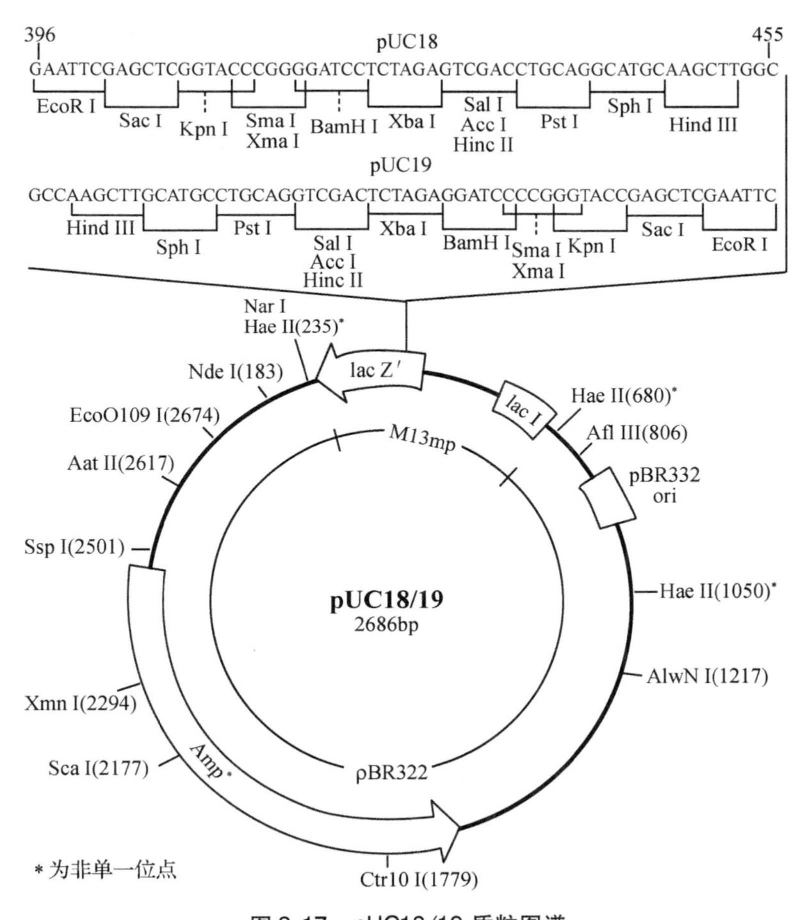

图 2-17 pUC18/19 质粒图谱

③ pUC118 和 pUC119。pUC118 和 pUC119 由 pUC18/19 增加了一些功能片段改造而来，大小为 3162bp，GenBank 注册号为 U07649（pUC118）和 U07650（pUC119），相当于在 pUC18/19 中增加了带有 M13 噬菌体 DNA 合成的起始与终止以及包装进入噬菌体颗粒所必需的顺式序列。

④ pGEM-3Z 和 pGEM-4Z。pGEM-3Z 和 pGEM-4Z 由 pUC18/19 增加了一些功能片段改造而来，大小为 2.74kb，GenBank 注册号为 X65304（pGEM-3Z，2743bp）和 X65305（pGEM-4Z，2746bp）。与 pUC18/19 相比，其在多克隆位点的两端添加了噬菌体的转录启动子，如 Sp6 和 T7 噬菌体的启动子。pGEM-3Z 和 pGEM-4Z 的差别在于二者互换了两个启动子的位置。

⑤ 多功能质粒载体。在上述载体的基础上，人们设计出一些多功能质粒载体，这类质粒载体综合了以上质粒的特点。典型的这类质粒有 pBluescript Ⅱ KS（±），其除了具备作为质粒载体的基本要素外，还综合了多种功能要素，如多克隆位点、α-互补、噬菌体启动子和单链噬菌体的复制与包装信号。这类质粒一般由 4 个质粒组成一套系统，其差别在于多克隆位点方向相反（根据多克隆位点两端 Kpn Ⅰ 和 Sac Ⅰ 的顺序，用 KS 或 SK 表示），或单链噬菌体的复制起始方向相反（或者说，引导 DNA 双链中不同链合成单链 DNA，用“+”或“-”表示）。pBluescript Ⅱ KS（+）的 GenBank 注册号为 X52327。pBluescript Ⅱ KS（±）的多克隆位点与 pUC18/19 的不同，且使用 f1 噬菌体的复制与包装信号序列，质粒图谱如图 2-18 所示。

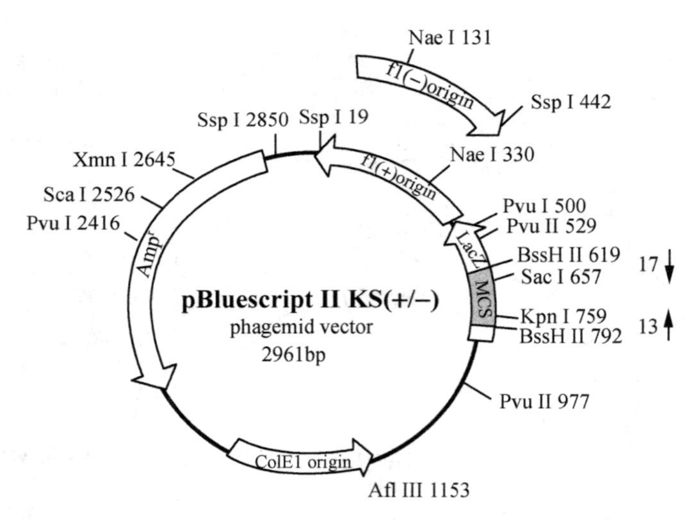

图 2-18 pBluescript Ⅱ KS（±）系列质粒的图谱

⑥ 穿梭载体。穿梭载体是人工构建的能用于微生物、酵母、植物等的质粒载体，含有不止一个复制起点，能携带插入序列在不同种类宿主细胞中繁殖。

1.3 脱氧核糖核酸（DNA）

DNA 是核酸的一类，遗传信息的贮存和携带者，生物的主要遗传物质，因分子中含有脱氧核糖而得名。在真核细胞中，DNA 主要集中在细胞核内，线粒体和叶绿体中均有各自的

DNA。原核细胞没有明显的细胞核结构,DNA 存在于称为类核的结构区。每个原核细胞只有一个染色体,每个染色体含有一个双链环状 DNA。

1.3.1 DNA 的基本特点

DNA 作为生物体内重要的遗传物质,主要有以下四个特点,且这些特点均与 DNA 的组成、结构和功能有关:

(1) 具有自我复制能力。

(2) 相对稳定的遗传结构。

(3) 决定生命产生、生长和发育的多样性。

(4) 能产生可遗传的变异。

1.3.2 DNA 的组成单位

DNA 分子的基本单位是脱氧核苷酸。每分子脱氧核苷酸由一分子含氮碱基、一分子磷酸和一分子脱氧核糖通过脱水缩合而成。由于构成 DNA 的含氮碱基有四种:腺嘌呤(A)、鸟嘌呤(G)、胸腺嘧啶(T)和胞嘧啶(C),因而脱氧核苷酸也有四种,它们分别是腺嘌呤脱氧核苷酸、鸟嘌呤脱氧核苷酸、胸腺嘧啶脱氧核苷酸和胞嘧啶脱氧核苷酸(图 2-19)。

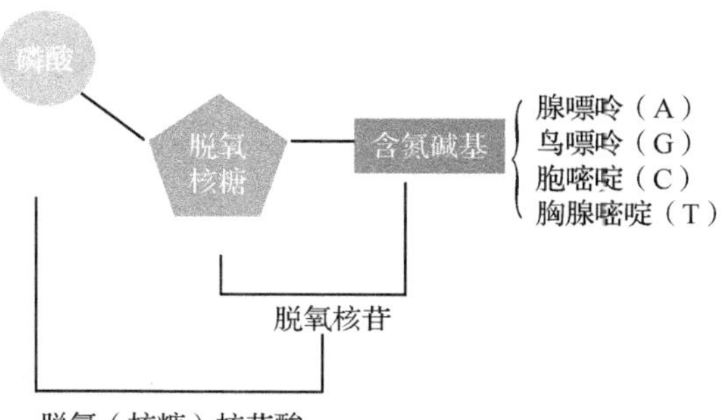

图 2-19 脱氧核苷酸结构简图

1.3.3 DNA 的分子结构

DNA 是由许多脱氧核苷酸残基按一定顺序彼此用 3′,5′-磷酸二酯键相连构成的长链。大多数 DNA 含有两条这样的长链,也有的 DNA 为单链,如大肠杆菌噬菌体 ϕX174、G4、M13 等。典型双链 DNA 分子的立体结构为规则的双螺旋结构,具体为:由两条反向平行的 DNA 链盘旋成双螺旋结构。DNA 分子中的脱氧核糖和磷酸交替连接,排列在外侧,构成基本骨架;碱基排列在内侧(图 2-20)。DNA 分子两条链上的碱基通过氢键连接成碱基对,碱基配对遵循碱基互补配对原则。应注意以下几点:

(1) DNA 链:由一分子脱氧核苷酸的 3 号碳原子与另一分子脱氧核苷酸的 5 号碳原子端的磷酸基团之间通过脱水缩合形成磷酸二酯键,由磷酸二酯键将脱氧核苷酸连接成链。

(2) 5′端和 3′端:DNA 链中的游离磷酸基团连接在 5 号碳原子上,称为 5′端;另一端的 3 号碳原子端称为 3′端。

(3) 反向平行:指构成 DNA 分子的两条链中,总是一条链的 5′端与另一条链的 3′端相对,即一条链是 3′→5′,另一条为 5′→3′。

(4) 碱基配对原则:两条链之间的碱基配对时,A 与 T 配对、C 与 G 配对。A 与 T 通过两个氢键相连,C 与 G 通过三个氢键相连,所以在一个 DNA 分子中,G 和 C 的比例较高,则该 DNA 分子就比较稳定。

DNA 分子结构具有相对稳定性是由两个方面决定的:一是基本骨架部分的两条长链上,磷酸和脱氧核糖相间排列的顺序稳定不变;二是空间结构一般都是右旋的双螺旋结构。

DNA 分子的多样性是由碱基对的排列顺序的多样性决定的。DNA 分子的特异性是指对于控制某一特定性状的 DNA 分子中的碱基排列顺序是稳定不变的,如控制合成唾液淀粉酶的基因中,不论是何人,这段 DNA 分子中的碱基排列顺序是稳定不变的。

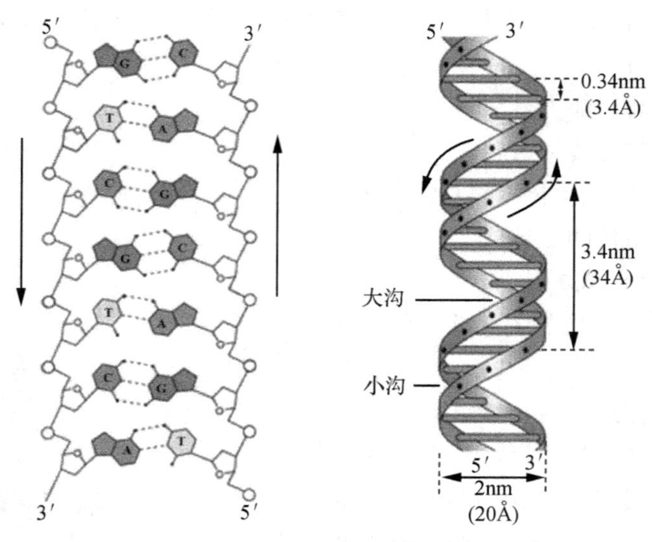

图 2-20 DNA 的分子结构(双螺旋结构和两条链的结合)

1.3.4 DNA 的理化性质

(1) DNA 分子的大小。一般来讲,高等生物与低等生物 DNA 分子大小相差很大。在 DNA 病毒和原核生物中,全部基因组通常包含在一个 DNA 分子中;然而真核生物内,DNA 分布于许多染色体中,每个染色单体包含一个巨大的 DNA 分子。用以表示 DNA 分子大小的方式有多种,有链的长短、碱基对数目和相对分子质量大小,它们的相互关系为:1μm DNA 含 3000bp,相对分子质量为 2×10^6。

(2) DNA 分子的脆性。DNA 分子非常细长,极易受流体动力学剪切力的作用而断裂。吸管吸取、颠倒、混合等常规操作均会产生这种剪切力,因此在提取 DNA 时应尽量避免 DNA 的断裂,并在有关实验中应考虑到 DNA 不可避免的断裂对实验结果的影响。

(3) DNA 的溶解性。DNA 为白色纤维状固体,微溶于水,不溶于乙醇、乙醚、氯仿等有机溶剂,因此在分离提取核酸时常用乙醇等有机溶剂来沉淀 DNA。此外,DNA 在 NaCl 中的溶解度会随 NaCl 浓度的增大而出现先减小后增大的现象。在 NaCl 溶液浓度低于 0.14mol/L 时,DNA 的溶解度随 NaCl 溶液浓度的增加而逐渐降低;在 NaCl 溶液浓度为 0.14mol/L 时,DNA 的溶解度最小;当 NaCl 溶液浓度继续增加时,DNA 的溶解度又逐渐增大。

(4) DNA 的变性与复性。DNA 双链螺旋的一个重要理化性质是双链可以分开形成单链及重新形成双链。这种双链在变性因子作用下分与合的过程,分别称为变性和复性。

引起核酸变性的因素有热、酸、碱、乙醇、尿素及甲酰胺等。DNA 发生变性,其理化性质均随之改变,如黏度降低、密度增加、A_{260} 紫外吸收值增加等。但只要消除 DNA 变性的因素,两条互补 DNA 链又可以重新结合形成双螺旋结构,即复性。复性过程是一个复杂而又缓慢的过程，因为互补链间的确切碰撞、正确位置形成碱基对是一个随机运动的结果。影响复性速度的因素有很多，一般来讲，DNA 分子越大、浓度越高、序列越复杂、盐浓度越高，复性越快。

DNA 变性和复性的性质在分子生物学研究中应用广泛，按 DNA 变性和复性的基本原理和条件目前已建立了很多实验方法，如核酸分子杂交、PCR 技术等。

1.4 核糖核酸（RNA）

核糖核酸（ribonucleic acid，RNA）是以 DNA 的一条链为模板，根据碱基互补配对原则转录而形成的一条单链。RNA 是具有细胞结构的生物的遗传信息中间载体，并参与蛋白质合成，还参与基因表达调控。对一部分病毒而言，RNA 是其唯一的遗传物质。RNA 存在于大多数已知的植物病毒、部分动物病毒以及一些噬菌体中。

1.4.1 RNA 的结构组成

核糖核酸是由至少几十个核糖核苷酸通过磷酸二酯键连接而成的一类核酸，因含核糖而得名，简称 RNA。每个 RNA 分子都由核苷酸单元长链组成，每个核苷酸单元含有一个含氮碱基、一个核糖和一个磷酸基（图 2-21）。RNA 的碱基主要有四种，即腺嘌呤（A）、鸟嘌呤（G）、胞嘧啶（C）、尿嘧啶（U），其中，U 取代了 DNA 中的 T。

RNA 合成的前体是 4 种 5′-核苷三磷酸（NTP），即 ATP、GTP、CTP 和 UTP。每个 NTP 的核糖部分有两个羟基，各位于 2′和 3′碳原子上。聚合反应中，以 DNA 的一条链为模板，DNA 链上的 C、T、G、A 分别与 RNA 分子上的 G、A、C、U 配对，一个核苷酸的 3′- OH 基团与第二个核苷酸的 5′磷酸基团发生反应，释放焦磷酸，形成磷酸二酯键。

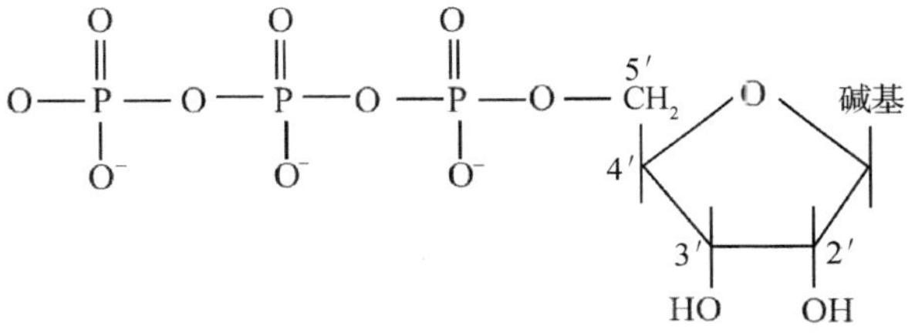

图 2-21 核糖核苷酸基本结构

几乎每个 RNA 分子都有许多短的双螺旋区域，除了正规的 A－U 和 G－C 碱基对之外，结合得较弱的 G－U 碱基对在形成 RNA 结构中也起作用。二级结构也在单链 RNA 中存在，如形成一条长的双螺旋结构等。

1.4.2 RNA 的种类

在细胞中，根据结构功能的不同，RNA 主要分三类，即转运 RNA（tRNA）、核糖体 RNA（rRNA）以及信使 RNA（mRNA）。除此之外，还有些其他 RNA，如小分子 RNA（small RNA）、miRNA、端体酶 RNA、反义 RNA 等（此处不做详细介绍）。

（1）信使 RNA（mRNA）。

mRNA 是由 DNA 的一条链作为模板转录而来的、携带遗传信息的、能指导蛋白质合成的一类单链核糖核酸。它的功能就是把 DNA 上的遗传信息精确无误地转录下来，然后再由 mRNA 的碱基顺序决定蛋白质的氨基酸顺序，完成基因表达过程中的遗传信息传递过程（图 2-22）。

原核生物与真核生物的 mRNA 有不同的特点:

① 原核生物的 mRNA 常以多顺反子的形式存在。真核生物的 mRNA 一般以单顺反子的形式存在。

② 原核生物 mRNA 的转录与翻译一般是偶联的。真核生物转录的 mRNA 前体则须经转录后加工,加工为成熟的 mRNA,与蛋白质结合生成信息体后才开始翻译。

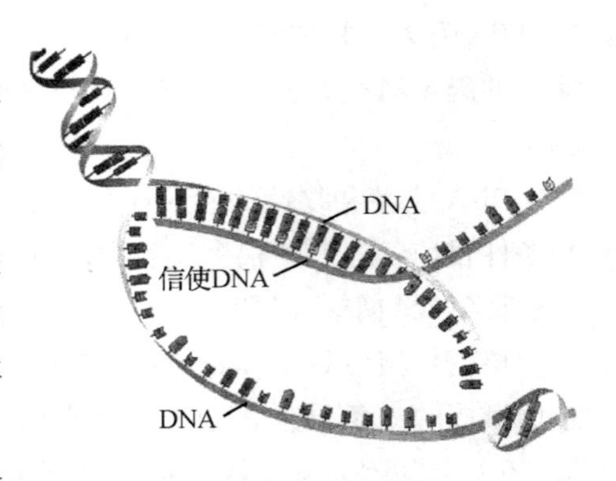

图 2-22 DNA 转录生成 mRNA

③ 原核生物 mRNA 的半衰期很短,一般为几分钟,最长只有数小时(RNA 噬菌体中的 RNA 除外)。真核生物 mRNA 的半衰期较长,如胚胎中的 mRNA 的半衰期可达数日。

④ 原核与真核生物 mRNA 的结构特点也不同。原核生物常以 AMG(有时以 GMG 甚至 UMG)作为起始密码子,而且在起始密码子 AMG 上游有一被称为 Ribosome Binding Site (RBS)或 SD 序列的保守区,因为该序列与 16S rRNA 3′端反向互补,所以被认为在核糖体-mRNA 的结合过程中起作用。原核生物 mRNA 的 5′端无帽子结构,3′端没有或只有较短的多聚(A)结构(图 2-23)。

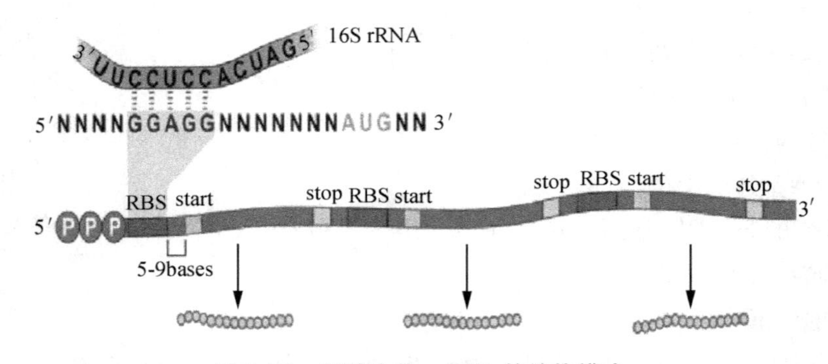

图 2-23 原核生物 mRNA 的结构模式

真核生物几乎永远以 AMG 作为起始密码子;另外,真核生物 mRNA 的 5′端存在帽子结构,且绝大多数具有多聚(A)尾巴(图 2-24)。

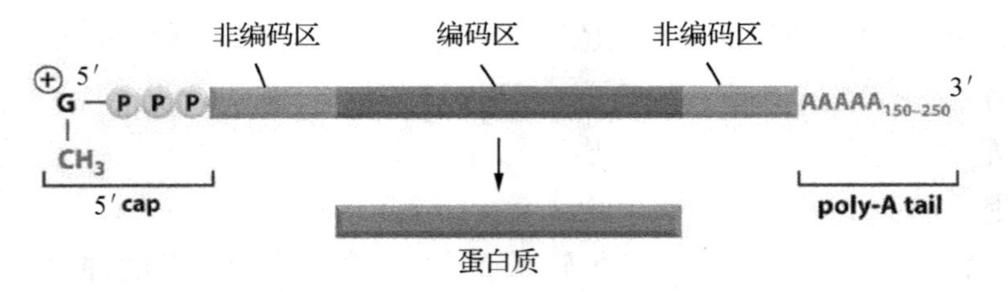

图 2-24 真核生物 mRNA 的结构模式

（2）转运 RNA（tRNA）。

如果说 mRNA 是合成蛋白质的蓝图，那么核糖体就是合成蛋白质的工厂。但是，合成蛋白质的原材料——20 种氨基酸与 mRNA 的碱基之间缺乏特殊的亲和力。因此，必须用一种特殊的 RNA——转运 RNA（tRNA）把氨基酸搬运到核糖体上。

tRNA 是 mRNA 上遗传密码的识别者和氨基酸的转运者，是具有携带并转运氨基酸功能的一类核糖核酸，也是分子最小的 RNA，相对分子质量平约为 27000（25000～30000），由 70～90个核苷酸组成，而且具有稀有碱基的特点。稀有碱基除假尿嘧啶核苷与次黄嘌呤核苷外，主要是甲基化的嘌呤和嘧啶，这类稀有碱基一般是在转录后经过特殊修饰而成的。tRNA 能根据 mRNA 的遗传密码依次准确地将它携带的氨基酸联结起来形成多肽链。每种氨基酸可与 1～4 种 tRNA 相结合。

已知的 tRNA 的种类在 40 种以上。1969 年以来，研究了来自各种不同生物，如酵母、大肠杆菌、小麦、鼠等十几种 tRNA 的结构，证明它们的碱基序列都能折叠成三叶草形二级结构（图 2-25），而且都具有如下共性：

① 5′末端具有 G（大部分）或 C。

② 3′末端都以 ACC 的顺序终结，且氨基酸被连接到 tRNA 的 3′端 CCA 序列的腺苷酸残基的 3′- OH 上。

③ 有一个富有鸟嘌呤的环。

④ 有一个胸腺嘧啶环。

⑤ 有一个反密码子环，在这一环的顶端有三个暴露的碱基，称为反密码子（anticodon）。反密码子可以与 mRNA 链上互补的密码子配对。

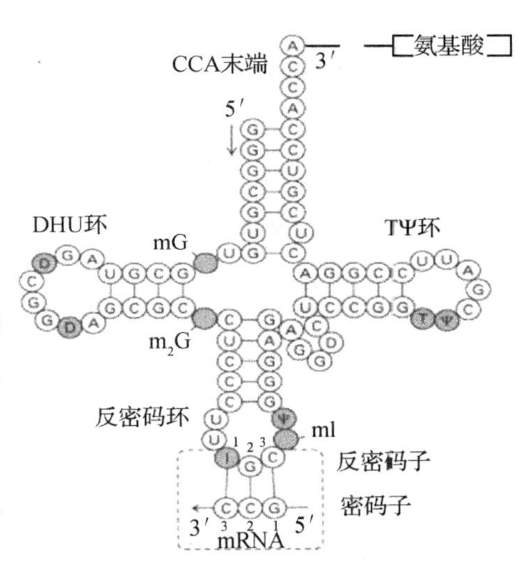

图 2-25 RNA 的三叶草结构

（3）核糖体 RNA（rRNA）。

rRNA 是最多的一类 RNA，也是三类 RNA 中相对分子质量最大的一类 RNA。rRNA 是组成核糖体的部分，而核糖体是蛋白质合成的工厂。rRNA 与核糖体蛋白质结合在一起，形成核糖体。如果把 rRNA 从核糖体上除掉，核糖体的结构就会发生塌陷。其功能主要是作为 mRNA 的支架，使 mRNA 分子在其上展开，形成肽链。

原核生物的核糖体所含的 rRNA 有 5S、16S 及 23S 三种（S 为沉降系数，当用超速离心测定一个粒子的沉淀速度时，此速度与粒子的直径成比例）。5S 含有 120 个核苷酸，16S 含有 1540 个核苷酸（图 2-26），23S 含有 2900 个核苷酸。而真核生物有四种 rRNA，它们的分子大小分别是 5S、5. 8S、18S 和 28S，分别具有大约 120、160、1900 和 4700 个核苷酸。rRNA 是单链结构，它包含不等量的 A 与 U、G 与 C，但是有广泛的双链区域。在双链区，碱基因氢键相连，表现为发夹式螺旋。

不同生物 rRNA 分子大小相差悬殊，但不同大小 rRNA 分子的二级结构却大致相似，单股 rRNA 链自行折叠形成螺旋区和环区，螺旋区的碱基保守性较强。

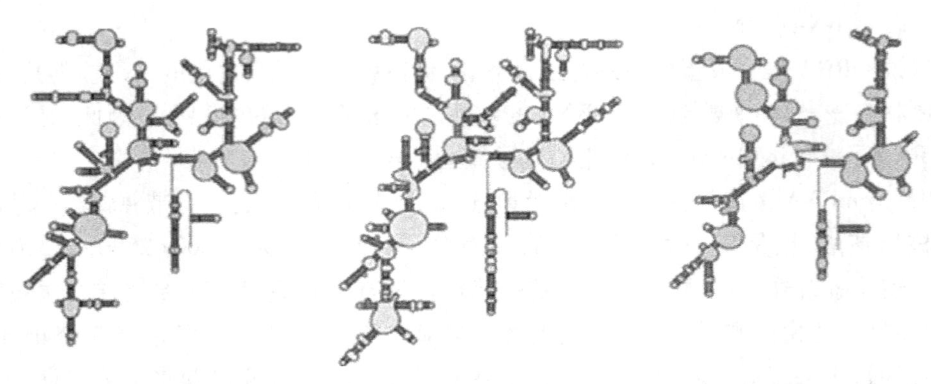

（a）古细菌的16S rRNA （b）酵母的16S rRNA （c）牛的线粒体16S rRNA

图2-26 不同生物的16S rRNA

2 核酸的提取

2.1 实验样品

由于实验方法、科研目的不同，分子生物学实验中所采用的生物样品也多种多样，主要来自人、动物、植物或微生物。其中最常用的是人或动物的血、尿、培养的细胞和组织。

2.1.1 微生物样品

由于微生物细胞具有繁殖快、种类多、培养方便等特点，因此它已成为制备生物大分子物质的主要宿主。用培养一段时间后的微生物菌种离心收集上清液，浓缩后即可制备胞外有效成分。若培养液不立即使用，可放置4℃低温下保存1周左右。

2.1.2 植物样品

（1）植物样品的采集。采集植物组织样品首先要选定有代表性的植株。样株数目应视作物种类、种植密度、株型大小、株龄或生育期以及实验要求、规模而定。采得的植株如需要分不同器官（如叶片、叶鞘、叶柄、茎或果实等部分）测定，须立即将其剪开，以免养分运转。用于营养诊断分析的样品还应尽可能立即称量鲜重。

（2）样品的洗涤。采得的样品通常是需要洗涤的。一般可以用石棉布（必要时可沾一些很稀的，如1mg/L的有机洗涤剂）擦净表面污染物，然后用蒸馏水或去离子水淋洗1～2次。

（3）样品的干燥与保存。一般测定不易变化的成分常用干燥样品。洗净的鲜样必须尽快干燥，以减少化学和生物的变化。如果延迟过久，细胞的呼吸和霉菌的分解都会消耗组织的干物质而致改变各成分的百分含量，蛋白质也会裂解成较简单的含氮化合物。杀酶要有足够的高温，但烘干的温度不能太高，以防止组织外部结成干壳而阻碍内部水分的蒸发，而且高温还可能引起组织的热分解或焦化。因此，分析用的植物鲜样要分两步干燥，通常先将鲜样在80℃～90℃烘箱（最好用鼓风烘箱）中烘15～30min（松软组织烘15min，致密坚实的组织烘30min），然后降温至60℃～70℃，逐尽水分，时间须视鲜样水分含量而定，一般为12～24h。

干燥的磨细样品必须保存在密封的玻璃瓶中，称样时应充分混匀后多点勺取。

2.1.3　血液样品

（1）血液的组成。

血液即全血，又称外周血，是流动于心血管系统的液态组织。正常血液为红色黏稠液体，由血浆和悬浮于其中的血细胞组成。血细胞是血液的有形成分，包括红细胞、白细胞和血小板三类。将抽出的血液注入备有抗凝剂的比容管中，离心沉淀后，血液分为上下两层：上层是淡黄色的透明液体，为血浆；下层是红色不透明的血细胞，其中绝大部分是红细胞，表面一薄层灰白色物质为白细胞和血小板。如果把从血管内抽出的血液放入不加抗凝剂的试管中，几分钟后就会凝固成血凝块。血凝块收缩，析出的淡黄色澄明液体称为血清（图2-27）。

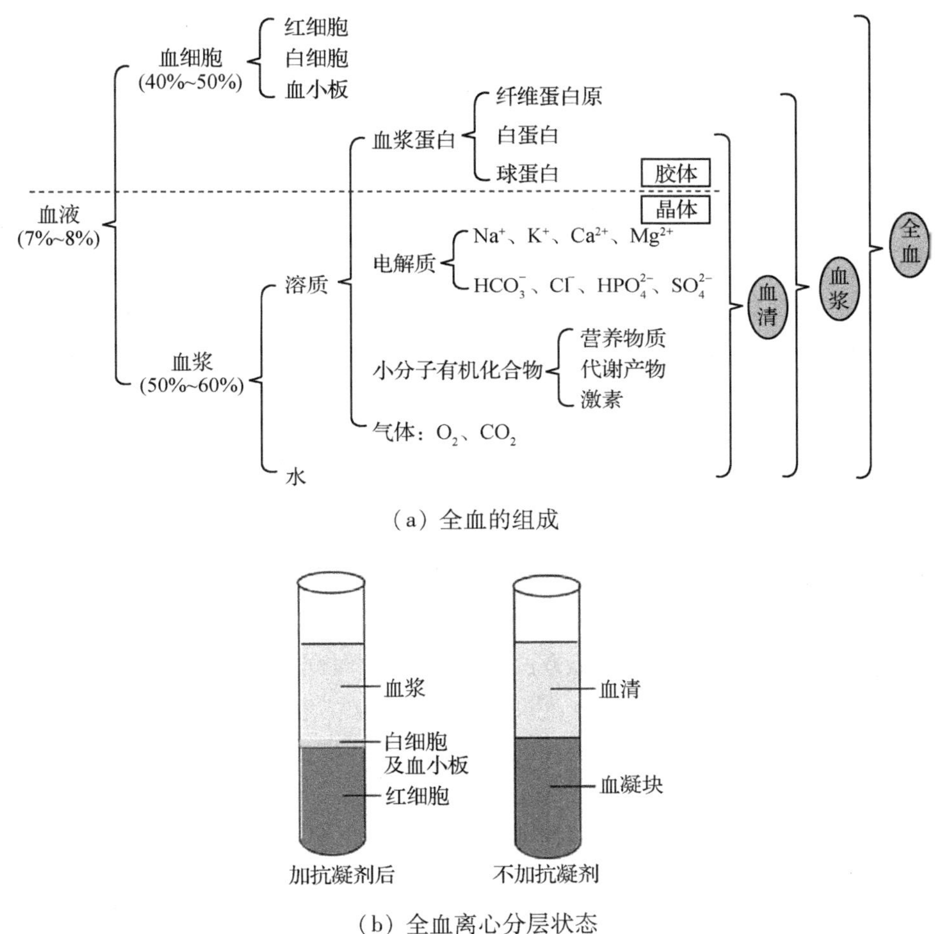

（a）全血的组成

（b）全血离心分层状态

图2-27　血液的基本组成

（2）常用血液样品的处理。

① 全血。取出血液后，迅速置于含有抗凝剂的试管内，同时轻轻混匀，使血液和抗凝剂充分混合，以免血液凝固。取得的全血若不能立即进行实验，则应储存在冰箱中。

常用的抗凝剂有肝素、草酸盐、柠檬酸盐等。抗凝剂的选用会直接影响化验结果，应根据实验的要求而定。具体原则为：主要用于血液 pH 和血液电解质的测定时应选用肝素；主要用于血液促凝时间的测定时应选用柠檬酸钠；主要用于血液有形成分检查时应选用EDTA；草酸盐不能用作血小板计数和尿素、血氨、非蛋白氮等含氮物质的检测。另外，做全血 DNA 提取时首选的抗凝剂为 EDTA 和枸橼酸钠，不能使用肝素抗凝，因为肝素是 Taq 酶的强抑制剂。

② 血浆。在采血器内加入适量的抗凝剂，采血后，反复颠倒采血器，使抗凝剂与血液充分混匀，静置或经过离心使血细胞下沉后，上清液即为血浆。分离血浆时，必须严格防止溶血，除采血时一切用具（注射器、针头、试管等）都需要清洁干燥外，取出的血液也不能剧烈振摇。

③ 血清。收集的血液若不加抗凝剂，在室温下静置 5 ~ 10min 即可自行凝固，待血液凝固后 2000 ~ 3000r/min 离心 5 ~ 10min，上清液即为血清；如离心后有轻微的溶血，用牙签将血凝块挑出，将混有红细胞碎片的血清再次离心，用干净吸管收集血清于干燥的离心管中，贴上标签备用。如血清溶血严重，应剔出样品。

2.1.4 尿液样品

尿液主要含有水、尿素、盐类及少量小分子蛋白，是理想的细菌生长液。采集的尿是自然排尿，包括随时尿、晨尿、白天尿、夜间尿及时间尿几种，具体由实验要求而定。采集的尿样应立即测定。若收集 24h 的尿液不能立即测定，应加入防腐剂置冰箱中保存。常用防腐剂有甲苯、二甲苯、氯仿、麝香草酚以及醋酸、浓盐酸等。利用甲苯等可以在尿液的表面形成薄膜，醋酸等可以改变尿液的酸碱性来抑制细菌的生长。其保存时间为 24 ~ 36h，可置冰箱（4℃）中，长时间保存时应冰冻（ -20℃）。

2.1.5 唾液样品

唾液由腮腺、颌下腺、舌下腺和口腔黏膜内许多散在的小腺体分泌液混合组成，平时所说的唾液就是指此混合液。唾液的采集应尽可能在刺激少的安静状态下进行。采集前应漱口，除去口腔中的食物残渣，唾液自然分泌流入收集管中。也可以采用物理的（如嚼石蜡块、橡胶、海绵）或化学的（如用酒石酸）等方法刺激，使在短时间内得到大量的唾液。

唾液中的黏蛋白决定了唾液的黏度，它是在唾液分泌后受唾液中的酶催化而生成的。为阻止黏蛋白的生成，应将唾液在 4℃以下保存。如果分析时没有影响，则可用碱处理唾液，使黏蛋白溶解而降低黏度。

唾液在保存过程中会放出 CO_2 而使 pH 升高。因此，需要测定唾液 pH 时，在取样时测定较好。冷冻保存的唾液解冻后应将样品混匀后使用，以免产生误差。

2.1.6 组织样品

在生物化学和分子生物学实验中，常常利用离体组织研究各种物质代谢的途径与酶系的作用，也可以从组织中提取各种物质进行研究。但生物组织离体过久，其所含物质的含量和生物活性都将发生变化。因此，利用离体组织作为提取材料或代谢研究材料时，应在冰冷条件下迅速取出所需组织，并尽快进行提取或测定。若不立即使用，应洗净后在液氮中储存待用。

组织样品的一般制备过程：处死动物后，快速取出实验所需的脏器或组织，置于冷生理盐水中，去除外层的脂肪及结缔组织后，用冷生理盐水漂洗几次去除血液及其他内容物，必要时也可用冷生理盐水灌注脏器以洗去血液，最后用滤纸吸干，即可作实验之用。取出的脏器或组织称重后，可根据不同的实验目的，用以下方法制成不同的组织样品：

（1）组织糜：将组织迅速剪碎，用捣碎机绞成糜状或于研钵中研磨至糊状（可根据需要加入液氮帮助研磨）。

（2）组织匀浆：将一定量的新鲜组织剪碎，加入适量匀浆制备液，用高速电动匀浆器或玻璃匀浆器打碎组织。由于匀浆器的杆在运转中会产生热量，因此须将匀浆器置于冰盒中，低温条件下进行匀浆制备。常用的匀浆制备液有生理盐水、PBS 缓冲液和 0.25mol/L 的蔗糖液等，可根据具体的实验需要进行选择。

（3）组织浸出液：将上述制备的组织匀浆置于离心机内离心，分离出的上清液即为组织浸出液。

2.1.7　动物细胞

2.1.7.1　动物细胞培养概述

动物细胞培养技术是指从机体中取出组织或细胞，或利用已建立的细胞系（株），在待定的人工条件下使细胞在培养容器中生长或生产生物制品的一门技术。动物细胞在单独细胞培养的过程中不再形成个体。

动物细胞培养开始于 20 世纪初，1962 年其规模开始扩大，发展至今已成为生物、医学研究和应用中广泛采用的技术方法。根据细胞的种类可分为原代培养和传代培养。原代培养是指由体内取出组织或细胞进行的首次培养，也叫初代培养。其最大的特点是有限的传代代数，一般培养 3～5 代后不再增殖，发生死亡。原代培养离体时间短，遗传性状和体内细胞相似，适于做细胞形态、功能和分化等研究。传代培养则是为了使体外培养的原代细胞或细胞株在体外持续生长、繁殖。当原代培养的细胞增殖达到一定密度后，将培养的细胞分散，从一个容器以 1∶2或其他比例转移到另一个或几个容器中扩大培养，即为传代培养。传代培养的累积次数就是细胞的代数。

原代培养和传代培养的细胞依据其生长状态，可分为贴壁细胞、半贴壁细胞和悬浮细胞。贴壁细胞的生长必须有可以贴附的支持物表面，细胞依靠自身分泌的或培养基中提供的贴附因子才能在该表面上生长和繁殖。当细胞在该表面生长后，主要形成两种形态，即成纤维细胞型（胞体多呈梭形或不规则三角形，中央有卵圆形细胞核，呈放射状生长）或上皮细胞型（细胞多呈扁平不规则多边形，中央有圆形细胞核）。悬浮细胞的特点是细胞生长不依赖支持物表面，在培养液中呈悬浮状态生长，细胞大体呈球形或椭圆形。半贴壁细胞的生长呈现双重性，既可贴壁生长，又可悬浮培养，常见的有中国地鼠卵巢细胞、小鼠 L929 细胞等。常见细胞形态如图 2-28 所示。

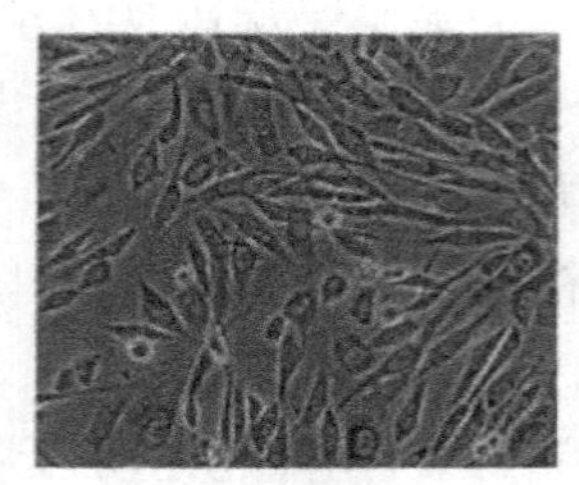
（a） 来自小鼠胚胎的成纤维细胞型NIH 3T3细胞

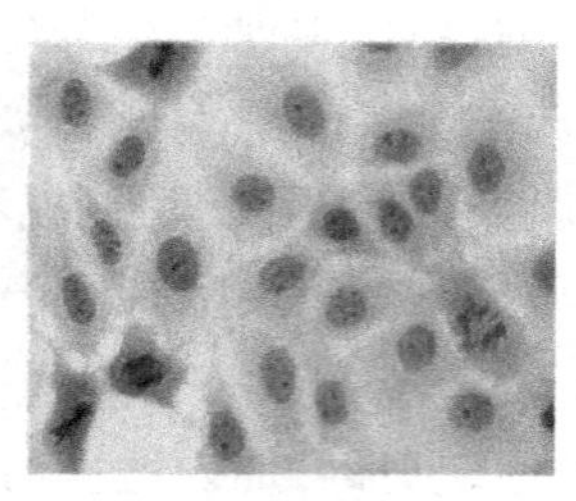
(b) 来自兔肝的上皮细胞型CL-9细胞

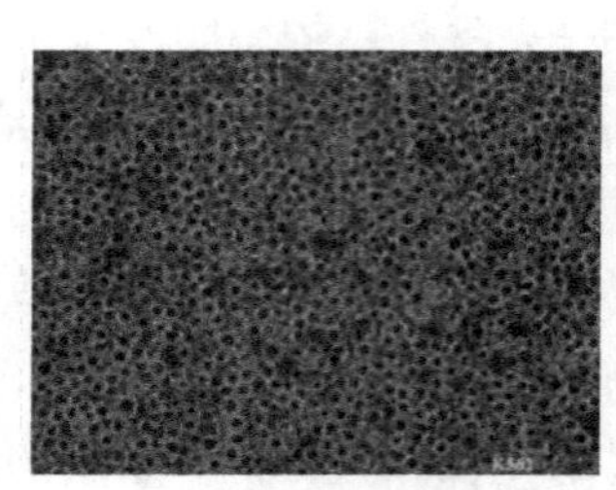
(c) 人慢性髓系白血病细胞K562

图 2-28 常见细胞形态

2.1.7.2 *动物细胞培养的基本程序*

体外细胞培养所需营养物质与体内基本相同，如需要糖、氨基酸、无机盐、促生长因子、微量元素等，这些可由合成培养基提供；由于动物细胞生活的内环境还有一些成分尚未研究清楚，所以在使用合成培养基时，通常还会加入血清、血浆等一些天然成分以营造一个类似生物体内的环境促进细胞生长繁殖。动物细胞培养是一个复杂的过程，其基本程序见图 2-29。

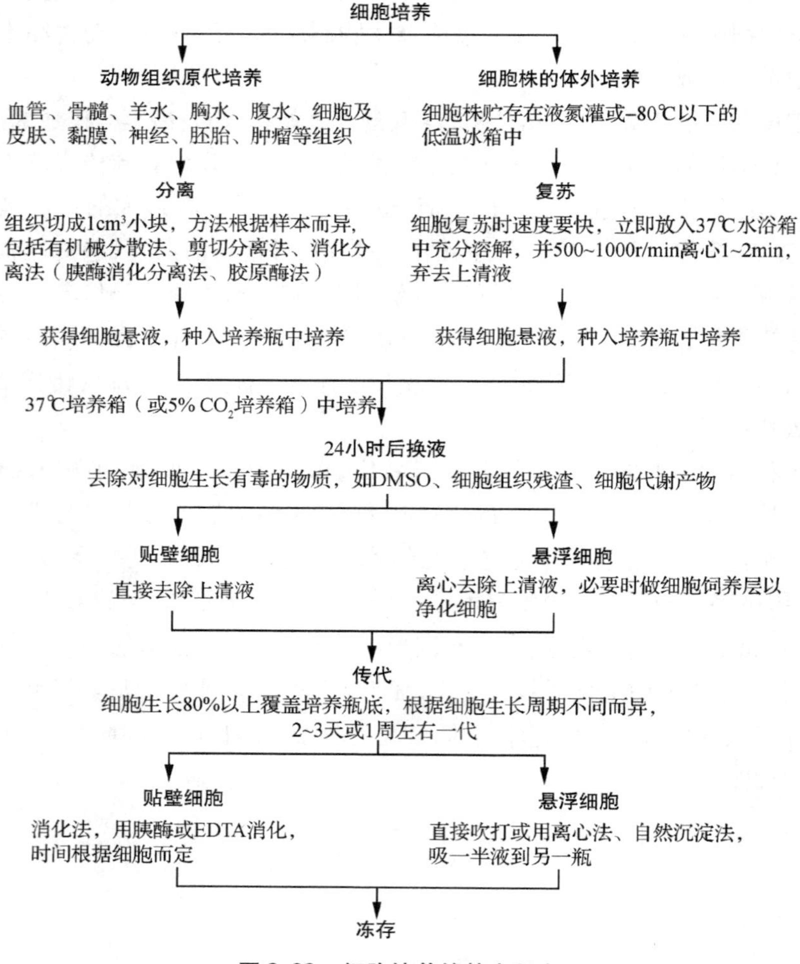

图 2-29 细胞培养的基本程序

2.1.7.3 贴壁细胞的消化法传代

贴壁细胞指在体外培养条件下，必须贴附于支持物表面才能生长的细胞；消化指的是使经过分散的组织或贴壁的培养物相互或与介质解离，从而形成单细胞或小的细胞团的操作。贴壁细胞在培养瓶中长成致密单层后，继续生长的空间不足，培养基中的营养成分也消耗较多，同时代谢废物也有较多堆积，需要分瓶培养，扩增、传代。贴壁细胞通常需要采用细胞消化液消化后才能使贴壁较紧的细胞脱落、分散，然后扩瓶、传代。

根据消化液的不同，贴壁细胞的消化方法大致分为酶消化法和离子螯合剂法两大类。

（1）酶消化法（以胰蛋白酶为例）。

① 胰酶消化原理：胰酶（trypsin）是一种蛋白酶，通过在特定位置上降解蛋白，使细胞膜上和培养皿壁结合处蛋白降解，使两者分离。这时细胞在自身内部细胞骨架的张力以及培养液表面张力作用下成为球形。细胞消化用胰蛋白酶常用的工作浓度为 0.25%，pH 为 7.2～7.4。

② 酶消化法操作过程如下（以 CHO 贴壁细胞为例，如图 2-30 所示）：

a. 将长成致密单层细胞的细胞瓶中原来的培养液弃去。

b. 视细胞瓶的大小加入体积为 0.5mL 或更多（依培养器皿的大小而定）的 0.25% 胰酶溶液，以使其充分浸润。

c. 一般消化时间为 1～3min，肉眼观察瓶底由半透明（细胞单层连接成片）转为点状透明（出现细小空隙）时，弃去胰酶，并加入适量的有血清培养液终止消化，吹打分散。

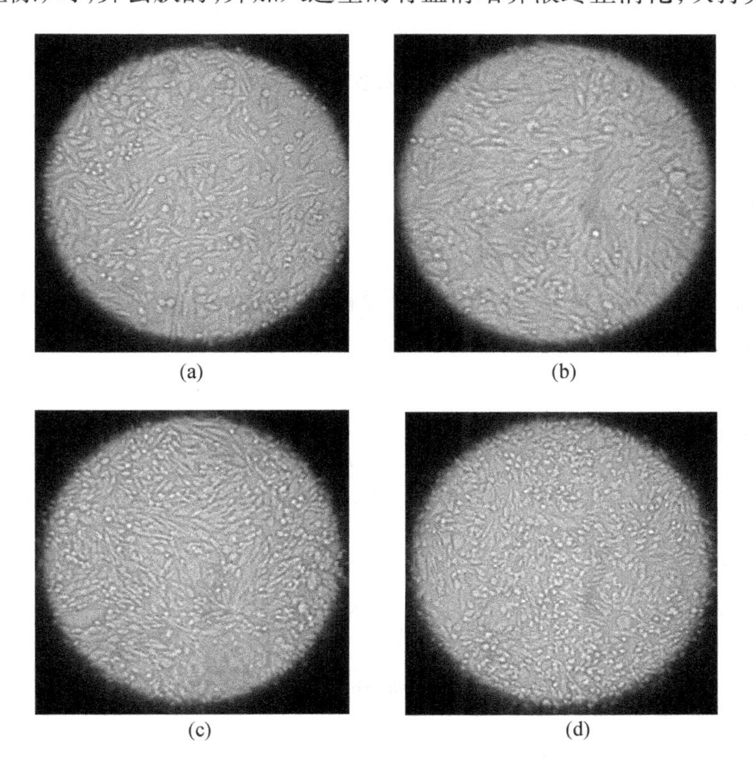

(a) (b)

(c) (d)

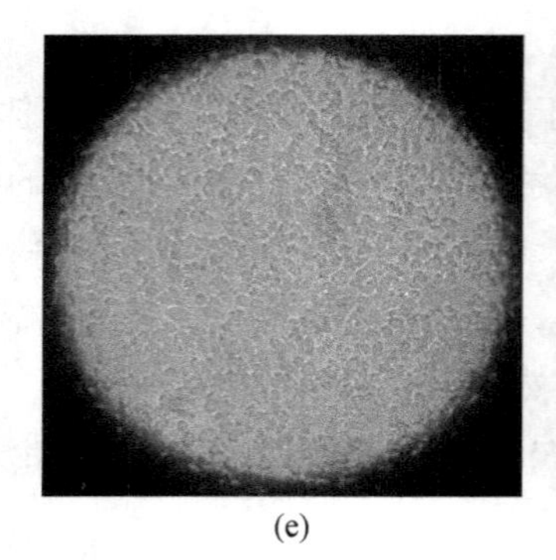

(e)

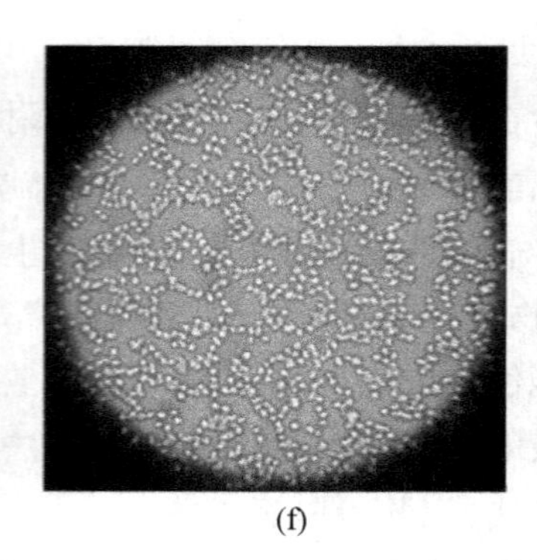

(f)

(a) CHO 贴壁细胞;(b) 经过 48h 培养成为致密单层;(c) 加入 0.25% 胰酶后,细胞逐渐皱缩变圆,细胞间隙增大,不再致密;(d) 细胞明显皱缩变小,细胞间隙增大,不再致密,部分细胞维持正常形态,部分细胞皱缩变圆;(e) 细胞基本皱缩变圆,此时细胞吹打可下;(f) 细胞完全皱缩变圆,此时应弃去胰酶,加入培养基后轻摇,可将细胞从细胞瓶壁上洗下,将细胞悬液用吸管吹散后传代

图 2-30 酶消化法操作过程

如消化过头,会见到许多细胞脱落并随弃去的胰酶溶液流失,甚至造成细胞破碎。因此也可以在图 2-30(d)和(e)步骤时弃去胰酶,用瓶中残留的胰酶继续作用至最后一步的消化程度,这样略有点过也影响不大。

③ 注意事项:

a. 在溶解的一周内使用贮存在 4℃冰箱中的液体胰蛋白酶溶液。胰蛋白酶在 4℃时就可能开始降解,如果在室温下放置超过 30min,就会变得不稳定。

b. 在使用胰酶细胞消化液的过程中要特别注意避免消化液被细菌污染。

c. 胰酶细胞消化液消化细胞时间不宜过长,否则细胞铺板后生长状况较差。消化不足则细胞难以从瓶壁上吹下,反复吹打同样也会损伤细胞活性。

d. 在 37℃时,胰酶活性最强。

e. 溶液中的 Ca^{2+}、Mg^{2+} 和血清中的非特异性胰蛋白酶抑制剂会降低胰酶活力,防止消化过头,所以加入有血清培养基可以终止反应。

④ 常见问题:用胰蛋白酶消化后细胞还是成团,原因可能是什么?

a. 消化时间不够。

b. 吹打力度不够。

c. 胰酶消化液浓度不够。

d. 胰酶本身问题。

e. 细胞密度过高。

(2) 离子螯合剂(EDTA)法。

① EDTA 消化原理:EDTA 是一种螯合剂,因为细胞表面很多和培养皿结合的蛋白都带有 Ca^{2+} 或者 Mg^{2+},而 EDTA 就是螯合 Ca^{2+} 或者 Mg^{2+} 的,从而可加速细胞和培养皿的脱离。

② EDTA 消化液使用注意事项:

a. 常用浓度在0.02%左右。

b. 在弱碱性条件下才易溶，配制时应调节好酸碱度。

c. EDTA能显著影响pH，且不会被中和，所以消化下来的细胞要用PBS洗一遍。

③ 适用范围：因为EDTA不破坏细胞表面分子，仅与Ca^{2+}、Mg^{2+}螯合，所以适用于需检测细胞表面分子的细胞消化。

2.1.7.4 悬浮细胞的传代

因悬浮生长细胞不贴壁，故传代时不必采用酶消化法，而可直接传代或离心收集细胞后传代。

① 直接传代法：让悬浮细胞慢慢沉淀在瓶底后，将上清液吸掉1/2～2/3，然后用吸管吹打形成细胞悬液，等分后装入数个培养瓶（皿），完成传代。

② 离心传代法：将细胞连同培养液一并转移到离心管内，800～1000r/min离心5min，去除上清液，加新的培养液到离心管内，用吸管吹打形成细胞悬液，分装入数个培养瓶（皿），完成传代。

2.1.7.5 半贴壁细胞的传代

半贴壁细胞部分呈现贴壁生长现象，可不经消化处理直接吹打，使细胞从瓶壁上脱落下来，从而进行传代。但这种方法仅限于部分贴壁不牢的细胞，如Hela细胞等。直接吹打对细胞损伤较大，细胞也常有大量丢失，因而绝大部分贴壁生长的细胞均须消化后才能吹打传代。

2.1.8 酵母菌

酵母菌是一些单细胞真菌，并非系统演化分类的单元。目前已知的有1000多种酵母菌，根据酵母菌产生孢子（子囊孢子和担孢子）的能力，可将酵母菌分成三类，即形成孢子的株系属于子囊菌和担子菌，不形成孢子但主要通过芽殖来繁殖的称为不完全真菌或“假酵母”。目前已知的大部分酵母菌被分类到子囊菌门。

2.1.8.1 酵母菌的形态结构

酵母菌是单细胞真核微生物。酵母菌细胞的形态通常有球形、卵圆形、腊肠形、椭圆形、柠檬形和藕节形等，比细菌的单细胞个体要大得多，一般为（1～5）μm×（5～20）μm。酵母菌无鞭毛，不能游动。酵母菌细胞具有典型的真核细胞结构，细胞被细胞膜所包裹，膜外有一层厚的细胞壁，细胞质内含有细胞核、线粒体、核糖体、内质网、液泡等细胞器。在酵母细胞中往往见不到分化的高尔基体，但可以看到由2～3层滑面内质网重叠而形成的未分化状态的高尔基体。另外，酵母细胞中还存在作为能源的糖原、脂质体以及多磷酸盐等贮藏物质（图2-31）。

酿酒酵母（Saccharomyces cerevisiae）是发酵工业上最常用的菌种之一，呈卵圆形或球形，形态简单，同一般酵母菌一样，有细胞壁、细胞膜、细胞核（极微小，常不易见到）、液泡、线粒体及各种贮藏物质（如油滴、肝糖等）。

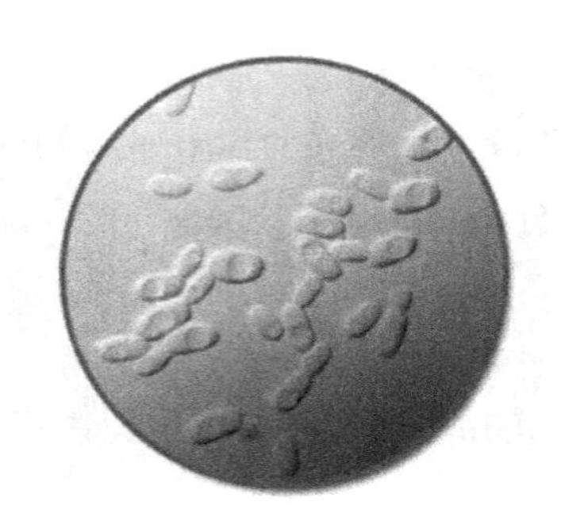

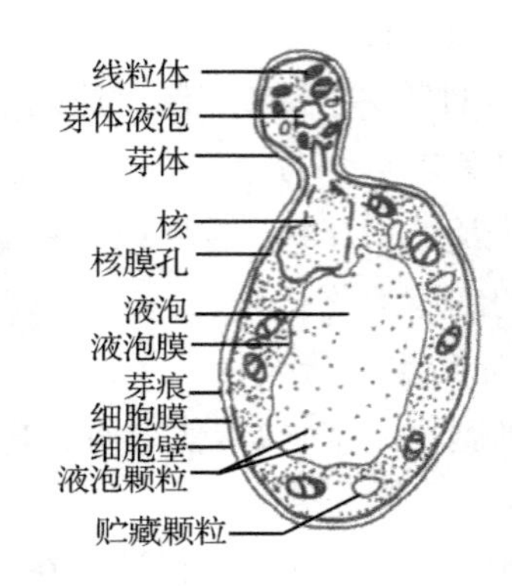

图 2-31　酵母细胞的形态及细胞结构

2.1.8.2　酵母菌的生长条件

（1）营养：酵母菌同其他活的有机体一样需要相似的营养物质。像细菌一样，它有一套胞内和胞外酶系统，用以将大分子物质分解成细胞新陈代谢易利用的小分子物质。

（2）水分：像细菌一样，酵母菌必须有水才能存活，但酵母菌需要的水分比细菌少，某些酵母菌能在水分极少的环境（如蜂蜜和果酱）中生长，这表明它们对渗透压有相当高的耐受性。

（3）酸度：酵母菌能在 pH 为 3 ~ 7.5 的范围内生长，最适 pH 为 4.5 ~ 5.0。

（4）温度：在低于水的冰点或者高于 47℃ 的温度下，酵母细胞一般不能生长，最适生长温度一般在 20℃ ~ 30℃ 之间。

（5）氧气：酵母菌在有氧和无氧的环境中都能生长，即酵母菌是兼性厌氧菌。在缺氧的情况下，酵母菌把糖分解成酒精和二氧化碳。在有氧的情况下，它把糖分解成二氧化碳和水。在有氧存在时，酵母菌生长较快。

2.1.8.3　酵母菌的繁殖

酵母菌的繁殖方式包括无性繁殖和有性繁殖。无性繁殖方式包括芽殖、裂殖和产生无性孢子。有性繁殖是指通过两个性别不同的细胞融合而产生新个体的繁殖过程。

（1）无性繁殖。芽殖是酵母菌最常见的繁殖方式。其过程为：成熟的母细胞在其形成芽体的部位长出芽细胞，芽细胞脱离母体，成为新的个体细胞。如果不脱离母细胞又长出新芽，子细胞就和母细胞连接在一起，形成藕节状或竹节状的细胞串，称为假菌丝或真菌丝（图 2-32）。

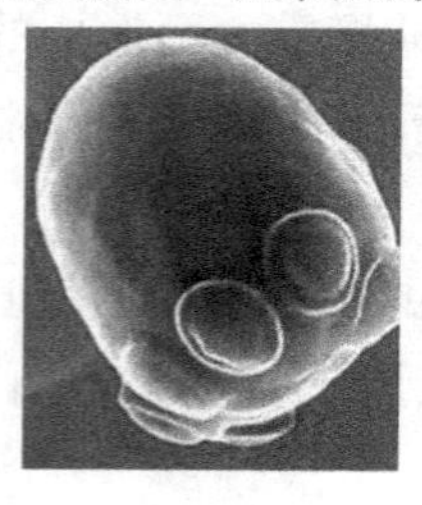

（a）酵母菌的芽痕

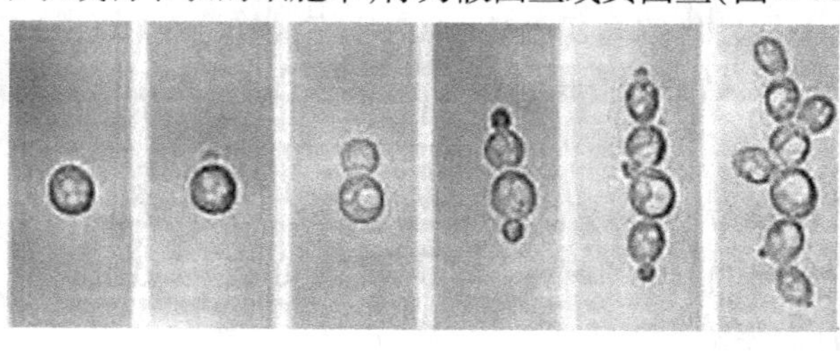

（b）多端芽殖假菌丝

图 2-32　酵母菌的芽殖

少数酵母菌以裂殖方式进行繁殖：当母细胞长到一定大小，细胞核开始分裂之后，在细胞中间产生一隔膜，将细胞一分为二。还有些酵母菌可形成一些无性孢子，如节孢子、掷孢子、厚垣孢子等。

（2）有性繁殖。酵母菌的有性繁殖主要通过形成子囊和子囊孢子的形式来实现，此繁殖过程为：首先由两个具有性亲和性的单倍体酵母细胞各伸出一根管状原生质体突起，然后吻合而成一接合桥，先行质配，继而进行核配，形成一个双倍体。随后在一定的条件下，双倍体细胞成为子囊进行减数分裂，进而分裂成不同数的子核，形成子囊孢子，也有未经性细胞结合而形成子囊孢子的。

2.1.8.4 酵母菌的生活史

根据生活史中单倍体细胞和双倍体细胞所占的地位，可将酵母菌的生活史分为三大类：单倍体型、双倍体型和单双倍体型。酿酒酵母的生活史较为复杂，有性过程形成的双倍体合子可以不立即进行减数分裂，而是形成双倍体营养细胞进行出芽无性繁殖；双倍体合子也可以在子囊中进行减数分裂，形成并释放a型和α型两类单倍体子囊孢子，单倍体子囊孢子转变成营养细胞后可进行出芽无性繁殖，其生活史中单、双倍体细胞占同等地位，故属于单双倍体型生活史（图2-33）。

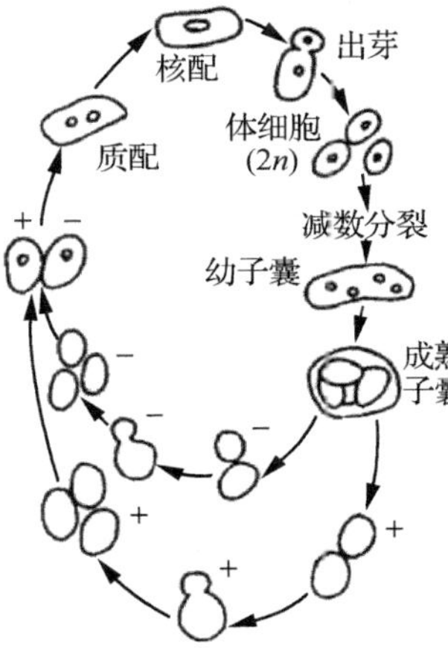

图2-33 酿酒酵母单双倍体型生活史

2.1.8.5 酵母菌的培养

（1）常用培养基。

① 麦芽汁培养基。

培养基成分：10～15°Bé新鲜麦芽汁。具体配制方法如下：

a. 用水将大麦或小麦洗净，用水浸泡6～12h，置于15℃阴凉处发芽，上盖纱布，每日早、中、晚淋水一次，待麦芽伸长至麦粒的两倍时，让其停止发芽，晒干或烘干，研磨成麦芽粉，贮存备用。

b. 取一份麦芽粉加四份水，在65℃水浴锅中保温3～4h，使其自行糖化，直至糖化完全（检查方法是取0.5mL的糖化液，加2滴碘液，如无蓝色出现，即表示糖化完全）。

c. 糖化液用4～6层纱布过滤，滤液如仍混浊，可用鸡蛋清澄清（用一个鸡蛋清，加水20mL，调匀至生泡沫，倒入糖化液中，搅拌煮沸，再过滤）。

d. 用波美比重计检测糖化液中的糖浓度，将滤液用水稀释到10～15°Bé，将pH调至6.4。如当地有啤酒厂，可用未经发酵、未加酒花的新鲜麦芽汁，加水稀释到10～15°Bé后使用。

e. 配固体麦芽汁培养基时，加入2%琼脂，加热溶化，补充失水。

f. 分装、加塞、包扎。

g. 高压蒸汽灭菌，100Pa下灭菌20min。

② 马铃薯葡萄糖培养基。

培养基成分：马铃薯20g，葡萄糖2g，琼脂1.5～2g，水100mL，自然pH。具体配制方法如下：

a. 配制20%马铃薯浸汁：取去皮马铃薯20g，切成小块，加水100mL。80℃浸泡1h，用纱布过滤，然后补足失水至所需体积，100Pa下灭菌20min即可。

b. 配制时，按每100mL马铃薯浸汁加入2g葡萄糖，加热煮沸后加入2g琼脂，继续加热溶化并补足失水。

c. 分装、加塞、包扎。

d. 高压蒸汽灭菌，100Pa下灭菌20min。

③ 豆芽汁葡萄糖培养基。

培养基成分：黄豆芽10g，葡萄糖5g，琼脂1.5～2g，水100mL，自然pH。具体配制方法如下：

a. 称新鲜黄豆芽10g，置于烧杯中，再加入100mL水，小火煮沸30min，用纱布过滤，补足失水，即制成10%豆芽汁。

b. 配制时，按每100mL 10%豆芽汁加入5g葡萄糖，煮沸后加入2g琼脂，继续加热溶化，补足失水。

c. 分装、加塞、包扎。

d. 高压蒸汽灭菌，100Pa下灭菌20min。

④ 蔡氏（Czapck）培养基。

培养基成分：蔗糖3g，$NaNO_3$ 0.3g，K_2HPO_4 0.1g，KCl 0.05g，$MgSO_4 \cdot 7H_2O$ 0.05g，$FeSO_4$ 0.001g，琼脂1.5～2g，蒸馏水100mL，自然pH。具体配制方法如下：

a. 称量及溶解：量取所需水量约2/3加入烧杯中，分别称取蔗糖、$NaNO_3$、K_2HPO_4、KCl、$MgSO_4$，依次逐一加入水中溶解。按每100mL培养基加入1mL 0.1%的$FeSO_4$溶液。

b. 定容：药品全部溶解后，将溶液倒入量筒中，加水至所需体积。

c. 加琼脂：加入所需量琼脂，加热溶化，补足失水。

d. 分装、加塞、包扎。

e. 高压蒸汽灭菌，100Pa下灭菌20min。

⑤ YPD培养基。

YPD或YEPD培养基（yeast extract peptone dextrose medium），又叫酵母浸出粉胨葡萄糖培养基，加入琼脂的又叫酵母膏胨葡萄糖（YPD）琼脂培养基。YPD培养基是用于酵母常规生长的复合培养基。

其配制方法（1L）如下：

a. 溶解10g酵母膏、20g蛋白胨于900mL水中，若制平板（固体培养基）则加入20g琼脂粉。

b. 用高压灭菌锅在121℃下灭菌20min。

c. 加入2%葡萄糖溶液100mL（葡萄糖溶液灭菌后加入）。

> **注意：**葡萄糖、酵母膏和蛋白胨溶液混合后在高温下可能会发生化学反应，导致培养基成分变化，所以要分别灭菌后再混合。葡萄糖可以过滤除菌，也可以115℃下灭菌15min。

YPD的另一种配方：2%胰化胨（或称胰蛋白胨）、2%葡萄糖，若制固体培养基，加入2%琼脂粉，115℃下灭菌15min。液体YPD培养基可常温保存，琼脂YPD平板在4℃下可保存几个月。加入Zeocin 100μg/mL，成为YPDZ培养基，可以在4℃条件下保存1～2周。

YPD相关培养基有：

YPEG：除了用3%乙醇和3%甘油代替葡萄糖作为碳源外，其他成分同YPD。

YPDZ：是在YPD的基础上加Zeocin抗生素。

YPDA：是在YPD的基础上加0.003%的腺嘌呤硫酸盐。

（2）酵母菌的培养特性。

大多数酵母菌的菌落特征与细菌相似，但比细菌菌落大而厚，菌落表面光滑、湿润、黏稠，容易挑起，菌落质地均匀，正反面和边缘、中央部位的颜色都很均一，菌落多为乳白色，少数为红色，个别为黑色（图2-34）。

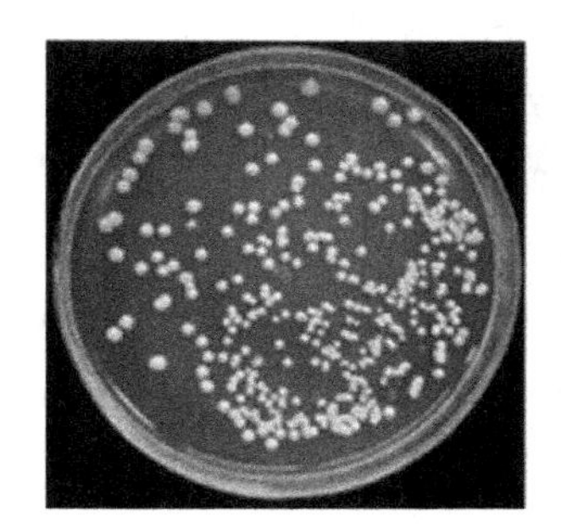

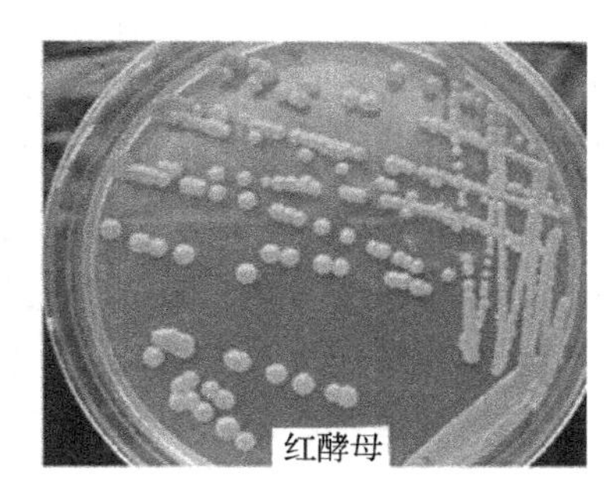

图2-34 酵母菌的菌落特点

2.2 细胞破碎技术

细胞破碎技术是指利用外力破坏细胞膜和细胞壁，使细胞内容物包括目的产物成分释放出来的技术，是分离纯化细胞内合成的非分泌型生化物质（产品）的基础。细胞破碎的难易程度与细胞种类有关，也与目的物的稳定性有关。破碎对象不同，细胞破碎时遇到的阻力不同，故方法也不同。

2.2.1 破碎阻力

（1）细菌。几乎所有细菌的细胞壁都是由肽聚糖（peptidoglycan）组成的，它是难溶性的聚糖链（glycan chain）借助短肽交联而成的网状结构，包围在细胞周围，使细胞具有一定的形状和强度。短肽一般由四或五个氨基酸组成，如L－丙氨酸－D－谷氨酸－L－赖氨酸－D－丙氨酸，而且短肽中常有D－氨基酸与二氨基庚二酸存在。破碎细菌的主要阻力来自肽聚糖的网状结构，其网状结构的致密程度和强度取决于聚糖链上所存在的肽键的数量和其交联程度。如果交联程度大，则网状结构就致密。

(2) 酵母菌。酵母细胞壁的最里层由葡聚糖的细纤维组成,它构成了细胞壁的刚性骨架,使细胞具有一定的形状,覆盖在细纤维上面的是一层糖蛋白,最外层是甘露聚糖,由1,6-磷酸二酯键共价连接,形成网状结构。在最外层的内部,有甘露聚糖-酶的复合物,它可以共价连接到网状结构上,也可以不连接。与细菌细胞壁一样,破碎酵母细胞壁的阻力主要决定于壁结构交联的紧密程度和它的厚度。

(3) 霉菌。霉菌的细胞壁主要存在三种聚合物:葡聚糖(主要以β-1,3糖苷键连接,某些以β-1,6糖苷键连接)、几丁质(以微纤维状态存在)以及糖蛋白。最外层是α-葡聚糖和β-葡聚糖的混合物,第二层是糖蛋白的网状结构,葡聚糖与糖蛋白结合起来,第三层主要是蛋白质,最内层主要是几丁质,几丁质的微纤维嵌入蛋白质结构中。与酵母和细菌的细胞壁一样,霉菌细胞壁的强度和聚合物的网状结构有关,不仅如此,它还含有几丁质或纤维素的纤维状结构,所以强度有所提高。

(4) 植物细胞。对于已生长结束的植物细胞壁可分为初生壁和次生壁两部分。初生壁是细胞生长期形成的。次生壁是细胞停止生长后,在初生壁内部形成的结构。目前,较流行的初生壁结构是由Lampert等人提出的"经纬"模型。依据这一模型,纤维素的微纤丝以平行于细胞壁平面的方向一层一层附着在上面,同一层次上的微纤丝平行排列,不同层次上则排列方向不同,互成一定角度,形成独立的网络,构成了细胞壁的"经"。模型中的"纬"是结构蛋白(富含羟脯氨酸的蛋白),它由细胞质分泌,垂直于细胞壁平面排列,并由异二酪氨酸交联成结构蛋白网。经向的微纤丝网和纬向的结构蛋白网之间又相互交联,构成更复杂的网络系统。半纤维素和果胶等胶体填充在网络之中,从而使整个细胞壁既具有刚性又具有弹性。在次生壁中,纤维素和半纤维素含量比初生壁增加很多,纤维素的微纤丝排列得更紧密和有规则,而且存在木质素(酚类组分的聚合物)的沉积。因此,次生壁的形成提高了细胞壁的坚硬性,使植物细胞具有很高的机械强度。

2.2.2 常见的细胞破碎方法

目前已发展了多种细胞破碎方法,以便适应不同用途和不同类型的细胞壁破碎。细胞破碎方法可归纳为物理破碎法和化学破碎法两大类。

(1) 物理破碎法。

物理破碎法主要指通过机械切力的作用使组织细胞破碎的方法。物理破碎法处理量大,破碎效率高,速度快。采用物理破碎法,发热是一个主要问题。细胞的物理破碎法主要包括高压匀浆法、珠磨法、撞击破碎法、超声波破碎法等。

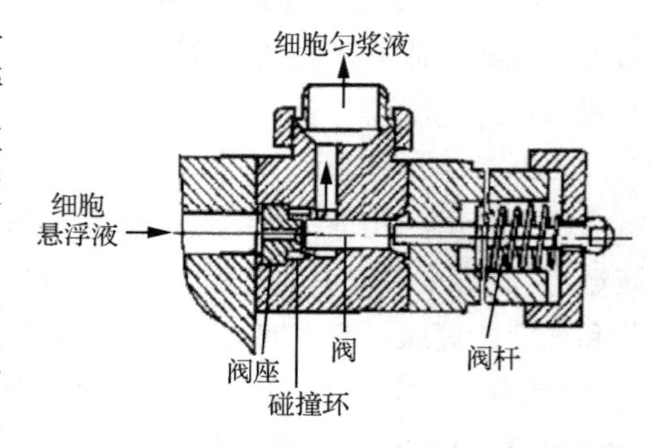

图2-35 高压匀浆器工作原理示意图

① 高压匀浆法(high-pressure homogenization)。该法是大规模细胞破碎的常用方法。高压匀浆器的破碎原理(图2-35):细胞悬浮液在高压作用下从阀座与阀之间的环隙高速(可达到450m/s)喷出后撞击到碰撞环上。细胞在受到高

速撞击作用后，被迫改变方向急剧释放到低压环境，从出口管流出。细胞在这一系列高速运动过程中经历了剪切、碰撞及由高压到常压的变化，最后在撞击力和剪切力等综合作用下而破碎。影响因素主要有：压力（工业生产中常用55～70MPa的压力）、循环操作次数和温度。高压匀浆法适用于微生物细胞和植物细胞的大规模破碎；易造成堵塞的团状或丝状真菌、较小的革兰阳性菌以及含有包涵体的基因工程菌（因包含体坚硬，易损伤匀浆阀）不宜使用高压匀浆法。

② 珠磨法（bead mill）。珠磨法是最有效的一种细胞物理破碎法。其破碎原理为：将细胞悬液与玻璃小珠、石英砂或氧化铝等研磨剂一起快速搅拌，利用固体间研磨剪切力和撞击使细胞破碎。珠磨法的细胞破碎效率随细胞种类而异，适用于绝大多真菌菌丝和藻类等微生物细胞的破碎。与高压匀浆法相比，珠磨法影响破碎率的操作参数较多，如珠体的大小（实验室规模，珠径为0.2mm；工业规模，珠径大于0.4mm）、珠体的装量（80%～90%）、搅拌速度、操作温度（5℃～40℃）、被处理细胞的特性等，所以珠磨法的破碎率一般控制在80%以下。

③ 撞击破碎法。细胞是弹性体，比一般刚性固体粒子难于破碎。将弹性细胞冷冻可使其成为刚性球体，降低破碎难度，撞击破碎正是基于这样的原理。操作方法：细胞悬浮液以喷雾状高速冻结（冻结速度为每分钟数千摄氏度），形成粒径小于50μm的微粒子。高速载气（如氮气，流速约300m/s）将冻结的微粒子送入破碎室，高速撞击撞击板，使冻结的细胞发生破碎。

特点一：细胞破碎仅发生在与撞击板撞击的一瞬间，细胞破碎均匀，可避免反复受力发生过度破碎的现象；特点二：细胞破碎程度可通过载气压力（流速）控制，避免细胞内部结构的破坏，适用于细胞器（如线粒体、叶绿体等）的回收。撞击破碎法适于微生物细胞和植物细胞的破碎。

④ 超声波破碎法。其破碎原理为：在超声波作用下液体发生空化作用，空穴的形成、增大和闭合产生极大的冲击波和剪切力，使细胞破碎，即利用液相剪切力破碎细胞。影响超声波破碎的因素主要有声强、频率、破碎时间、介质的离子强度、pH以及菌体的浓度和种类等。超声波破碎很强烈，适用于多数微生物的破碎，一般杆菌比球菌容易破碎，G^-菌比G^+菌易破碎，对酵母菌的效果较差。超声波破碎法有效能利用率低，破碎过程产生大量的热，对冷却的要求相当苛刻，故不易放大，主要用于实验室规模的细胞破碎，破碎时细胞浓度一般控制在20%左右。

⑤ 渗透压冲击法。其破碎原理为：将细胞放在高渗透压的介质（如一定浓度的甘油或蔗糖溶液）中，达平衡后，转入渗透压低的缓冲液或纯水中。由于渗透压的突然变化，水迅速进入细胞内，引起细胞肿胀，细胞膨胀到一定程度，细胞破裂，它的内含物随即释放到溶液中。此法仅适用于细胞壁较脆弱的细胞，或细胞壁预先用酶处理或在培养过程中加入某些抑制剂（如抗生素等）使细胞壁有缺陷而强度减弱的细胞。

⑥ 反复冻融法。其破碎原理为：将细胞放在低温（－20℃～－15℃）下突然冷冻而在室温下缓慢融化，反复多次以达到破壁作用。由于冷冻，一方面使细胞膜的疏水键结构破裂，

增加了细胞的亲水性；另一方面，冷冻时胞内水结晶，使细胞内外溶液浓度变化，引起细胞膨胀而破裂。缺点：此法适用于细胞壁较脆弱的菌体，破碎率较低，须反复多次。此外，在冻融过程中可能引起某些蛋白质变性，影响活性蛋白质的回收率。

⑦ 干燥法。其破碎原理为：使细胞膜结合水分丧失，从而改变细胞的渗透性。当采用丙酮、丁醇或缓冲液等对干燥细胞进行处理时，胞内物质就容易被抽提出来。干燥法主要分为气流干燥、真空干燥、喷雾干燥和冷冻干燥四种。气流干燥主要适用于酵母菌，一般在25℃～30℃的气流中吹干；真空干燥多用于细菌；冷冻干燥适用于较不稳定的物质。

⑧ X-press 法。此法是将浓缩的菌体悬浮液冷却至－25℃形成冰晶体，利用500MPa以上的高压冲击，使冷冻细胞从高压阀小孔挤出，由于冰晶体的磨损，使包埋在冰中的微生物变形而破碎。该法主要用于实验室细胞破碎，具有使用范围广、破碎率高、细胞碎片粉碎程度低及活性保留率高等优点，不适用于对冷冻敏感的物质。

（2）化学破碎法。

化学破碎法分为酶溶法和化学试剂破碎法。酶溶法又可进一步细分为外加酶法和自溶法两种。

① 酶溶法。

a. 外加酶法：用溶解细胞壁的酶（如溶菌酶、纤维素酶、蜗牛酶等）处理细胞，使细胞壁受到部分或完全破坏后，再利用渗透压冲击等方法破坏细胞膜，进一步增大胞内产物的通透性。外加酶法的优点：操作温和，选择性强，酶能快速地破坏细胞壁而不影响细胞内含物的质量；缺点：溶酶价格高，通用性差（不同菌种须选择不同的酶，见表2-10），且存在产物抑制现象。例如，在溶酶系统中，甘露糖对蛋白酶有抑制作用，葡聚糖抑制葡聚糖酶。

表2-10 不同菌种的适用溶酶

常见菌种	常用的溶酶
革兰阳性菌（G^+）	溶菌酶、适量抑制剂
革兰阴性菌（G^-）	溶菌酶、EDTA
放线菌	溶菌酶
酵母菌	β-葡聚糖酶
霉菌	几丁质酶
植物	纤维素酶、半纤维素酶

注：细胞壁溶解酶是几种酶的复合物。

b. 自溶法：诱发微生物产生过剩的溶胞酶或激发自身溶胞酶的活力，以达到细胞自溶的目的。微生物细胞的自溶常采用加热法和干燥法。影响自溶过程的主要因素有温度、时间、pH、缓冲液浓度和细胞代谢途径等。缺点：对不稳定的微生物易引起所需蛋白质的变性；自溶后细胞悬浮液黏度增大，过滤速度下降。

② 化学试剂破碎法。

用碱处理细胞，可以溶解除细胞壁以外的大部分组分；酸处理可以使蛋白质水解成游离的氨基酸。某些化学试剂，如有机溶剂、变性剂、表面活性剂、抗生素、金属螯合剂等，可以改变细胞壁或膜的通透性(渗透性),从而使胞内物质有选择地渗透出来。该法的效果取决于化学试剂的类型以及细胞壁(膜)的结构与组成。

a. 表面活性剂:可促使细胞某些组分溶解,其增溶作用有助于细胞的破碎。例如,Triton X-100是一种非离子型清洁剂,对疏水性物质具有很强的亲和力,能结合并溶解磷脂、破坏内膜的磷脂双分子层,使某些胞内物质释放出来。其他的表面活性剂,如牛黄胆酸钠、十二烷基硫酸钠、吐温等也可使细胞破碎。

b. EDTA 螯合剂:处理 G^- 细菌,对细胞外层膜有破坏作用。G^- 细菌的外层膜结构通常靠二价阳离子 Ca^{2+} 或 Mg^{2+} 结合脂多糖和蛋白质来维持,一旦 EDTA 将 Ca^{2+} 或 Mg^{2+} 螯合,大量的脂多糖分子将脱落,使细胞壁外层膜出现洞穴。这些区域由内层膜的磷脂来填补,从而导致内层膜通透性的增强。

c. 有机溶剂:能溶解细胞壁中的磷脂层,破坏细胞。常用的有机溶剂有丁酯、丁醇、甲苯、二甲苯、氯仿及高级醇等。

d. 变性剂:盐酸胍(guanidine hydrochloride)和脲(urea)是常用的变性剂。变性剂与水中氢键作用,削弱溶质分子间的疏水作用,从而使疏水性化合物溶于水溶液。

化学试剂破碎法的优点:对产物释放有一定的选择性,可使一些相对分子质量较小的溶质如多肽和小分子的酶蛋白透过,而核酸等相对分子质量较大的物质仍滞留在胞内;细胞外形完整,碎片少,浆液黏度低,易于固液分离和进一步提取。缺点:通用性差;时间长,效率低,一般胞内物质释放率不超过50%;有些化学试剂有毒。

2.2.3 破碎方法的选择依据

无论用哪一种方法破碎组织细胞,均可以释放出细胞内容物,但选择最佳的细胞破碎方法,可以极大地提高细胞破碎率。在实际生产中,主要根据以下四个方面进行细胞破碎方法的选择:

(1) 处理量的大小:有些方法的处理量大,如高压匀浆法等;有些方法的处理量小,如超声波破碎法等。

(2) 材料细胞的特性,尤其是细胞壁的强度和结构:一般来说,动物细胞易破碎,只需用温和的方法;植物细胞较难破碎,须用中等或强度大的方法;微生物细胞较复杂,一般用强度较大的方法。总的来说,破碎由难到易的大致排列顺序为:植物细胞 > 真菌(如酵母菌) > 革兰阳性细菌 > 革兰阴性细菌 > 动物细胞。

(3) 目标产物对破碎条件的敏感性:如温度、pH、氧、剪切力等的影响。

(4) 破碎后固液分离的难易程度。

总的来说,细胞破碎方法选取的总原则是:最大提取、不易变性、减少干扰。具体的破碎方法须从材料特性和目的物特性方面综合考虑,适宜的操作条件应从高的产物释放率、低的能耗和便于后续提取这三方面进行权衡。

2.3 DNA 的提取

2.3.1 DNA 提取的基本原则

DNA 是遗传信息的载体,是重要的生物信息分子。为了进行测序、杂交和基因表达,获

得相对分子质量较大、纯度较高的 DNA 是非常重要的前提。整个 DNA 的提取须遵循以下原则:

(1) 尽量避免 DNA 降解,保持 DNA 结构的完整性。

(2) DNA 纯化后不应存在对酶有抑制作用的物质。

(3) 排除有机溶剂和金属离子的污染。

(4) 蛋白质、脂类、多糖等杂质含量降到最低。

(5) 排除 RNA 的污染。

2.3.2 DNA 提取实验材料的选择原则

虽然各种生物细胞中都含有大量的 DNA,但是并不是每一种生物组织都适合做提取 DNA 的原材料。比较好的实验材料最好应该满足以下几个条件:

(1) 组织中 DNA 的含量比较丰富,适合大量提取。

(2) 该组织中所含化合物种类比较单纯,避免由于其他物质化学性质与 DNA 相近而对实验现象产生某些干扰。

(3) 实验材料的价格适宜,从而能相对地降低实验成本。

(4) 实验材料在实验过程中的可操作性较强,在相对简单的条件下能大量提取出 DNA,便于学生实验操作。

2.3.3 质粒 DNA 的提取

(1) 碱裂解法提取质粒 DNA 的原理。

十二烷基硫酸钠(SDS)是一种阴离子表面活性剂,它既能使细菌细胞裂解,又能使一些蛋白质变性,所以 SDS 处理细菌细胞后,会导致细菌细胞壁的破裂,从而使质粒 DNA 以及基因组 DNA 从细胞中同时释放出来。经 SDS 处理后,细菌染色体 DNA 会缠绕附着在细胞碎片上,同时由于细菌染色体 DNA 比质粒大得多,易受机械力和核酸酶等的作用而被切断成不同大小的线性片段。

当用强碱处理时,细菌的线性染色体 DNA 双螺旋结构解开而变性,虽然共价闭合环状 DNA 的氢键也会断裂,但两条互补链不会完全分开,两条链彼此相互盘绕,仍会紧密地结合在一起。当外界条件恢复正常时,质粒 DNA 双链迅速准确复性,重新形成天然的超螺旋分子,并以溶解状态存在于液相中;而线性染色体 DNA 的两条互补链彼此已完全分开,难以复性,与变性的蛋白质和细胞碎片缠绕在一起,与 SDS 一起从溶液中沉淀下来而被除去(图 2-36)。

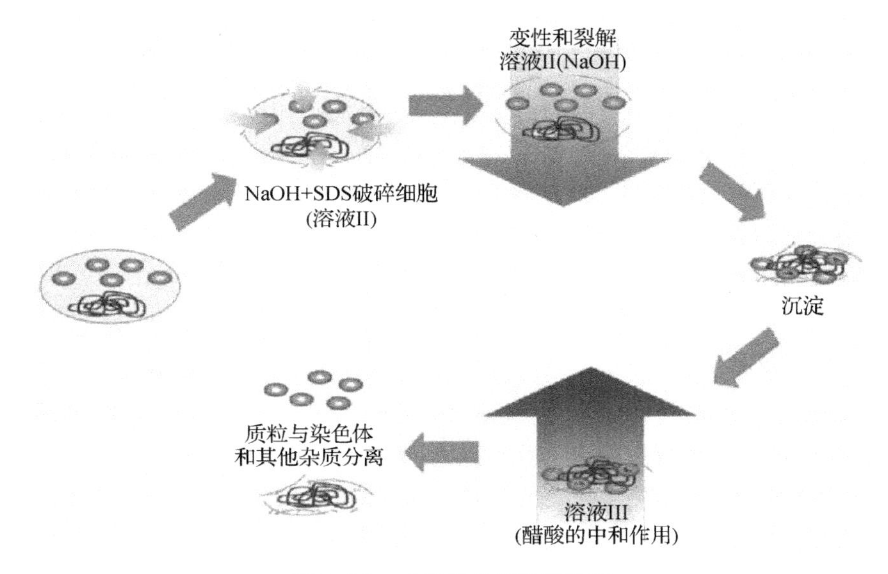

图 2-36 碱裂解法原理示意图

（2）质粒 DNA 提取中各试剂的作用。

自配试剂抽提质粒 DNA 时主要用到三种溶液和硅酸纤维膜（超滤柱），抽提流程大致如图 2-37 所示。

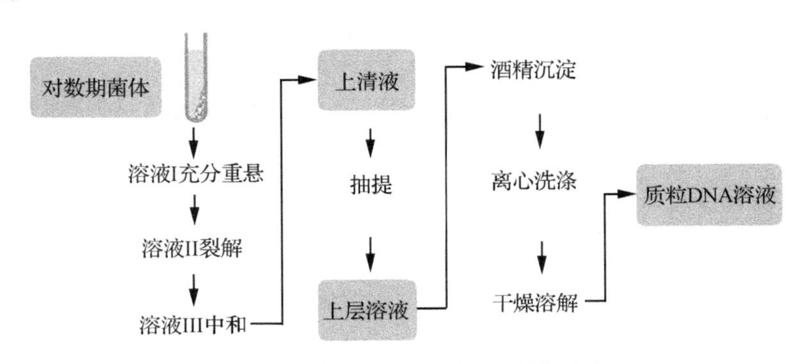

图 2-37 质粒 DNA 碱裂解法抽提流程

① 溶液 I 中各成分的作用。

溶液 I 配方：50mmol/L 葡萄糖、25mmol/L Tris-Cl、10mmol/L EDTA，pH 为 8.0。

a. 葡萄糖：使悬浮后的大肠杆菌不会快速沉积到管底。溶液 I 中缺了葡萄糖其实对质粒的抽提没有任何影响，所以说溶液 I 中葡萄糖是可缺的。因此有些试剂厂商的溶液 I 中就没有葡萄糖成分。

b. EDTA：作为 Ca^{2+} 和 Mg^{2+} 等二价金属离子的螯合剂，其主要目的是螯合二价金属离子，从而抑制 DNase 的活性。

c. Tris-Cl：起缓冲作用，调节溶液的 pH。

② 溶液 Ⅱ 中各成分的作用。

溶液 Ⅱ 配方：0.2mol/L NaOH、1% SDS。

a. NaOH:溶解细胞,释放 DNA。因为在强碱性的情况下,细胞膜发生了从 bilayer(双层膜)结构向 micelle(微囊)结构的变化。但 NaOH 易和空气中的 CO_2 发生反应,形成碳酸钠,降低 NaOH 的碱性,所以必须用新鲜的 NaOH。

b. SDS 与 NaOH 联用:增强 NaOH 的强碱性,同时 SDS 能很好地结合蛋白,产生沉淀。这一步要注意两点:第一,时间不能过长,因为在这样的碱性条件下基因组 DNA 片段会慢慢断裂;第二,混匀的时候动作必须轻柔,不然基因组 DNA 会断裂。

③ 溶液Ⅲ中各成分的作用。

溶液Ⅲ的配方:3mol/L 醋酸钾、2mol/L 醋酸(冰醋酸)、75% 乙醇,pH 为 4.8。

a. 醋酸钾:使钾离子置换 SDS 中的钠离子而形成 PDS(十二烷基硫酸钾)。因为 SDS 遇到钾离子后变成了 PDS,而 PDS 是不溶于水的;同时,一个 SDS 分子平均结合两个氨基酸,钾、钠离子置换所产生的大量沉淀自然就将绝大部分蛋白质沉淀了。

b. 醋酸:醋酸钾的水溶液呈碱性,为了调节 pH 至 4.8,必须加入大量的冰醋酸,所以溶液Ⅲ实际上是 pH 4.8 的 KAc-HAc 的缓冲液。将溶液Ⅲ调至强酸性是为了使 DNA 更好地结合在硝酸纤维膜上。加入醋酸还可把 pH 12.6 的抽提液调至中性。因为长时间的碱性条件会打断 DNA,基因组 DNA 一旦发生断裂,只要是 50 ~ 100kb 大小的片段,就没办法再被 PDS 共沉淀了。所以碱处理的时间要短,而且不能剧烈振荡,不然最后得到的质粒上总会有大量的基因组 DNA 混入,琼脂糖凝胶电泳可以观察到一条浓浓的总 DNA 条带。

c. 75% 乙醇:清洗盐分和抑制 DNase。

④ 酚-氯仿-异戊醇(体积比为 25:24:1)。

PDS 沉淀的形成并不能将所有的蛋白质沉淀,因此要用酚-氯仿-异戊醇继续进行抽提,进一步清除蛋白质,然后进行乙醇沉淀,才能得到质量稳定的质粒 DNA。

a. 酚对蛋白质的变性作用远大于氯仿,按道理应该用酚来最大限度地抽提蛋白质,但是水饱和酚的密度略大于水,遇到高浓度的盐溶液(如 4mol/L 的异硫氰酸胍),离心后酚相在上层,不利于含质粒的水相的回收;但加入氯仿后可以增加密度,使得酚-氯仿始终在下层,方便水相的回收。

b. 酚与水有很大的互溶性,如果单独用酚抽提,则会有大量的酚溶解到水相中,而酚会抑制很多酶反应(如限制性酶切反应),因此单独用酚抽提后一定要用氯仿抽提一次,将水相中的酚去除。而用酚-氯仿的混合液进行抽提,水相中的酚则少得多,微量的酚在乙醇沉淀时就会被除净而不必担心酶切等反应不能正常进行。

c. 添加异戊醇主要是为了让离心后上下层的界面更加清晰,也便于水相的回收。

⑤ TE 缓冲液(Tris-EDTA buffer)。

配方:10mmol/L Tris-HCl、1mmol/L EDTA,pH 为 8.0。

TE 是常用分子生物学试剂,主要用于 DNA 的溶解等。TE 中含有的 EDTA 可以螯合金属离子,从而使 DNase 失活。而 Tris-HCl 的作用主要是维持溶液呈碱性,有助于 DNA 的溶解和稳定。一般长期保存选择 TE 缓冲液比较好,短期应用可以使用 ddH_2O,有助于 DNA 连接等。

自配试剂费时、费力，质粒抽提试剂盒虽相对价格贵些，但其抽提速度快、纯度高、可重复性好，所以现已被各大实验室广泛采用，逐渐替代自配试剂抽提。常用试剂盒中各试剂与自配试剂的对应关系如表2-11所示。

表2-11 自配试剂与质粒抽提试剂盒

	自配试剂	天根质粒小提中量试剂盒	AxyPrep 质粒小量制备试剂盒
细菌悬浮液	溶液Ⅰ	Buffer P1	Buffer S1
细菌裂解液	溶液Ⅱ	Buffer P2	Buffer S2
中和液	溶液Ⅲ	Buffer P3	Buffer S3
去蛋白液	酚-氯仿-异戊醇	Buffer PD	Buffer W1
漂洗液	70%乙醇	Buffer PW	Buffer W2
洗脱液	ddH_2O	Buffer EB	Eluent

(3)质粒DNA抽提中的常见问题。

① 没有提出质粒或者质粒收获量很低。

a. 菌种老化。建议：对于甘油保存的菌种，需要先进行活化，涂布或者画线菌种，重新挑选单菌落进行液体培养，并对菌种进行初摇活化，按照1∶500的比例进行菌种培养。二次培养时间最好不要超出16h（或者A_{600}不超过3.0）。

b. 低拷贝质粒。建议：如果是由于低拷贝质粒引起的质粒收获量低，可以采用两倍的菌体量，并相应增加各种缓冲液的用量。

c. 质粒丢失。建议：有些质粒本身不能在某些菌种中稳定存在，经多次转接后有可能造成质粒丢失。例如，柯斯质粒在大肠杆菌中长期保存不稳定，因此不要频繁转接，每次接种时应接种单菌落。另外，检查筛选用抗生素使用浓度是否正确。

d. 碱裂解不充分。建议：使用过多菌体培养液会导致菌体裂解不充分，可减少菌体用量或增加溶液的用量，确保细菌混悬均匀。对于低拷贝数质粒，提取时加大菌体用量并加倍使用溶液有助于增加质粒提取量和提高质粒质量。

e. 溶液使用不当。建议：溶液Ⅱ和Ⅲ在温度较低时可能会出现混浊，使用前应检查是否有沉淀生成，如果有沉淀生成，应于37℃温育片刻，待溶液澄清后使用。

f. 质粒未全部溶解（尤其质粒较大时）。建议：洗脱溶解质粒时，可适当加温或延长溶解时间。也可能是洗脱时洗脱液加入位置不正确，洗脱液应加在硅胶膜中心部位以确保洗脱液完全覆盖硅胶膜的表面，达到最大洗脱效率。

g. 洗脱液不合适。建议：将DNA从柱子上洗脱下来的最适pH在7.0~8.5之间，如果洗脱液的pH超出此范围，将会显著影响洗脱效果。尽量使用试剂盒配套的洗脱液进行洗脱；如果用ddH_2O进行洗脱，应确保其pH在此范围内。洗脱时将灭菌蒸馏水或洗脱缓冲液加热至60℃后使用，有利于提高洗脱效率。

h. 洗脱体积太小。建议：洗脱体积会影响最终的收获量，洗脱体积越大，收获量越高，但是浓度会降低。使用试剂盒推荐的洗脱体积进行洗脱，以保证最好的收获量和浓度。如果需要高浓度的质粒，应减小洗脱体积。另外，如果想要收获高浓度、高收获量的质粒，应根据试剂盒要求进行二次洗脱，再用推荐的方法进行沉淀，浓缩质粒。

i. 洗脱时间过短。建议：洗脱时间对回收率也会有一定影响，洗脱时放置 1min 可达到较好的效果。

② 质粒纯度不高。

a. 蛋白质污染。建议：选择推荐量的菌体，离心后小心吸取上清液，如果上清液中混有悬浮物，可再次离心，以彻底去除蛋白。另外，如果用 ddH_2O 作为稀释溶液，分别测定 260nm 和 280nm 处的吸光度 A_{260} 和 A_{280}，A_{260}/A_{280} 可能较低，造成蛋白污染的假象，可用 pH 8.0 的 TE 缓冲液来稀释。

b. RNA 污染。建议：检查是否在溶液Ⅰ中事先加入了 RNase A，如果没有，请补加。加入 RNaseA 后，溶液Ⅰ应存放在 4℃条件下。如果存放时间过长，或者没有正确存放，RNaseA 的活力下降，应重新加入 RNaseA；另外，如果细菌过量，RNase A 不能有效降解 RNA，则可将细菌用量减半或增加 RNase A 在溶液Ⅰ中的浓度。

c. 基因组 DNA 污染。建议：加入溶液Ⅱ后，轻轻颠倒混匀，避免剧烈振荡涡旋，加入溶液Ⅱ的处理时间最好不要超过 5min。

③ 加入溶液Ⅱ后，菌液仍然呈混浊状态，或者混浊度没有明显的改变。

这说明裂解不完全，原因可能是：

a. 可能是溶液Ⅱ的问题。首先看看 10% SDS 是否澄清，NaOH 是否有效。如果使用的是试剂盒，也要首先确认溶液Ⅱ是否澄清。

b. 可能是细菌浓度很高。可适当调整增加溶液Ⅰ/Ⅱ/Ⅲ的体积。

c. 可能是杂菌污染。如果菌液生长异常快，就有可能被杂菌污染。这种情况一般表现为和目的菌有相同的抗性，生长速度异常，能够提出质粒，跑胶的条带也异常亮，但产物不是想要的质粒。

2.3.4 植物基因组 DNA 的提取

（1）CTAB 法提取植物基因组 DNA 的原理。

CTAB 法是植物基因组 DNA 提取的经典方法（图 2-38）。DNA 与蛋白质结合在一起，以核蛋白的形式存在于细胞内。植物叶片经液氮研磨后，细胞壁破裂，细胞内成分释放。CTAB（hexadecyl trimethyl ammonium bromide，十六烷基三甲基溴化铵）作为一种阳离子去污剂，其作用是破坏 DNA 与蛋白质复合物，并与 DNA 形成高盐条件下的可溶物。然后通过有机溶剂抽提，去除蛋白质、多糖、酚类等杂质后，用乙醇沉淀和洗涤 CTAB 与 DNA 的混合物，即可将 CTAB 与 DNA 分离开来。最后加入一定量的 RNA 酶，可去除 RNA 的污染。

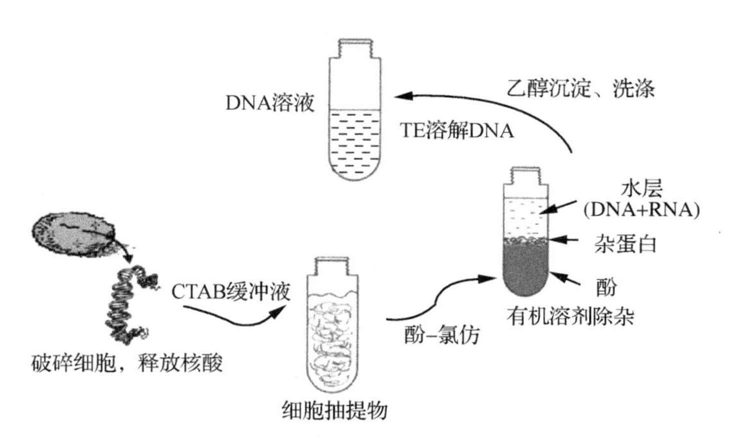

图 2-38 CTAB 法抽提基因组 DNA 原理示意图

（2）植物基因组 DNA 提取过程中各试剂的作用。

DNA 提取的基本步骤包括材料的准备、破碎细胞和细胞膜释放其内容物、分离纯化 DNA、沉淀并洗涤 DNA、溶解保存 DNA(图 2-39)。

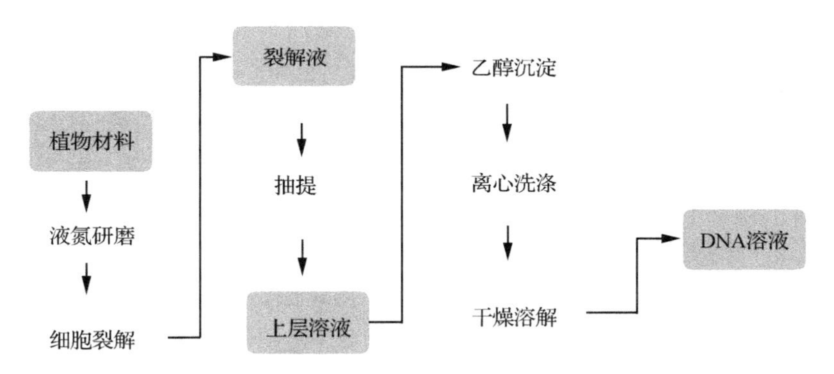

图 2-39 CTAB 法抽提植物基因组 DNA 流程图

① 实验材料。

植物基因组 DNA 的提取最好使用新鲜的植物幼嫩组织,低温保存的材料切勿反复冻融,组织培养细胞培养时间不能过长,否则会造成 DNA 降解。植物材料量的选取应合适,过多的材料反而会影响细胞的裂解,导致提取的 DNA 量少、纯度低。植物幼嫩组织一般采用液氮研磨的方式破碎细胞。

② CTAB 抽提缓冲液(表 2-12)。

表 2-12 CTAB 抽提缓冲液的改进配方

组分	Tris-HCl (pH 8.0)	EDTA (pH 8.0)	NaCl	CTAB	PVP40	β-巯基乙醇
终浓度	100mmol/L	20mmol/L	1.4mol/L	3%(质量浓度)	5%(质量浓度)	2%(体积分数)使用前加入

各组分的作用如下:

a. Tris-HCl(pH 8.0):提供一个缓冲环境,防止核酸被破坏。

b. EDTA:螯合 Mg^{2+} 或 Mn^{2+},抑制 DNase 的活性。

c. NaCl:提供一个高盐环境,使 DNP 充分溶解,存在于液相中。

d. CTAB:溶解细胞膜,并结合核酸,使核酸便于分离。

e. β-巯基乙醇:抗氧化剂,可有效地防止酚氧化成醌,避免褐变,使酚容易去除。

f. PVP(聚乙烯吡咯烷酮):酚的络合物,能与多酚形成一种不溶的络合物质,有效去除多酚,减少 DNA 中酚的污染;同时它也能和多糖结合,有效去除多糖。

③ 除杂相关试剂。

DNA 抽提过程中除杂是很重要的一个环节,因为 DNA 的纯度直接决定该 DNA 是否可以用于后续实验中。除杂主要包括蛋白质、多糖、多酚、盐离子、RNA 的去除。蛋白质的去除可以采用酚-氯仿抽提、使用变性剂变性、高盐洗涤和蛋白酶处理等方法,其中应用最为广泛的是用酚-氯仿抽提;多糖的去除可以采用高盐、多糖酶及一定量的氯苯;多酚的去除主要是加入一些防止酚类氧化的试剂(如 β-巯基乙醇、抗坏血酸等)和易与酚类结合的试剂(聚乙二醇),防止酚类与 DNA 结合;盐离子的去除用 70% 乙醇洗涤即可;RNA 的去除则可适量添加 RNA 酶。

2.3.5 外周血基因组 DNA 的提取

从不同组织细胞或血细胞中提取高质量的 DNA 是进行基因诊断的先决条件。基因组 DNA 可以从任何有核细胞中提取,而人外周血中的成熟红细胞已经高度分化,当中没有细胞核,无法提取 DNA,因此从外周血中提取 DNA 就是从有核的白细胞中提取 DNA。

从外周血中提取 DNA 主要包括以下几个关键步骤:第一,破坏红细胞。通常利用红细胞与白细胞膜结构的差异,先使红细胞裂解,经离心后收集白细胞。第二,白细胞裂解。使膜蛋白和核蛋白变性,游离 DNA,通常是采用离子型表面活性剂使蛋白质变性。第三,除去变性蛋白质。通常采用蛋白沉淀剂沉淀变性蛋白质,使 DNA 留在上清液中。第四,在高盐环境下使 DNA 从有机溶剂(如无水乙醇)中析出。

(1) 红细胞的裂解。

哺乳动物血液的红细胞中没有细胞核且核酸酶含量丰富,所以裂解红细胞对核酸的提取非常重要。红细胞裂解有两种方式:

① 采用红细胞裂解液进行裂解。红细胞裂解液通过破坏红细胞的渗透膜使细胞膜破裂,然后离心后就能获得比较纯的白细胞。通常红细胞裂解液按照 3 倍全血体积加入进行裂解。

② 采用细胞裂解液进行裂解。细胞裂解液将红细胞裂解的同时可以裂解白细胞,离心后得到的即为细胞核沉淀,更方便基因组 DNA 的提取。细胞裂解液的配方为:150mmol/L NaCl、10mmol/L Tris-HCl、10mmol/L EDTA、0.5% SDS,pH 8.0。其中 SDS 是表面活性剂,主要作用是裂解细胞膜、核膜,使核膜里与蛋白质结合的核酸释放到溶液中。另外,Tris-HCl 的作用是使抽提出来的 DNA 容易进入水相,减少在蛋白质层的滞留。

红细胞裂解充分的现象:得到的沉淀应为白色沉淀或淡粉色沉淀。有时血液常需要进行两次裂解,注意第二次加入裂解液后需要将沉淀涡旋彻底混匀。

(2) 传统酚-氯仿法抽提外周血白细胞 DNA 的原理。

酚-氯仿提取 DNA 主要利用酚是蛋白质的变性剂,反复抽提,使蛋白质变性。SDS 将细胞膜裂解,在蛋白酶 K、EDTA 的存在下消化蛋白质、多肽或小肽分子,核蛋白变性降解,使 DNA 从核蛋白中游离出来。DNA 易溶于水,不溶于有机溶剂。蛋白质分子表面带有亲水基团,也容易进行水合作用,并在表面形成一层水化层,使蛋白质分子能顺利地进入水溶液中形成稳定的胶体溶液。当有机溶液存在时,蛋白质的这种胶体稳定性遭到破坏,变性沉淀。离心后,有机溶剂在试管底层(有机相),DNA 存在于上层水相中,蛋白质则沉淀于两相之间。酚-氯仿抽提的作用是除去未消化的蛋白质。氯仿的作用是有助于水相与有机相分离和除去 DNA 溶液中的酚。抽提后的 DNA 溶液用 2 倍体积的无水乙醇在 1/10 体积的 3mol/L NaCl 存在下沉淀 DNA,回收 DNA,用 70% 乙醇洗去 DNA 沉淀中的盐,真空干燥,用 TE 缓冲液溶解 DNA 备用。

此法抽提时间长,成本低,但酚-氯仿有毒,危害身体健康。

(3) NaI 法抽提外周血白细胞 DNA 的原理。

从全血制备白细胞 DNA,可用双蒸水溶胀红细胞以及白细胞膜,释放出血红蛋白及细胞核,使核酸处于易提取状态,加入 NaI 破核膜并使 DNA 从核蛋白上解离,用氯仿-异戊醇抽提使蛋白质沉淀完全,DNA 存在于上层水相中,然后以异丙醇沉淀 DNA,离心弃去异丙醇,并重复操作一次,即可获得白细胞 DNA(DNA 沉淀中的异丙醇难以挥发除去,所以实验操作时常规需要 70% 乙醇漂洗 DNA 沉淀物)。

NaI 法提取的 DNA 可直接用于酶切、PCR 扩增、银染序列、Southern 杂交等实验。

(4) SDS 裂解法提取外周血白细胞 DNA 的原理。

利用中性去污剂 NP-40 破坏全血的红细胞膜,离心弃去溶血液,收集白细胞沉淀,加入去污剂 SDS 以破坏白细胞核膜,并使核蛋白解离,再加入高浓度的 NaCl 使 DNA 溶解,同时使蛋白质盐析。通过离心收集水相,加入 2~2.5 倍体积的无水乙醇,沉淀 DNA。

2.3.6 动物组织或细胞基因组 DNA 的提取

对于一般新鲜组织、培养细胞或低温保存的组织细胞中基因组 DNA 的提取,常采用在 EDTA 以及 SDS 等试剂存在下用蛋白酶 K 消化细胞,随后用酚抽提来实现。

SDS 是阴离子表面活性剂,可溶解膜蛋白而破坏细胞膜,使蛋白质变性而沉淀下来。EDTA 可抑制 DNA 酶的活性,再加入氯仿等有机溶剂,能使蛋白质变性,并使抽提液分相。核酸(DNA、RNA)的水溶性很强,经离心后即可从抽提液中除去细胞碎片和大部分蛋白质。最后在上清液中加入乙醇即可使 DNA 沉淀分离开来。

这一方法获得的 DNA 不仅经酶切后可用于 Southern 分析,还可用于 PCR 的模板、文库构建等实验。根据材料来源不同,采取不同的材料处理方法,而后的 DNA 提取方法大体类似,但都应遵循以下两个原则:① 防止和抑制 DNase 对 DNA 的降解;② 尽量减少对溶液中 DNA 的机械剪切破坏。

2.3.7 基因组 DNA 提取常见问题

(1) DNA 样品不纯,抑制后续酶解和 PCR 反应。

DNA 纯度不够的主要原因是实验材料本身存在的蛋白质、多酚、多糖、RNA 等没有去除干净,或者是在 DNA 提取过程中使用的试剂残留,如乙醇、金属离子都会影响后续酶解反应。解决的办法是重新纯化 DNA,针对不同的杂质选择不同的纯化对策,可以通过吸附柱去除蛋白、多糖、多酚等杂质,重新沉淀 DNA,让乙醇充分挥发,加入 RNA 酶降解 RNA,增加 70% 乙醇的洗涤次数(2 ~3 次)等。

(2) DNA 分子降解,出现不完整的 DNA 分子。

DNA 分子降解的原因有很多,一是材料本身不新鲜或是反复冻融,其中的 DNA 分子大部分降解;二是 DNA 抽提过程时间太长或是振荡过于剧烈,DNA 分子被机械打断;三是内源或外源 DNA 酶导致 DNA 分子降解。解决的办法包括尽量选用新鲜材料,如遇特殊情况需要低温保存,则应避免反复冻融,液氮研磨后需要解冻前加入抽提液,抽提后的 DNA 低温保存也应避免反复冻融。细胞裂解后的后续操作尽量轻柔,内源 DNA 酶丰富的材料应增加裂解液中螯合剂(EDTA)的含量,所有试剂和耗材尽量做到高温灭菌。

(3) DNA 量少,浓度达不到后续实验的要求。

DNA 浓度不够的原因可能是实验材料不佳或量不足,或是材料用量太多使得细胞破碎不充分,也可能是 DNA 沉淀不完全或是在洗涤的过程中导致 DNA 丢失。以上问题可以通过有效控制实验材料的量、增加吸附时间或低温条件下沉淀、洗涤时动作轻柔等方式解决。

(4) DNA 提取过程中振荡时出现大量气泡。

在抽提 DNA 时,为了混合均匀,必须剧烈振荡容器数次,这时在混合液内易产生气泡,气泡会阻止相互间的充分作用。用酚-氯仿抽提 DNA 时,还要加少量的异戊醇,异戊醇能降低分子表面张力,所以能减少抽提过程中气泡的产生。一般采用氯仿与异戊醇之比为 24∶1,也可采用酚、氯仿与异戊醇之比为 25∶24∶1(不必先配制,可在临用前把一份酚加一份 24∶1 的氯仿与异戊醇)。同时,异戊醇有助于分相,使离心后的上层水相、中层变性蛋白相以及下层有机溶剂相维持稳定。

(5) 在用乙醇沉淀 DNA 时,DNA 沉淀不完全或沉淀中混入过多的盐杂质。

在 $pH \approx 8$ 的溶液中,DNA 分子是带负电荷的,在用乙醇沉淀 DNA 时,加 NaAc 或 NaCl 至最终浓度达 0.1 ~0.25mol/L,使 Na^+ 中和 DNA 分子上的负电荷,减少 DNA 分子之间的同性电荷相斥力,易于互相聚合而形成 DNA 钠盐沉淀。当加入的盐溶液浓度太低时,只有部分 DNA 形成 DNA 钠盐而聚合,这样就造成 DNA 沉淀不完全;当加入的盐溶液浓度太高时,其效果也不好。在沉淀的 DNA 中,由于存在过多的盐杂质,影响 DNA 的酶切等反应,必须进行洗涤或重沉淀。

2.4 RNA 的提取

RNA 的提取是进行分子克隆和基因表达分析等研究的基础。但 RNA 很容易被内源及外源的 RNase 降解,所以要得到未被降解的、不含 DNA 与其他杂质的 RNA 是进行分子生物学研究的前提。

2.4.1 总 RNA 提取基本步骤

总 RNA 的提取主要包括以下几个基本步骤:一是彻底破碎细胞的细胞壁;二是使核蛋

白复合体中的蛋白质充分变性，实现核蛋白与核酸的分离；三是抑制内源和外源 RNA 酶的活性，防止 RNA 受污染而降解，这是能否成功获得高质量 RNA 的关键步骤；四是将 RNA 与 DNA、蛋白质、多酚、多糖等物质分离；五是检测 RNA 的质量。

2.4.2 RNA 的提取目的及要求

（1）分离提纯 RNA 的目的：① 分析不同发育时期基因的表达情况；② 获得新基因；③ 研究基因的拼接；④ 分析相应的蛋白产物。

（2）质量要求：RNA 用于不同的后续实验，其质量要求不尽相同。cDNA 文库构建要求 RNA 完整而无酶反应抑制物残留；Northern 对 RNA 完整性要求较高，对酶反应抑制物残留要求较低；RT-PCR 对 RNA 完整性要求不太高，但对酶反应抑制物残留要求严格。投入决定产出，每次都以获得最高纯度的 RNA 为目的，劳民伤财。

（3）纯化的要求：① 纯化后不应存在对酶（如逆转录酶）有抑制作用的物质；② 排除有机溶剂和金属离子的污染；③ 蛋白质、多糖和脂类分子等的污染降低到最低程度；④ 排除 DNA 分子的污染。

2.4.3 影响 RNA 提取的因素

由于 RNA 样品易受环境因素特别是 RNA 酶的影响而降解，提取高质量的 RNA 样品在生命科研中具有相当的挑战性。

（1）材料。

RNA 提取对样品的新鲜性要求非常高，因此获取样品后最好立即提取 RNA，切忌使用反复冻融的材料。若材料来源困难，且实验需要一定的时间间隔，可以先将材料贮存在 Trizol 或样品贮存液中，于 -80℃或 -20℃下保存。如要多次提取，应分成多份，于液氮中长期保存，-80℃下短期保存。

（2）样品破碎及裂解。

根据不同材料选择不同的处理方法。① 培养细胞：通常可直接加裂解液裂解；② 酵母和细菌：一般 Trizol 可直接裂解，对一些特殊的材料可先用酶或者机械方法破壁；③ 动植物组织：先液氮研磨和匀浆，后加裂解液裂解。操作时动作要快，样品保持冷冻，样品量适当，保证充分裂解。为减少 DNA 污染，可适当加大裂解液的用量。

（3）纯化。

在使用氯仿抽提纯化时，一定要充分混匀，且动作要快。经典的纯化方法，如 LiCl 沉淀法等，虽然经济，但操作时间长，易造成 RNA 降解。柱离心式纯化方法抽提速度快，能有效去除影响 RNA 后续酶反应的杂质，是目前较为理想的选择。

2.4.4 常见的总 RNA 提取方法

（1）Trizol 法。

Trizol 试剂是由苯酚和硫氰酸胍配制而成的单相的快速抽提总 RNA 的试剂。Trizol 中含有苯酚和异硫氰酸胍，可保护 RNA 免受 RNase 的污染。Trizol 试剂适用于从细胞和组织中快速分离 RNA。Trizol 试剂有多组分分离作用，与其他方法如硫氰酸胍-酚法、酚-SDS 法、盐酸胍法、硫氰酸胍法等相比，最大的特点是可同时分离一个样品的 RNA、DNA、蛋白质。

Trizol使样品匀浆化，细胞裂解，溶解细胞内含物，同时因含有 RNase 抑制剂，故可保持 RNA 的完整性。在加入氯仿离心后，溶液分为水相和有机相，RNA 在水相中。取出水相用异丙醇沉淀可回收 RNA，用乙醇沉淀中间层可回收 DNA，用异丙醇沉淀有机相可回收蛋白质（图 2-40）。

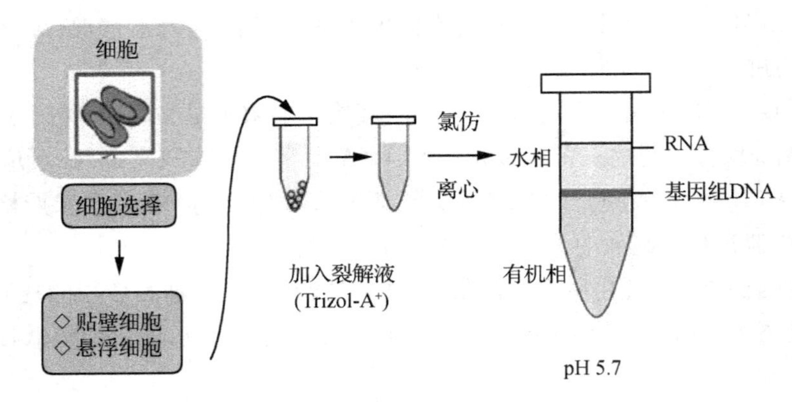

图 2-40　Trizol 试剂抽提总 RNA 实验流程

Trizol 试剂可用于小量样品（50 ~ 100mg 组织、5×10^6 细胞），也适用于大量样品（≥1g 组织、$>10^7$ 细胞）。Trizol 对人、动物、植物组织、细菌均适用，可同时处理大量不同样品，整个提取过程在 1h 内即可完成。分离的总 RNA 无蛋白质和 DNA 污染，可用于 Northern Blot、ployA 筛选、体外翻译、RNase 保护分析和分子克隆等实验。在用于 RT-PCR 时，如果两条引物存在于一个单一外显子内，建议用无 RNase 的 DNase Ⅰ 处理 RNA 样品，避免出现假阳性。

> **注意：** RNA 在 Trizol 试剂中时不会被 RNase 污染，但提取后继续处理过程中应使用不含 RNase 的塑料和玻璃器皿。玻璃器皿可在 150℃ 下烘烤 4h，塑料制品可在 0.5mol/L NaOH 中浸泡 10min，然后用水彻底清洗，高压灭菌，即可去除 RNase。

（2）SDS－酚法。

细胞内的 DNA 和 RNA 大部分与蛋白质结合在一起，以核蛋白的形式存在（DNP 和 RNP），它们的溶解度因受溶液的盐浓度的影响而不同。DNP 在低浓度的盐溶液中溶解度随盐浓度的增加而增加。DNP 在 1mol/L 的 NaCl 溶液中溶解度比纯水高 2 倍；在 0.14mol/L 的 NaCl 溶液中溶解度最低，仅为水的 1%，几乎不溶解。而 RNP 在盐溶液中溶解度受盐浓度的影响较小，在 0.14mol/L 的 NaCl 溶液中溶解度较大。因此，从细胞中释放出来后，DNP 和 RNP 可因溶解度的不同而分离开来。

SDS 是一种离子去污剂，可以破坏蛋白质的非共价键，使蛋白质变性。将细胞置于含有 SDS 的缓冲液中，大部分溶解的 RNP 因蛋白质变性而解离，而 DNA－蛋白质复合物大部分不溶，只有极少部分发生解离。苯酚和氯仿等有机溶剂也能使蛋白质变性并使抽提液分相，由于 RNA 溶于水相，因此经离心后即可从抽提液中去除细胞碎片和大部分蛋白质。苯酚在低 pH 的情况下能促进水相中的蛋白质和 DNA 向有机相分配，从而最大限度地除去总 RNA 中的蛋白质和DNA。最后在水相中加入无水乙醇即可使RNA分离出来。

（3）异硫氰酸胍(guanidine thiocyanate)法(简称GT法)。

GT法的提取液包括4mol/L异硫氰酸胍、25mmol/L柠檬酸钠(pH 7.0)、0.5%十二烷基肌氨酸钠、0.1mol/L β-巯基乙醇。其中,异硫氰酸胍作为强变性剂可使核蛋白结构发生变化,并有效解离核蛋白与核酸的复合体;此外,异硫氰酸胍与β-巯基乙醇共同作用抑制RNase的活性;异硫氰酸胍与十二烷基肌氨酸钠作用使蛋白质变性,从而释放RNA;酸性条件下DNA极少发生解离,同蛋白质一起变性被离心下来,RNA则溶于上清液中。该法所提RNA纯度高、完整性好,较适合纯化mRNA、逆转录及构建cDNA文库。

（4）热硼酸(hot-borate)法(简称HB法)。

原理:在硼酸缓冲体系中,将蛋白酶K消化蛋白和LiCl选择性沉淀RNA等步骤偶联在一起。硼酸可与酚类化合物依靠氢键形成复合物,二硫苏糖醇(DTT)作为还原剂,NP-40可阻止酚类物质氧化,聚乙烯吡咯烷酮(PVP)可与多酚化合物形成复合体。这些物质都可以抑制植物组织中酚类物质的氧化及其与RNA的结合,通过LiCl沉淀剩余的酚类物质,从而与RNA分开。

（5）血液RNA提取方法。

血液RNA提取方法可以细分为需要预先处理和不需要预先处理两类。众所周知,人和其他哺乳动物血液只有白细胞(不到总数的5%)等少量细胞含有RNA,需要预先处理的血液RNA提取方法其实就是分离白细胞再提取RNA,本质上是白细胞RNA的提取。分离白细胞的方法有Ficoll-Hypaque密度离心法和红细胞裂解法。由于预处理操作会剧烈改变血液RNA含量,所以无预处理提取法是未来提取血液RNA的发展方向。

2.4.5 RNA提取的注意事项

RNA的提取较DNA的提取难度要大很多,主要有两个方面的原因:一是RNA本身极不稳定,其核糖残基的2′和3′位置均带有羟基,使得RNA易于被RNA酶切割水解;二是RNA酶含量丰富,且不易失活,加热后仍能恢复活性。因此,在提取RNA的过程中需要特别注意,尽量减少RNA酶的破坏,防止RNA酶的污染。排除RNase的污染是RNA制备成功的关键。

（1）RNase污染的十大来源。

包括手指头、枪头、水/缓冲液、实验台面、内源RNase、RNA样品、质粒抽提、RNA保存、阳离子(Ca^{2+}、Mg^{2+})、后续实验所用的酶。

（2）实验室常用的RNA酶抑制剂。

① 焦磷酸二乙酯(DEPC):一种强烈但不彻底的RNA酶抑制剂。它通过和RNA酶的活性基团组氨酸的咪唑环结合使蛋白质变性,从而抑制酶的活性。具体内容见后面的2.4.8中的相关内容。

② 异硫氰酸胍:目前被认为是最有效的RNA酶抑制剂,它在裂解组织的同时也使RNA酶失活。它既可破坏细胞结构使核酸从核蛋白中解离出来,又对RNA酶有强烈的变性作用。

③ 氧钒核糖核苷复合物：由氧化钒离子和核苷形成的复合物，它和 RNA 酶结合形成过渡态类物质，几乎能完全抑制 RNA 酶的活性。

④ RNA 酶的蛋白抑制剂（RNasin）：从大鼠肝或人胎盘中提取得来的酸性糖蛋白。RNasin是 RNA 酶的一种非竞争性抑制剂，可以和多种 RNA 酶结合，使其失活。

⑤ 其他：SDS、尿素、硅藻土等对 RNA 酶也有一定的抑制作用。

（3）防止 RNA 酶污染的主要措施。

① 实验器皿的处理与准备方面。

a. 塑料制品（包括吸头、EP 管等）：尽可能使用无菌、一次性塑料制品。已标明 RNase-free 的塑料制品如没有开封使用过，通常没有必要再次处理。对于国产塑料制品，原则上都必须处理后方可使用。处理方法为：将塑料制品浸泡于 1% DEPC 水中或用氯仿冲洗（注意：有机玻璃器具因可被氯仿腐蚀，故不能使用），然后送至高压 3 次，在 80℃烘烤箱中烘干（或于 37℃下烘干 8h 左右），置于干净处备用。

b. 玻璃制品（主要是玻璃研磨器）：先泡酸过夜，冲洗干净后，在 1% DEPC 水中浸泡 8h 左右，37℃下烘干，用锡纸包裹干烤 3 次。

c. 金属制品（镊子等）：先洗干净，再送至干烤 3 次（不需要泡 DEPC 水）。

d. 有机玻璃的电泳槽：先用去污剂洗涤，双蒸水冲洗，乙醇干燥，再浸泡在 3% H_2O_2 中 10min（室温下），然后用 0.1% DEPC 水冲洗，晾干。

② 试剂配制方面。

配制溶液应尽可能用 0.1% DEPC 处理水。

③ 实验操作方面。

a. 操作过程中必须戴一次性口罩、帽子、手套，且手套要勤换。因为手指是外源酶的第一来源，所以必须戴手套并且频繁更换。另外，口罩也必须戴，因为呼吸也是重要的酶来源。戴手套、口罩的另一好处是保护实验人员。

b. 设置 RNA 操作专用实验室，所有器械等最好为专用。移液器在使用前要用 75% 的酒精棉球擦拭干净，尤其是杆子；实验台面也要用 75% 的酒精棉球擦拭干净。

（4）血液 RNA 提取的注意事项。

无论是白细胞 RNA 提取还是全血 RNA 提取都需要注意以下问题：

① 血液越新鲜越好，因为血液内外都有大量 RNase，容易使 RNA 降解。血液在 4℃下的放置时间最好不要超过 4 天。

② 尽可能抑制或灭活血液特有的 RNase（如 EDN、ECP），因为它们不但跟 DNaseA 一样非常稳定，而且不被 RNase Inhibitor 和 RVC 抑制，还能抑制逆转录酶的活性，它们残留在 RNA 样品中，不但会降解 RNA，还会干扰后续的 RT-PCR 等反应。

③ 血液富含糖蛋白、黏蛋白和血红蛋白，RNA 提取时需要去除糖蛋白的污染。

④ 由于 RNA 量少，提取时很容易丢失，可以适当使用核酸沉淀助沉剂。

⑤ 血液细胞量随生理病理因素变化波动性大，注意调整血液和提取试剂的最佳用量。

（5）RNA 抽提的“三大纪律八项注意”。

① 纪律一:杜绝外源酶的污染。

注意一:严格戴好口罩和手套。

注意二:实验所涉及的离心管、Tip 头、移液器、电泳槽、实验台面等要彻底处理。

注意三:实验所涉及的试剂、溶液尤其是水,必须确保 RNase-free。

② 纪律二:阻止内源酶的活性。

注意四:选择合适的匀浆方法。

注意五:选择合适的裂解液。

注意六:控制好样品的起始量。

③ 纪律三:明确自己的抽提目的。

注意七:任何裂解液系统在接近样品最大起始量时,抽提成功率急剧下降。

注意八:RNA 抽提成功的唯一经济标准是后续实验的一次成功,而不是得率。

2.4.6 RNA 提取的常见问题

(1) RNA 样品不纯。

造成 RNA 样品不纯的原因主要有三个:① 抽提过程不彻底,存在蛋白质等杂质的污染;② RNA 中混有 DNA;③ 残留试剂离子浓度过高。解决对策:一是在提取过程中保证彻底的裂解和一定转数一定时间的离心,增加有机溶剂抽提的次数,用吸附柱纯化;二是减少处理样品的量,加入不含 RNase 的 DNase 处理,再次纯化;三是增加漂洗次数,去掉盐分。

(2) RNA 得率低。

RNA 浓度不够可能是提取样品本身所含 RNA 量不够,或是样品量过多导致裂解和抽提不彻底。RNA 的沉淀和吸附不彻底也会导致得率降低。解决办法是精选提取材料,减少样品用量并充分破碎细胞,增加裂解液用量和时间,延长吸附和沉淀时间。

(3) RNA 降解。

RNA 降解可能是因为样品本身不新鲜或保存、处理不当,也可能是 RNA 酶的作用。在取材时,样品应立即放入液氮保存,认真处理所需的器具并严格操作,提取出来的 RNA 加入 RNA 酶抑制剂,分装后于 -80℃ 下保存。

① 新鲜细胞:如果试剂没有问题,且外源性污染也可以排除,那么降解几乎都来自裂解液的用量不足。如果将裂解液直接加入培养皿中裂解细胞,一定要使裂解液能覆盖住细胞。

② 新鲜组织:某些富含内源核酸酶的样品(如肝脏、胸腺等),即使使用电动匀浆器匀浆,也不能避免 RNA 的降解。更可靠的方法是在液氮条件下将组织研碎,并且匀浆时使用更多裂解液。

③ 冷冻样品:样品取材后应立即置于液氮中速冻,然后移至 -80℃ 冰箱保存。样品不能未经液氮速冻而直接保存于 -80℃ 冰箱中。冷冻样品,即使是冷冻细胞,如果不在液氮条件下研磨碎而直接加入裂解液中匀浆,RNA 也比新鲜样品更容易降解。样品在与裂解液充分接触前不能出现融化,所以研磨用具必须预冷,在研磨过程中要及时补充液氮。样品研碎后,在液氮刚刚挥发完时,将样品迅速转移到含裂解液的容器中,立即混匀匀浆。

④ 外源 RNA 酶的污染:试剂、器械及实验环境中的 RNA 酶进入实验系统。

⑤ 内源 RNA 酶的污染:抑制剂失效或用量不够,实验样品过多,匀浆时温度过高。

(4) A_{260}/A_{280}比值偏低。

① 蛋白质污染。解决办法:确保不要吸入中间层及有机相。减少起始样品量,确保裂解完全、彻底。加入氯仿后首先要充分混匀,并且离心分层的离心力和时间要足够。如果所得 RNA 的 A_{260}/A_{280}比值偏低,则用氯仿重新抽提一次,再沉淀、溶解。

② 苯酚残留。解决办法:确保不要吸入中间层及有机相。加入氯仿后首先要充分混匀,并且离心分层的离心力和时间要足够。

③ 多糖或多酚残留。一些特殊的组织和植物中,多糖、多酚含量较高,这些残留也会导致 A_{260}/A_{280}比值偏低。因此,从这类材料中提取 RNA 时,需要注意多糖、多酚杂质的去除。

④ 抽提试剂残留。解决办法:确保洗涤时彻底悬浮 RNA,并且彻底去除 75% 乙醇。

⑤ 设备限制。解决办法:测定 A_{260}及 A_{280}数值时,要使 A_{260}读数在 0.1 ~ 0.5 之间。此范围线性最好。

⑥ 用水稀释样品。解决办法:测 A_{260}及 A_{280}时,对照及样品的稀释液使用 10mmol/L Tris,pH 7.5。

(5) RNA 电泳带型异常。

① 非变性电泳:上样量超过 3μg,电压超过 6V/cm,电泳缓冲液陈旧,均可能导致 28S 和 18S 条带分不开。

② 变性电泳条带变淡:EB 与单链的结合能力要差一些,故同样的上样量,变性电泳比非变性电泳要淡一些;还有一个原因可能是甲醛的质量不高。

2.4.7 RNA 的保存

(1) 短期保存:可将 RNA 溶解于 TE 缓冲液(10mmol/L Tris,1mmol/L EDTA)或无 RNA 酶水(0.1mmol/L EDTA)中,保存于 -20℃条件下。在保存 RNA 样品时,通常使用 EDTA 来螯合 RNA 酶以防止其降解 RNA。值得注意的是,许多实验室配制 EDTA 后常使用很长时间甚至数年,这种长期使用的 EDTA 溶液中常有微生物存在,反而会造成 RNA 酶的污染。

(2) 中长期保存:相对于 -20℃, -80℃可进一步防止 RNA 降解。可将 RNA 溶解于 TE 缓冲液或无 RNA 酶水中,保存于 -80℃条件下,通常可保存 6 个月左右。

(3) 长期保存:保存 RNA 最为稳定的方法是经乙醇沉淀后,直接保存于 -80℃条件下(在纯化 RNA 的清洗步骤中,离心后不要弃上清液,将 RNA 保存于乙酸铵-乙醇溶液中)。对于已经纯化好的 RNA,如果为离心后的 RNA 沉淀,可加入 70% 乙醇,保存于 -80℃条件下;如果为溶解于 TE 缓冲液或无 RNA 酶水中的 RNA 样品,可加入 2 倍体积的无水乙醇,保存于 -80℃条件下。

2.4.8 RNA 酶抑制剂——DEPC

DEPC 即焦碳酸二乙酯(diethy pyrocarbonate),可灭活各种蛋白质,同时也是一种强 RNA 酶抑制剂。它能与 RNA 酶的活性基团组氨酸的咪唑环反应而抑制酶活性。原位杂交在杂交及其以前的各步处理中,所有液体试剂都应经 DEPC 处理。在做 RNA 提取实验时,实验器具要用“DEPC 水”处理,溶液一般用“DEPC 处理水”来配制。

(1) DEPC水：指终浓度含0.1% DEPC的水。配制方法：在1000mL双蒸水中加入DEPC原液1mL，然后摇匀过夜。

(2) DEPC处理水(即RNase-free ddH_2O)：指用终浓度为0.1% DEPC处理过的水。配制方法：取市售DEPC 1mL，加入1L待处理水(蒸馏水等)中(即终浓度含0.1% DEPC的水)，经猛烈振荡后，于室温静置数小时，然后高压灭菌(121℃ 30min，一遍即可)，以除去DEPC(DEPC分解为CO_2和乙醇)。

(3) 注意事项：

① DEPC是一种潜在的致癌物质，在操作中应尽量在通风条件下进行，并避免接触皮肤。

② DEPC能与胺和巯基反应，因而含Tris和DTT的试剂不能用DEPC处理。

(4) 常见使用误区：

误区一：重复使用含DEPC的水处理吸头、离心管等。节约本是好事，但这样的节约是无效的。因为DEPC在水溶液中不稳定，极易分解，DEPC在pH 6.0和pH 7.0的PBS缓冲液中的半衰期分别约为20min和10min，DEPC在水中的半衰期约为30min。因此，重复使用含DEPC的水就不能保证吸头和离心管的RNase-free。

误区二：必须长时间高压灭菌来彻底去除DEPC。用DEPC处理过的溶液，在15~20min的高压灭菌后还可以闻到一股特殊的香味，因此有人认为高压灭菌去除DEPC不彻底，所以延长高压灭菌的时间以完全去除DEPC。其实并不需要延长高压灭菌的时间，因为闻到的特殊香味不是DEPC的，而是DEPC分解产物之一的乙醇和溶液中残留的微量的羧酸(如甲酸和乙酸等)反应产生的挥发性酯类，这种特殊的水果香味不代表有DEPC残留。

误区三：溶液中DEPC含量越高，灭活RNase的效果越好。的确，1% DEPC能灭活高达1000ng/mL的RNaseA，而0.1% DEPC只能灭活低于500ng/mL的RNaseA。但是溶液中残留的DEPC副产物会抑制一些酶反应，如DEPC副产物会抑制体外转录反应，因此DEPC含量越高，高压灭菌后的DEPC副产物就越多，抑制效果越明显。

2.4.9　蛋白酶K

(1) 蛋白酶K的定义：是一种非特异性、枯草杆菌蛋白酶相关的丝氨酸蛋白酶，从林伯氏白色念珠菌(*Tritirachium album* Limber)中纯化得到，具有很高的活性。蛋白酶K为广谱蛋白酶，粉末状95℃加热10min即完全失活。它切割脂肪族氨基酸和芳香族氨基酸的羧基端肽键。据资料显示：该酶有两个Ca^{2+}结合位点，它们离酶的活性中心有一定距离，与催化机理并无直接关系。然而，如果从该酶中除去Ca^{2+}，由于出现远程的结构变化，催化活性将丧失80%左右，但其剩余活性通常已足以降解在一般情况下污染酸制品的蛋白质。所以，蛋白酶K消化过程中通常加入EDTA，以抑制依赖于Mg^{2+}的核酸酶的作用。但是，如果要消化对蛋白酶K具有较强耐性的蛋白，如角蛋白，则可能需要使用含有1mmol/L Ca^{2+}而不含EDTA的缓冲液。在消化完毕、纯化核酸前要加入EGTA(pH 8.0)至终浓度为2mmol/L，以螯合Ca^{2+}。EDTA等螯合剂和SDS等去垢剂不能使蛋白酶K失活，反而增强和稳定其酶活性；在组织或细胞核酸分离时，可使核酸酶(RNA和DNA)以及反应中其他酶失活。蛋白酶K的一般工作浓度是50～100μg/mL，在较广的pH范围（pH 4～12.5）内均有活性。推荐反应缓冲液：50mmol/L Tris-HCl（pH 7.5），10mmol/L $CaCl_2$。

（2）蛋白酶K的用途：可替代DEPC处理RNA抽提用的离心管和枪头，实现灭活RNaseA的目的，也用于处理RNase-free的水；可充分降解组织或细胞中的蛋白质分子特别是核酸，作为释放和萃取高质量核酸的辅助试剂；用于质粒或基因组DNA、RNA的分离以及蛋白多肽印迹实验。值得注意的是，蛋白酶K在原位杂交技术中通常用于杂交前的处理，具有消化包围靶DNA蛋白质的作用，以增加探针与靶核酸结合的机会，提高杂交信号。但蛋白酶K的浓度过高、消化时间过长或孵育温度过高时，都会对细胞的结构有一定的破坏作用，导致组织切片脱落、细胞核消失，从而影响杂交结果。EDTA缓冲液可以替代蛋白酶K的作用并解决上述问题，且能达到理想的染色效果。

（3）蛋白酶K的保存：保存在－20℃冰箱里，避免反复冻融，有效保存12月。孵育温度为55℃～65℃，理想孵育温度为58℃；孵育时间为15min至48h，理想孵育时间为2h。

（4）蛋白酶K的配制标准（20mg/mL）：将200mg蛋白酶K加入9.5mL水中，轻轻摇动，直至蛋白酶K完全溶解。不要涡旋混合。加水定容到10mL，然后分装成小份贮存于－20℃冰箱中。

3 核酸的定性定量检测

3.1 电泳技术

电泳是指带电粒子在电场的作用下发生迁移的过程。许多重要的生物分子，如氨基酸、多肽、蛋白质、核苷酸、核酸等都具有可电离基团，它们在某个特定的pH下可以带正电或负电，在电场的作用下，这些带电粒子会向着与其所带电荷极性相反的电极方向移动。电泳技术就是利用在电场的作用下，待分离样品中各种分子由于带电性质以及分子本身大小、形状等性质的差异，产生不同的迁移速度，从而对样品进行分离、鉴定或提纯的技术。该技术对实验设备要求不高，操作简便，分离速度快，已成为生物化学、分子生物学及与其密切相关的医学、农林、制药等其他领域中一项基本而重要的实验手段。

3.1.1 电泳技术基础理论

（1）基本原理。

在两个平行电极上加一定的电压（单位：V），就会在电极中间产生电场强度（E，单位：V/cm）。带电粒子在电场中泳动时，将受到方向相反的两个作用力：电场力F和摩擦力f。

在稀溶液中，电场对带电粒子的作用力等于带电粒子所带净电荷与电场强度的乘积，即$F=qE$（q代表带电粒子所带电荷，E代表电场强度）。这个作用力使得带电粒子向与其所带电荷极性相反的电极方向移动。

在移动过程中，带电粒子还会受到介质黏滞力的阻碍，这种起阻碍作用的黏滞力（即摩擦力f）的大小与粒子大小、形状、电泳介质孔径大小以及介质黏度等有关，并与带电粒子的移动速度成正比。对于球形粒子，f的大小服从Stoke定律：$f=6\pi r\eta v$。式中，r是球形粒子的半径，η是介质黏度，v是粒子移动速度$\left(v=\frac{d}{t}\right.$，单位时间粒子运动的距离，cm/s$\left.\right)$。

当带电粒子在电场中匀速移动时，由牛顿第一运动定律可知：$F=f$，即 $qE = 6\pi r\eta v$，由此可以导出：

$$\frac{v}{E}=\frac{q}{6\pi r\eta}$$

式中，$\frac{v}{E}$称为电泳迁移率，用 μ 表示，意为带电粒子在单位电场强度作用下单位时间内所移动的距离，单位为 $cm^2 \cdot s^{-1} \cdot V^{-1}$。

由此可以看出，电泳迁移率与带电粒子所带净电荷成正比，与粒子的大小和介质黏度成反比。

（2）影响电泳迁移率的因素。

影响电泳迁移率的因素可分为两大类：内在因素和外在因素。前者主要是指被分离物质的本身性质，后者包括电泳体系中的电场强度、溶液 pH、溶液离子强度、电渗现象等。

① 颗粒的性质。

影响迁移率的首要因素是电泳样品的物理性状，包括粒子大小、电荷多少、颗粒形状和空间构型。一般来说，颗粒所带净电荷量越大，直径越小或其形状越接近球形，在电场中的泳动速度就越快；反之则越慢。

DNA 分子的空间构型不同，即使相对分子质量相同，其迁移率也不相同。如质粒 DNA 存在闭环（Ⅰ型，SC）、单链开环（Ⅱ型，OC）和线性（Ⅲ型，L）三类，三者之间的迁移率一般Ⅰ型 > Ⅲ型 > Ⅱ型，但有时也会出现相反的情况，因为迁移率还与其他因素如琼脂糖浓度、电场强度、离子强度等有关。

② 电场强度。

电场强度是指电泳支持物上单位长度（cm）的电压，也称电势梯度。例如，以滤纸作支持物，其两端浸入电极液中，电极液与滤纸交界面的纸长为 20cm，测得的电压为 200V，那么其电场强度为 200V/20cm = 10V/cm。电场强度对电泳速度起着决定性的作用，电场强度越大，电泳速度越快。但电场强度也不是越大越好。电场强度过大会产生大量焦耳热，使样品和缓冲溶液扩散增加，条带增宽，同时，热效应也易使蛋白质变性而影响电泳。所以，当需要增大电场强度以缩短电泳时间时，须附有冷却装置以便在电泳过程中降温。

③ 溶液的 pH。

溶液的 pH 决定带电粒子的解离程度，也决定其所带净电荷的多少。对蛋白质这类两性电解质而言，溶液的 pH 离其等电点（PI）越远，颗粒所带的净电荷越多，泳动速度越快；反之则越慢。因此在电泳时，应选择合适的 pH，使欲分离的各物质所带电荷差异较大，有利于彼此分开；另外，还须采用具有一定缓冲能力的缓冲溶液，使电泳过程中溶液的 pH 保持恒定。

④ 溶液的离子强度。

离子强度影响颗粒的电动电势。溶液的离子强度越高，颗粒的电动电势越小，则泳动速度越慢；反之则越快。溶液的离子强度过低，溶液的缓冲能力较弱，不易维持所需 pH，反而会影响颗粒带电状态而影响电泳。一般最适合的离子强度在 0.02 ~ 0.2 之间。

⑤ 电渗现象。

在电场作用下,液体对于固体支持物的相对移动称为电渗(electro-osmosis)。其产生的原因是固体支持物多孔,且带有可解离的化学基团,因此常吸附溶液中的正离子或负离子,使溶液相对带负电或正电。如纸电泳时,滤纸吸附 OH^- 带负电荷,与纸接触的水溶液因产生 H_3O^+ 带正电荷而移向负极。若颗粒原来在电场中移向负极,则其表观速度比其固有速度快;若颗粒原来移向正极,则其表观速度比其固有速度慢(图 2-41)。

电泳时颗粒泳动的表观速度是颗粒本身泳动速度与电渗引起的颗粒移动速度的矢量和。因此,电泳时应尽可能选择低电渗作用的支持物以减少电渗对颗粒移动的影响。

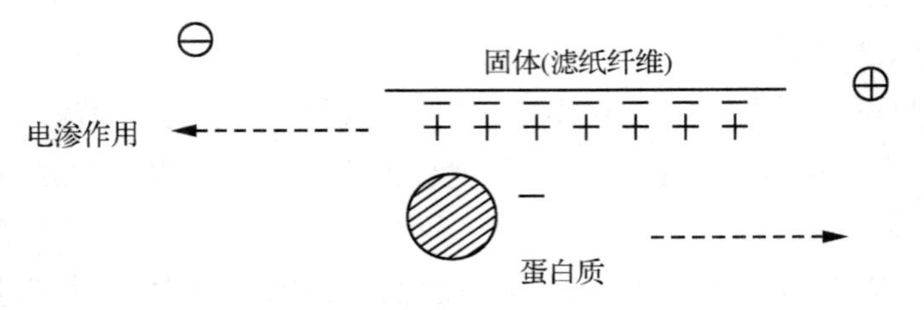

图 2-41 电渗作用示意图

⑥ 温度。

电泳时会产生焦耳热,使介质黏度下降,粒子运动加快,迁移率增加,同时温度过高会使样品中的生物大分子变性失活。因此,电泳时要控制电压或电流,也可安装冷却散热装置。

⑦ 支持物介质。

一般对支持物的要求是介质均匀、吸附力小,否则易造成电场强度不均匀,影响区带的分离,实验结果及扫描图谱无法重复。

(3) 电泳的分类。

① 按工作原理分类。

a. 自由电泳:又称移动界面电泳,是指在没有固体支持介质的溶液中进行的电泳。其特点是带电颗粒在溶液中自由移动,扩散性高,分离效果差,加上其装置复杂,价格昂贵,费时费力,目前已很少使用。

b. 区带电泳:是指有固体支持介质的电泳,待分离物质在支持介质上分离成若干区带。支持介质的作用主要是防止电泳过程中的对流和扩散,以使被分离的成分得到最大分辨率的分离。区带电泳具有设备简单、样品量少、分辨率高等优点,是目前应用最广泛的电泳技术。根据支持介质以及装置形式的不同,区带电泳可再被细分为多类,见表 2-13。

表2-13 区带电泳的种类

分类依据	类型
支持介质	纸电泳 琼脂糖凝胶电泳 聚丙烯酰胺凝胶电泳 淀粉凝胶电泳 醋酸纤维素电泳 玻璃粉电泳 人造丝电泳
装置形式	平板式电泳 垂直板式电泳 垂直柱式电泳

② 按分离目的分类。

按照这种分类标准,常将电泳分为两大类:分析电泳和制备电泳。分析电泳较为常用,主要用于带电粒子性质的鉴定;而制备电泳往往还需要对待分离物质进行回收,因此在介质选择上有一定的限制。

(4) 电泳的应用。

① 在基础研究中的应用。

电泳技术主要用于分离和纯化氨基酸、多肽、蛋白质、脂类、核苷酸、核酸等各种有机物,也可用于 DNA 的测序、物质纯度和相对分子质量的测定等。电泳技术与其他分离技术(如层析法)结合,可用于蛋白质结构的分析。指纹法就是电泳法和层析法结合的产物。用免疫原理测试电泳结果,提高了对蛋白质的鉴别能力。电泳与酶学技术结合发现了同工酶,使人们对于酶的催化和调节功能有了深入的了解。

② 在临床诊断与治疗中的应用。

在临床疾病诊断中,电泳技术被用于血清蛋白、尿蛋白、脂蛋白、同工酶等的分离和鉴定,进行肾脏、肝脏和心脏等疾病的诊断;通过分析血色素组分,判定血细胞的正常与异常;通过测定体液中可能存在的微生物、原虫的特异性抗原成分,在抗原成分分离的基础上,找到所需的单克隆抗体等,为各种相关疾病的诊断、鉴别诊断、治疗、疗效观察及预后判断提供了方便。

③ 在公安、政法侦查中的应用。

利用电泳技术可以从人的体液和其他组织样品中分离出代表一个人的独特基因组成的一系列谱带,从而准确地鉴别罪犯。

④ 在农业领域的应用。

电泳技术可用于杂种优势的预测、杂种后代的鉴定、不同品种的区别、亲缘关系的分析、遗传基因的定位、植物抗性的研究等,在评价种子质量、鉴别假劣种子方面可建奇功。它较传统的生态方法有更多优点:一是速度快、准确可靠;二是不需大面积土地;三是不受环境影响;四是花钱少、成本低,技术比较容易掌握。

⑤ 其他。

电泳技术还广泛应用于食品检测、环境保护等方面,与人们的生活息息相关。

3.1.2 非变性琼脂糖凝胶电泳

(1) 基本原理。

琼脂糖凝胶电泳是常用的用于分离、鉴定 DNA、RNA 分子混合物的方法,该方法以琼脂糖凝胶作为支持介质,利用核酸分子在泳动时的电荷效应和分子筛效应,达到分离混合物的目的。

琼脂糖是由琼脂分离制备的链状多糖,常温下不溶于水,煮沸时可溶,冷却后形成果冻样的胶体。其结构单元是 D-半乳糖和 3,6-脱水-L-半乳糖。许多琼脂糖链依氢键及其他力的作用互相盘绕形成绳状琼脂糖束,最后形成多孔的网状结构。凝胶孔径的大小取决于琼脂糖的浓度。一般浓度越高,孔径越小,凝胶越硬。DNA 分子在高于其等电点的溶液中带负电荷,在电场中向阳极移动,所以电荷效应决定 DNA 分子的迁移方向。在一定的电场强度下,DNA 分子的迁移率取决于分子筛效应,即分子本身的大小和构型是主要的影响因素。不同 DNA,其相对分子质量大小及构型不同,电泳时的迁移率就不同,从而分出不同的区带。

琼脂糖凝胶可区分相差 100bp 的 DNA 片段,其分辨率比聚丙烯酰胺凝胶低,但它制备容易、分离范围广,尤其适用于分离大片段 DNA。普通琼脂糖凝胶分离 DNA 的范围为 0.2~20kb,利用脉冲电泳可分离高达 10^7bp 的 DNA 片段。

(2) 影响 DNA 迁移率的因素。

DNA 分子在电泳时带负电荷,因此在电场中向正极移动。DNA 分子的迁移率取决于 DNA 分子的大小、DNA 分子的构型、凝胶浓度、电场强度以及离子强度五个因素。

① DNA 分子的大小。

线性 DNA 分子的迁移率与其相对分子质量的对数值成反比。分子越大,则所受阻力越大,也越难在凝胶孔隙中蠕行,因而迁移得越慢。

② DNA 分子的构型。

当 DNA 分子处于不同构象时,它在电场中的移动速率不仅和相对分子质量有关,还和它本身的构象有关。相同相对分子质量的线性、开环和超螺旋 DNA 在琼脂糖凝胶中的移动速率是不一样的,超螺旋 DNA 移动最快,开环 DNA 移动最慢(移动速率:超螺旋 DNA > 线性 DNA > 开环 DNA)。例如,在电泳鉴定质粒纯度时发现凝胶上有数条 DNA 带难以确定是质粒 DNA 不同构象引起还是因为含有其他 DNA 引起,可从琼脂糖凝胶上将 DNA 带逐个回收,用同一种限制性内切酶分别水解,然后电泳,如在凝胶上出现相同的 DNA 图谱,则为同一种 DNA。

③ 凝胶浓度。

一个给定大小的线性 DNA 分子,其迁移率在不同浓度的琼脂糖凝胶中各不相同,见表 2-14。DNA 电泳迁移率的对数与凝胶浓度成线性关系。凝胶浓度的选择取决于 DNA 分子的大小。分离小于0.5kb的DNA分子所需凝胶浓度是1.2% ~1.5%,分离大于10kb的DNA分子所需凝胶浓度为0.3% ~0.7%,DNA分子大小处于两者之间时所需凝胶浓度为0.8% ~1.0%。

表2-14 琼脂糖凝胶浓度与DNA分子的有效分离范围

琼脂糖凝胶浓度/%	DNA分子的有效分离范围/kb
0.3	5 ~ 60
0.6	1 ~ 20
0.7	0.8 ~ 10
0.9	0.5 ~ 7
1.2	0.4 ~ 6
1.5	0.2 ~ 4
2.0	0.1 ~ 3

④ 电场强度。

在低电压(1V/cm)时,线性DNA分子的迁移率与所加电压成正比。但是随着电场强度的增加,不同相对分子质量DNA分子的迁移率将以不同的幅度增长。DNA分子越大,场强升高引起的迁移率升高幅度也越大,因此电压增加,琼脂糖凝胶的有效分离范围将缩小。要使大于2kb的DNA分子的分辨率达到最大,所加电压不得超过5V/cm。此外,电场强度偏高还会产生大量热,引起DNA降解。所以,一般来讲,大分子用较低电场强度以避免拖尾,小分子用较高电场强度以避免扩散。

⑤ 离子强度。

电泳缓冲液的组成及其离子强度也会影响DNA的电泳迁移率。在没有离子存在时(如误用蒸馏水配制凝胶),电导率最小,DNA几乎不移动;在高离子强度的缓冲液中(如误加10×电泳缓冲液),则电导很高并明显产热,严重时会引起凝胶熔化或DNA变性。

(3) 基本操作及注意事项。

基本操作及注意事项如表2-15所示。

表2-15 基本操作及注意事项

步骤	具体操作	注意事项
器具清洗	将配胶、电泳所需要的器具清洗干净,包括托盘、胶托、梳子、电泳槽等;如果是后染色,则染胶盘因有EB污染须独立清洗	若须对电泳产物进行胶回收,则还须用75%乙醇对器具进行消毒
配制缓冲液	根据电泳需要,配制合适浓度的电泳及制胶缓冲液,一般为1×TAE或0.5×TBE	用于电泳的缓冲液和用于制胶的缓冲液必须是相同的
称量、配胶	根据制胶量及凝胶浓度,在加有一定量的电泳缓冲液的三角锥瓶中,加入准确称量的琼脂糖粉	总液体量不宜超过三角锥瓶容量的50%

续表

步骤	具体操作	注意事项
制备胶液	将锥形瓶置于微波炉加热至琼脂糖完全溶化,溶液透明	必须保证琼脂糖充分完全溶解,否则会造成电泳图像模糊不清;微波炉中加热时间不宜过长,加热时如胶液剧烈沸腾发泡,则停止加热
加染色剂	使胶液冷却至60℃左右。如需要,可在此时加入溴化乙锭(EB),使其终浓度为0.5μg/mL,并充分混匀	溴化乙锭是一种致癌物质,温度过高易挥发,因此使用含有溴化乙锭的溶液时须戴手套
制胶	将胶液倒入制胶模中,然后在适当位置处插上梳子。凝胶厚度一般为3~5mm	倒胶时注意不要产生气泡,如有,可用吸头将气泡尽量赶到四周,这样不会影响成像结果
胶成型	室温静置20~30min,凝胶凝固成型,至此琼脂糖凝胶制备完成	凝胶若不立即使用,则用保鲜膜将凝胶包好在4℃下保存,或者放在制胶的缓冲液中,一般可保存2~5天
电泳准备	将干净的电泳槽排放整齐,把凝胶连同胶托一起放入电泳槽中,根据样品带电情况正确摆放胶孔的方向。向槽内加入电泳缓冲液,让液面高于胶面1~2mm	① 放凝胶前,须将胶托底部的凝胶抹干净,防止胶托在电泳槽中滑动;此时,可顺便观察凝胶是否漏孔 ② 凝胶放入后若点样孔内有气泡,则用吸管小心吸出,以免影响加样
上样	将样品、6×loading buffer 按3∶1的比例混匀,用微量移液枪将样品小心加入加样孔内,记录点样顺序,最后点上一定量的Ladder	① 上样时必须确保上样顺序正确无误,样品间不混淆;点样后的空管子先放在电泳槽旁边,用于核查 ② 点样时不戳孔、不外漏、不溢出 ③ 点样时须小心枪头不要碰到凝胶,以免凝胶挪动;若凝胶已经挪动,须等样品完全沉到底部后再固定凝胶
电泳	上样完成后,双手盖上电泳槽盖,接通电泳仪和电泳槽,设置电泳参数,开始电泳	电泳前确认电极连接是否正确
凝胶成像	戴上PE手套,取出凝胶并放入凝胶成像系统中,按规程进行操作拍照	取胶时须小心防止凝胶断裂、滑落

(4)琼脂糖凝胶电泳中各试剂的作用。

① 电泳缓冲液。

电泳缓冲液是指在进行分子电泳时所使用的缓冲溶液,其在电泳过程中的第一个作用是维持合适的pH。电泳时正极与负极都会发生电解反应,正极发生的是氧化反应($4OH^- - 4e \rightarrow 2H_2O + O_2$),负极发生的是还原反应($4H^+ + 4e \rightarrow 2H_2$)。因此,长时间的电泳将使正极变酸、负极变碱。一个好的缓冲系统应有较强的缓冲能力,使溶液两极的pH保持基本不变。

电泳缓冲液的另一个作用是使溶液具有一定的导电性,以利于DNA分子的迁移。例如,一般电泳缓冲液中应含有0.01~0.04mol/L的Na^+,Na^+浓度太低时电泳速度变慢,太高时会造成过大的电流使胶发热甚至熔化。

电泳缓冲液中还有一个组分是 EDTA,加入浓度为 1 ~ 2mmol/L,目的是螯合 Mg^{2+} 等离子,防止电泳时激活 DNA 酶,此外还可防止 Mg^{2+} 与核酸生成沉淀。

常见的核酸电泳缓冲液有 TAE、TBE、TPE 和 MOPS 等(表 2-16)。一般配制成浓缩母液,储于室温,使用时进行相应的稀释。

表 2-16 常见的电泳缓冲液

缓冲液	贮存液(1L)	工作液
Tris-乙酸(TAE)	50×:242.3g Tris 碱 57.1mL 冰乙酸 29.3g EDTA 或 37.2g $EDTA-Na_2 \cdot 2H_2O$ 或 200mL 0.5mol/L EDTA(pH 8.0)	1×
Tris-硼酸(TBE)	5×:53.88g Tris 27.5g 硼酸 2.93g EDTA 或 3.72g $Na_2EDTA \cdot 2H_2O$ 或 20mL 0.5mol/L EDTA(pH 8.0)	1×
Tris-磷酸(TPE)	5×:108g Tris 15.5g 磷酸(85%,1.679g/mL) 40mL 0.5mol/L EDTA(pH 8.0)	0.5×

a. Tris-乙酸(TAE)。TAE 是使用最广泛的缓冲系统。其特点是超螺旋在其中电泳时更符合实际相对分子质量(TBE 中电泳时测出的相对分子质量会大于实际相对分子质量),且双链线性 DNA 在其中的迁移率比 TBE、TPE 快约 10%,电泳大于 13kb 的片段时用 TAE 缓冲液将取得更好的分离效果;此外,回收 DNA 片段时也宜用 TAE 缓冲系统进行电泳。TAE 的缺点是缓冲容量小,长时间电泳会使其缓冲容量丧失殆尽(阳极呈碱性,阴极呈酸性)。在进行高压、长时间的电泳时,更新缓冲液或在两槽之间进行缓冲液循环是可取的。

b. Tris-硼酸(TBE)。TBE 比 TAE 花费稍贵,其特点是缓冲能力强,长时间电泳时可选用 TBE。电泳小于 1kb 的片段时,TBE 缓冲液的分离效果更好;但 TBE 用于琼脂糖凝胶时易造成高电渗作用,并且因与琼脂糖相互作用生成非共价结合的四羟基硼酸盐复合物而使 DNA 片段的回收率降低,所以不宜在回收电泳中使用。

c. Tris-磷酸(TPE)。TPE 的缓冲能力也较强,但由于 TPE 凝胶中的磷酸盐易在乙醇沉淀过程中析出,与 DNA 一起沉淀,影响后续一些酶反应(如限制性酶切反应),所以也不宜在回收 DNA 片段的电泳中使用。

② 电泳指示剂。

电泳过程中,常使用一种有颜色的标记物以指示样品的迁移过程。核酸电泳常用的指示剂有溴酚蓝和二甲苯青。溴酚蓝在碱性液体中呈紫蓝色,在 0.6%、1%、1.4% 和 2% 的琼脂糖凝胶电泳中,其迁移率分别与 1kb、0.6kb、0.2kb 和 0.15kb 的双链线性 DNA 片段大致相同;二甲苯青的水溶液呈浅绿色,它在 1% 和 1.4% 的琼脂糖中电泳时,其迁移率分别与

2kb 和 1.6kb 的双链线性 DNA 大致相同。指示剂一般加在上样缓冲液(loading buffer)中，为了能使样品沉入胶孔，还要适量加入蔗糖、聚蔗糖或甘油以增加比重。

③ 染色剂。

电泳后，核酸须经过染色才能显示出带型，最常使用的是溴化乙锭染色法和其他荧光染料染色法。

溴化乙锭(ethidium bromide, EB)是最常用的核酸荧光染料，这种扁平分子可嵌入核酸双链的配对碱基之间，在紫外线激发下发出橘红色荧光。激发荧光的能量来源于两个方面：一是核酸吸收波长为 260nm 的紫外线后能将能量传送给溴化乙锭；二是结合在 DNA 分子中的 EB 本身主要吸收波长为 300nm 和 360nm 的紫外线的能量。来源于这两方面的能量最终激发 EB 发射出波长为 590nm 的可见光谱红橙区的红色荧光。EB-DNA 复合物中的 EB 发出的荧光比游离的凝胶中的 EB 发出的荧光强度大 10 倍，因此无须洗净背景即可清楚观察核酸带型。若 EB 背景太深，可将凝胶浸泡于 1mmol/L $MgSO_4$ 中 1h 或 10mmol/L $MgCl_2$ 中 5min，使非结合的 EB 褪色(图 2-42)。

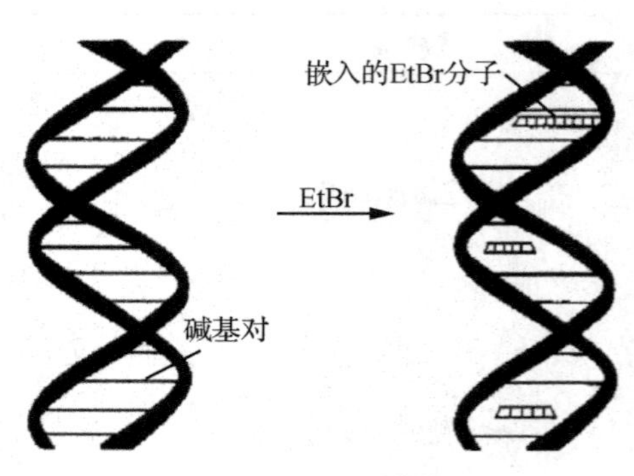

图 2-42　EB 染色原理

EB 作为核酸染料，在 DNA 及 RNA 电泳中有着条带边缘清晰、背景着色低、灵敏度高等优点，可以检测出 1 ~ 10ng 的样本。RNA 及单链 DNA 因多存在自身配对双链区，故 EB 掺入量较小，荧光亮度较低，最低检测量为 0.1μg。EB 可反复使用，重复性高，在平时的实验中发现 EB 胶反复凝熔 4 次染色效果还能得到保证。但其有一个致命的缺点，即 EB 是一种强诱变剂，且有中等毒性，可诱发突变，具有潜在致癌性，可能对操作人员造成危害并对环境造成污染。

针对 EB 毒性高、易分解、不易保存等缺点，可改用低毒性的其他材料来替代 EB(如 SYBR Green、GoldView、Gelred 等)，以减少在实验室里可能发生的危险。到目前为止，这些 EB 替代品因均存在各种不足(如价格昂贵、不稳定、不灵敏、容易淬灭、不利于回收等)而限制了其广泛使用。

(5) DNA 电泳常见问题分析。

DNA 电泳常见问题分析如表 2-17 所示。

表 2-17 DNA 电泳常见问题分析

问题	原因	解决办法
DNA 条带模糊	① DNA 降解	避免核酸酶污染
	② 电泳缓冲液陈旧	经常更换电泳缓冲液
	③ 电泳条件不合适	电泳时电压不超过 20V/cm，温度低于 30℃；巨大 DNA 链电泳时温度低于 15℃；核查所用电泳缓冲液是否有足够的缓冲能力
	④ DNA 上样量过多	减少凝胶中 DNA 上样量
	⑤ DNA 样含盐过高	电泳前通过乙醇沉淀去除过多的盐
	⑥ 有蛋白污染	电泳前用酚抽提去除蛋白
	⑦ DNA 变性	电泳前勿加热，用 20mmol/L NaCl 缓冲液稀释 DNA
不规则 DNA 带迁移	① 对于 λ/Hind Ⅲ 片段 cos 位点复性	电泳前于 65℃ 加热 DNA 5min，然后在冰上冷却 5min
	② 电泳条件不合适	电泳电压不超过 20V/cm；温度低于 30℃；经常更换电泳缓冲液
	③ DNA 变性	以 20mmol/L NaCl Buffer 稀释 DNA，电泳前勿加热
DNA 带弱或无 DNA 带	① DNA 的上样量不够	增加 DNA 的上样量；聚丙烯酰胺凝胶电泳比琼脂糖凝胶电泳灵敏度稍高，上样量可适当降低
	② DNA 降解	避免 DNA 的核酸酶污染
	③ DNA 走出凝胶	缩短电泳时间，降低电压，增加凝胶浓度
	④ 对于 EB 染色的 DNA，所用光源不合适	应用短波长（254nm）的紫外光源
DNA 带缺失	① 小 DNA 带走出凝胶	缩短电泳时间，降低电压，增加凝胶浓度
	② 分子大小相近的 DNA 带不易分辨	增加电泳时间，核准正确的凝胶浓度
	③ DNA 变性	电泳前请勿高温加热 DNA 链，以 20mmol/L NaCl Buffer 稀释 DNA
	④ DNA 链巨大，常规凝胶电泳不合适	在脉冲凝胶电泳上分析
Marker 条带扭曲	① 配胶缓冲液和电泳缓冲液不是同时配制的	配胶缓冲液和电泳缓冲液同时配制
	② 电泳时电压过高	可以在电泳前 15min 用较低电压（3V/cm），等条带出孔后比较漂亮了再调电压
	③ 上样过快	上样时尽量慢慢加样，等样品自然沉降后再加电压
大小相近的 DNA 带不易分辨	① 电泳时间不够	增加电泳时间
	② 凝胶浓度过低	核准正确的凝胶浓度

3.1.3 变性琼脂糖凝胶电泳

（1）基本原理。

提取样品的总 RNA 后，一般根据 RNA 的凝胶电泳图来判断 RNA 的质量。RNA 电泳可以在变性及非变性两种条件下进行。非变性电泳常使用 1.0% ~1.4% 的凝胶，以分离混合物中不同相对分子质量的 RNA 分子，但是无法确定相对分子质量。因为 RNA 是单链分子，局部区域会形成二级结构，在电场中泳动的距离不能反映 RNA 分子本身的大小。而在变性情况下，RNA 分子完全伸展成线性，其泳动率与其相对分子质量的对数呈线性关系，才能根据 Marker 推算相应谱带 RNA 的相对分子质量。

所谓变性，是指利用变性剂破坏 RNA 的二级结构，消除二级结构对电泳迁移率的影响，使 RNA 分子的泳动由分子大小来决定。

（2）操作步骤及注意事项。

RNA 变性电泳过程同 DNA 电泳基本一样，但应明确的是，因为 RNA 分子对 RNA 酶的作用非常敏感，因此必须用对 RNA 酶有抑制作用的 DEPC 处理水来配制所有溶液，且所有与 RNA 接触的仪器和装置都要严格处理，以尽量减少 RNA 酶对样品的降解；另外，因为 RNA 分子有二、三级结构可以影响其电泳结果，因此电泳时应在变性剂存在下进行，常用的变性剂有甲醛、乙二醛和二甲亚砜等。

① RNA 的变性处理如果选择甲醛为变性剂，则需要在通风橱中进行相关操作；如果选用乙二醛- DSMO（二甲亚砜）作变性剂，在电泳时则需要电泳缓冲液的再循环装置，用来避免形成过高 H^+ 梯度。

② 不同的变性剂，电泳缓冲液和加样缓冲液通常也要相应配制。例如，MOPS 缓冲液有抑制 RNA 酶的作用，一般常和甲醛一起用于 RNA 变性电泳。

③ 如果选用乙二醛- DSMO 体系作为变性剂，在制胶时，不能直接把染料 EB 加入凝胶中（乙二醛与 EB 会发生化学反应，从而干扰实验进行），应等电泳完毕后把胶浸入 EB 溶液染色 30 ~40min，然后在紫外灯下观察。

3.1.4 聚丙烯酰胺凝胶电泳

在生物化学、分子生物学和基因（遗传）工程实验中，常常要进行蛋白质和核酸的分离工作。聚丙烯酰胺凝胶电泳（polyacrylamide gel electrophoresis，PAGE）是以聚丙烯酰胺凝胶作为支持介质进行蛋白质或核酸分离的一种电泳方法。

（1）聚丙烯酰胺凝胶的基本特点。

聚丙烯酰胺凝胶是由丙烯酰胺单体（acrylamide，简称 Acr）和交联剂 N，N -甲叉双丙烯酰胺（N，N-methylene bisacrylsmide，简称 Bis）在催化剂的作用下聚合交联而成的三维网状结构的凝胶。通过改变单体浓度与交联剂的比例，可以得到不同孔径的凝胶，用于分离相对分子质量大小不同的物质。聚丙烯酰胺凝胶聚合的催化体系有两种。① 化学聚合：催化剂采用过硫酸铵，加速剂为 N，N，N，N -四甲基乙二胺（简称 TEMED），通常控制这两种溶液的用量，使聚合在 1h 内完成。② 光聚合：通常用核黄素作为催化剂，通过控制光照时间、强度控制聚合时间，也可加入 TEMED 加速反应。

（2）聚丙烯酰胺凝胶电泳的分类。

① 根据凝胶系统的均匀性分类，可分为连续和不连续聚丙烯酰胺凝胶电泳。连续聚丙烯酰胺凝胶电泳是指整个电泳系统中所用的凝胶孔径、缓冲液及 pH 都是相同的，电泳时沿电泳方向的电势梯度均匀分布，按常规区带电泳施加电压进行操作，简单易行；不连续聚丙烯酰胺凝胶电泳是指系统中采用了两种或两种以上的凝胶孔径、缓冲液及 pH，电泳过程中形成的电势梯度不均匀，能将较稀的样品浓缩成密集的区带，从而提高分辨率。

② 根据凝胶溶液和电泳缓冲液对蛋白质构象的影响分类，可分为变性电泳和非变性电泳两类。前者在缓冲系统中加入了 SDS 或尿素等蛋白变性剂，在电泳前后，蛋白质都处于变性状态；后者在缓冲系统中未加入蛋白质变性剂，因而蛋白质可以保持原有的天然构象。

③ 根据在缓冲系统中是否加入还原剂 β-巯基乙醇或二硫苏糖醇分类，可分为还原电泳和非还原电泳。还原电泳中蛋白质的二硫键将被破坏，而在非还原电泳中则可以保留。如果蛋白质的二聚体或寡聚体是由链间二硫键来维系的，那么用该系统还可以区分目的蛋白的亚基聚合形式。

④ 根据凝胶的形状分类，可分为圆盘电泳和平板电泳。圆盘电泳指在圆形玻璃管内制胶，电泳后形成的区带为圆盘状；平板电泳是指凝胶的形状为平板状，有水平和垂直两种。平板电泳可同时进行多个样品的比较，而且还可作双相电泳，分辨率更高。

（3）不连续聚丙烯酰胺凝胶电泳。

该电泳系统由两层不连续聚丙烯酰胺凝胶电泳组成，上层为浓缩胶（stacking or concentration gel），下层为分离胶（separation or resolving gel）。两层凝胶具有不同的胶浓度和缓冲系统。上层浓缩胶的浓度较小（2% ~5%），孔径较大，缓冲液的 pH 为 6.8；下层分离胶的浓度较大（5% ~20%），孔径较小，缓冲液的 pH 为 8.8。不连续聚丙烯酰胺凝胶电泳具有很高的分辨率，主要因为它具有以下三种效应（图 2-43）：

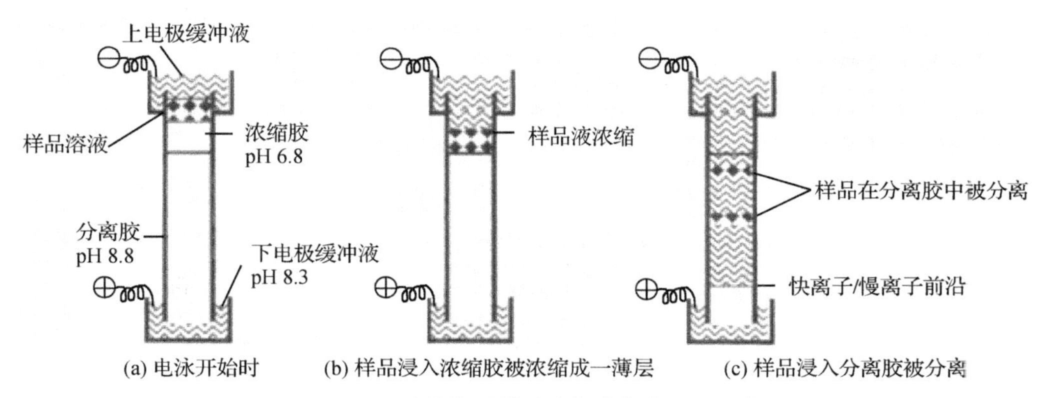

图 2-43　不连续聚丙烯酰胺凝胶电泳原理示意图

① 浓缩效应。

样品在电泳开始时，通过浓缩胶被浓缩成高浓度的样品薄层（一般能浓缩几百倍），然后再被分离。通电后，在样品胶和浓缩胶中，解离度最大的 Cl^- 有效迁移率最大，被称为快离子；解离度次之的蛋白质则尾随其后；解离度最小的甘氨酸离子（PI = 6.0）泳动速度最慢，被称为慢离子。由于快离子的迅速移动,在其后面就形成了低离子浓度区域,即低电导区。电导与电势梯度成反比,因而可产生较高的电势梯度。这种高电势梯度使蛋白质和慢离子在快离子后面加速移动。因而在高电势梯度和低电势梯度之间形成一个迅速移动的界面。由于样品中蛋白质的有效迁移率恰好介于快、慢离子之间,所以也就聚集在这个移动的界面附近,逐渐被浓缩,在到达小孔径的分离胶时已形成一薄层。

② 电荷效应。

当各种离子进入 pH 8.8 的小孔径分离胶后,甘氨酸离子的电泳迁移率很快超过蛋白质,高电势梯度也随之消失。在均一电势梯度和 pH 的分离胶中,由于各种蛋白质的等电点不同,所带电荷量不同,在电场中所受引力也不同,经过一定时间电泳,各种蛋白质就以一定顺序排列成一条条蛋白质区带。

③ 分子筛效应。

蛋白质分子在电场中泳动主要受两种作用力,即静电引力和介质阻力。静电引力由蛋白质颗粒本身的带电性质决定,所受阻力与凝胶网孔有关。由于分离胶的孔径较小,相对分子质量大小或分子形状不同的蛋白质通过分离胶时,所受的阻滞程度也不同,最后可因迁移率的不同而被分离。此处的分子筛效应是指样品通过一定孔径的凝胶时,受阻滞的程度不同,小分子走在前面,大分子走在后面,各种蛋白质按分子大小顺序排列成相应的区带。

(4) SDS-聚丙烯酰胺凝胶电泳(SDS-PAGE)。

① 基本原理。

SDS-PAGE 是蛋白分析中最经常使用的一种方法,一般采用的是不连续缓冲系统。它可仅根据蛋白质亚基相对分子质量的不同而分离蛋白质。因为 SDS 是阴离子去污剂,作为变性剂和助溶试剂,它能断裂分子内和分子间的氢键,使分子去折叠,破坏蛋白质分子的二、三级结构。而强还原剂如巯基乙醇、二硫苏糖醇能使半胱氨酸残基间的二硫键断裂。在样品和凝胶中加入还原剂和 SDS 后,分子被解聚成多肽链,解聚后的氨基酸侧链和 SDS 结合成蛋白质-SDS 复合物而带负电荷,电泳时,在电场作用下,肽链在凝胶中向正极迁移。因为蛋白质-SDS 复合物所带负电荷远远超过蛋白质分子原有的电荷量,这样就消除了不同分子间原有的电荷差异和结构差异。不同大小的肽链在电场中迁移时,由于受到的阻力不同,在迁移过程中逐渐分开,且其相对迁移率与相对分子质量的对数间成线形关系。

此外,样品处理液中通常还会加入溴酚蓝染料,用于监控整个电泳过程;还要加入适量的蔗糖或甘油以增大溶液密度,使加样时样品溶液能快速沉入样品凹槽底部。

② SDS-PAGE 试剂。

SDS-PAGE 试剂如表 2-18 所示。

表2-18 SDS-PAGE试剂

试剂		配制方法	注意事项
配胶用试剂	30%丙烯酰胺贮存液:30% Acr-Bis(29:1)	将29.2g丙烯酰胺和0.8g N,N-甲叉双丙烯酰胺溶于总体积为60mL温热(37℃左右)的去离子水中,充分搅拌溶解,补加水至终体积为100mL,0.45μm微孔滤膜过滤除菌和杂质,储于棕色瓶,4℃避光(用铝箔纸包扎起来)保存	① pH不得超过7.0,因可以发生脱氨基反应,是光催化或碱催化的;使用期不得超过两个月,隔几个月须重新配制;如有沉淀,可以过滤 ② 丙烯酰胺具有很强的神经毒性并可通过皮肤吸收,其作用具有累积性。称量丙烯酰胺和N,N-甲叉双丙烯酰胺时应戴手套和面具。可认为聚丙烯酰胺无毒,但也应谨慎操作,因为它还可能含有少量未聚合材料
	分离胶缓冲液:1.5mol/L Tris-HCl(pH 8.8)	称取18.17g Tris碱溶于80mL去离子水中,充分搅拌溶解,加约3mL浓HCl调节至所需pH,将溶液定容至100mL,高温高压灭菌后室温保存	应使溶液冷却至室温后再调定pH,因为Tris溶液的pH随温度的变化差异很大,温度每升高1℃,溶液的pH大约降低0.03个单位
	浓缩胶缓冲液:1mol/L Tris-HCl(pH 6.8)	称取12.1g Tris碱溶于80mL去离子水中,充分搅拌溶解,加约9mL的浓HCl调节至所需pH,将溶液定容至100mL,高温高压灭菌后室温保存	应使溶液冷却至室温后再调定pH,因为Tris溶液的pH随温度的变化差异很大,温度每升高1℃,溶液的pH大约降低0.03个单位
	10% SDS	称取2g高纯度的SDS置于100~200mL烧杯中,加入约16mL去离子水,于68℃加热溶解,滴加浓盐酸调节pH至7.2,定容至20mL,室温保存	对人体有害,请注意防护
	10%过硫酸铵(AP)	称取0.1g过硫酸铵置于1.5mL离心管,加1mL去离子水吹打溶解;也可以加倍,即称取1g过硫酸铵,加入10mL去离子水后搅拌溶解。4℃下保存	10%过硫酸铵最好现配现用或分装至0.5mL离心管中冷冻备用。配好的溶液在4℃下保存可使用2周左右,过期会失去催化效果
跑胶用试剂	SDS-PAGE电泳缓冲液:5×Tris-甘氨酸电泳缓冲液(pH 8.3)	称取15.1g Tris、94.0g甘氨酸和5.0g SDS,用800mL蒸馏水或去离子水溶解,充分搅拌溶解,定容至1000mL,室温下保存,得0.125mol/L Tris-1.25mol/L甘氨酸电泳缓冲液,临用前稀释5倍	① 加水时应让水沿着壁缓缓流下,以避免由于SDS的原因产生很多泡沫 ② 配好的电泳液使用时间不宜超过2周 ③ 电泳缓冲液可以回收,回收后可再使用1~2次,但为了取得最佳的电泳效果,应使用新电泳液
	上样缓冲液:5×SDS-PAGE Loading Buffer	1mol/L Tris-HCl(pH 6.8)0.6mL,甘油2.5mL,10% SDS 2mL,β-巯基乙醇0.5mL,溴酚蓝(BPB)0.01g,ddH_2O 4.4mL,共10mL,分装(不用过滤)	① SDS不易溶解,建议加热溶解,如果要做非还原SDS-PAGE,将β-巯基乙醇0.5mL换成超纯水即可 ② SDS-PAGE蛋白上样缓冲液中含少量DTT或β-巯基乙醇,有轻微刺激性气味,必须完全溶解后再使用
	考马斯亮蓝染色液	考马斯亮蓝R250 0.25g,甲醇45mL,冰醋酸10mL,ddH_2O 45mL,完全溶解后滤纸过滤去除颗粒物,室温保存	① 考马斯亮蓝R250可回收使用,可保存很长时间,但一般不超过6个月 ② 考马斯亮蓝R250染色,染色时间控制在0.5~1h。染色时间过长将导致难以脱色,过短则染色效果不佳
	脱色液	甲醇45mL,冰醋酸10mL,ddH_2O 45mL,充分混匀后置室温下备用	

③ 基本操作步骤。

a. 制板。

将玻璃板、样品梳、Spacer 用洗涤剂洗净，用 ddH_2O 冲洗数次，再用乙醇擦拭，晾干。干燥后装置成凝胶模，保证其不漏水。若漏水，则须用无水乙醇将玻璃板擦拭干净后重新装置成凝胶模。

b. 分离胶的制备。

根据目的蛋白质的相对分子质量大小选择合适的凝胶浓度（表 2-19），再按照表 2-20 配制 SDS-PAGE 的分离胶（下层胶）。

表 2-19 SDS-聚丙烯酰胺凝胶的分离范围

丙烯酰胺浓度/%	线性分离范围/kD
15	10～43
12	12～60
10	20～80
7.5	36～94
5.0	57～212

注：每种浓度变性胶的分离范围不是指能跑出哪个范围相对分子质量的蛋白质，而是指在这个区间内，蛋白质迁移率基本和相对分子质量成正比，也就是成线性关系。

表 2-20 不同浓度分离胶的配方

浓度	成分	配制不同体积 SDS-PAGE 分离胶所需各成分的体积/mL							
		5	10	15	20	25	30	40	50
6%	蒸馏水	2.6	5.3	7.9	10.6	13.2	15.9	21.2	26.5
	30% Acr-Bis(29∶1)	1.0	2.0	3.0	4.0	5.0	6.0	8.0	10.0
	1.5mol/L Tris(pH 8.8)	1.3	2.5	3.8	5.0	6.3	7.5	10.0	12.5
	10% SDS	0.05	0.1	0.15	0.2	0.25	0.3	0.4	0.5
	10% 过硫酸铵	0.05	0.1	0.15	0.2	0.25	0.3	0.4	0.5
	TEMED	0.004	0.008	0.012	0.016	0.02	0.024	0.032	0.04
8%	蒸馏水	2.3	4.6	6.9	9.3	11.5	13.9	16.5	23.2
	30% Acr-Bis(29∶1)	1.3	2.7	4.0	5.3	6.7	8.0	10.7	13.3
	1.5mol/L Tris(pH 8.8)	1.3	2.5	3.8	5.0	6.3	7.5	10.0	12.5
	10% SDS	0.05	0.1	0.15	0.2	0.25	0.3	0.4	0.5
	10% 过硫酸铵	0.05	0.1	0.15	0.2	0.25	0.3	0.4	0.5
	TEMED	0.003	0.006	0.009	0.012	0.015	0.018	0.024	0.03

续表

浓度	成分	配制不同体积 SDS-PAGE 分离胶所需各成分的体积/mL							
		5	10	15	20	25	30	40	50
10%	蒸馏水	1.9	4.0	5.9	7.9	9.9	11.9	15.9	19.8
	30% Acr-Bis(29:1)	1.7	3.3	5.0	6.7	8.3	10.0	13.3	16.7
	1.5mol/L Tris(pH 8.8)	1.3	2.5	3.8	5.0	6.3	7.5	10.0	12.5
	10% SDS	0.05	0.1	0.15	0.2	0.25	0.3	0.4	0.5
	10% 过硫酸铵	0.05	0.1	0.15	0.2	0.25	0.3	0.4	0.5
	TEMED	0.002	0.004	0.006	0.008	0.01	0.012	0.016	0.02
12%	蒸馏水	1.6	3.3	4.9	6.6	8.2	9.9	13.2	16.5
	30% Acr-Bis(29:1)	2.0	4.0	6.0	8.0	10.0	12.0	16.0	20.0
	1.5mol/L Tris(pH 8.8)	1.3	2.5	3.8	5.0	6.3	7.5	10.0	12.5
	10% SDS	0.05	0.1	0.15	0.2	0.25	0.3	0.4	0.5
	10% 过硫酸铵	0.05	0.1	0.15	0.2	0.25	0.3	0.4	0.5
	TEMED	0.002	0.004	0.006	0.008	0.01	0.012	0.016	0.02
15%	蒸馏水	1.1	2.3	3.4	4.6	5.7	6.9	9.2	11.5
	30% Acr-Bis(29:1)	2.5	5.0	7.5	10.0	12.5	15.0	20.0	25.0
	1.5mol/L Tris(pH 8.8)	1.3	2.5	3.8	5.0	6.3	7.5	10.0	12.5
	10% SDS	0.05	0.1	0.15	0.2	0.25	0.3	0.4	0.5
	10% 过硫酸铵	0.05	0.1	0.15	0.2	0.25	0.3	0.4	0.5
	TEMED	0.002	0.004	0.006	0.008	0.01	0.012	0.016	0.02

注：如果配制非变性胶，参考上述配方，不加 10% SDS 即可配制成非变性 PAGE 胶。

按比例配好分离胶，混匀后用移液枪快速将凝胶液加至长、短玻璃板间的缝隙内（分离胶高度约占玻璃板高度的 2/3），再用少许蒸馏水（或水饱和的异丙醇或正丁醇）沿长玻璃板壁缓慢注入约 5mm 高，以封住胶面，室温下静置约 40min 至凝胶完全聚合。最后，倾去水封层的蒸馏水，并用滤纸吸干残留的水分（图 2-44）。

注意： 凝胶配制要迅速，催化剂 TEMED 要在注胶前再加入，否则凝结无法注胶。注胶过程最好一次性完成，避免产生气泡。水封的目的是使分离胶上延平直，并隔绝空气。凝胶聚合好的标志是凝胶与水层间出现折射率不同的界线。

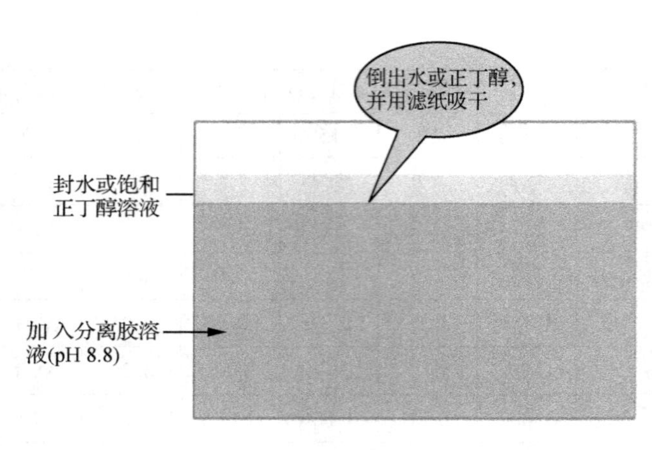

图 2-44 分离胶的制备

c. 浓缩胶的制备。

按表 2-21 配制 SDS-PAGE 的浓缩胶（也称堆积胶、积层胶或上层胶），混匀后用移液枪将凝胶溶液连续平稳地注入长、短玻璃板间的狭缝内（分离胶上方），轻轻加入样品模板梳，避免气泡的出现。静置约 30min，聚合完全。注意：样梳须一次平稳插入，梳口处不得有气泡，梳底须保持水平（图 2-45）。

表 2-21 5% 浓缩胶的配方

成分	配制不同体积 SDS-PAGE 浓缩胶胶所需各成分的体积/mL							
	1	2	3	4	5	6	8	10
蒸馏水	0.68	1.4	2.1	2.7	3.4	4.1	5.5	6.8
30% Acr-Bis(29∶1)	0.17	0.33	0.5	0.67	0.83	1.0	1.3	1.7
1mol/L Tris(pH 8.8)	0.13	0.25	0.38	0.50	0.63	0.75	1.0	1.25
10% SDS	0.01	0.02	0.03	0.04	0.05	0.06	0.08	0.10
10% 过硫酸铵	0.01	0.02	0.03	0.04	0.05	0.06	0.08	0.10
TEMED	0.001	0.002	0.003	0.004	0.005	0.006	0.008	0.01

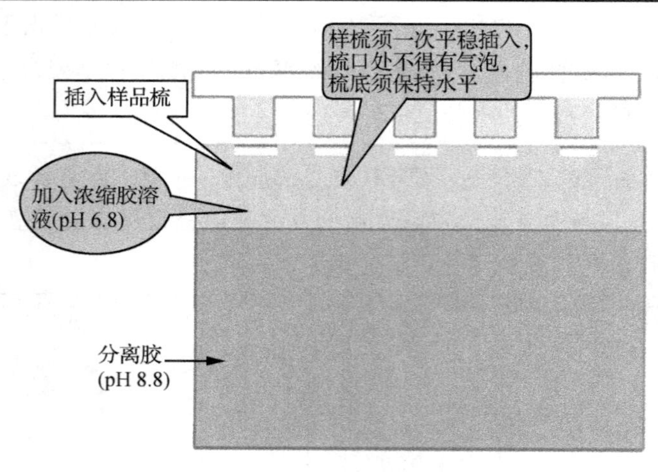

图 2-45 浓缩胶的制备

d. 制样及点样。

将蛋白质样品与5×上样缓冲液混合后，在100℃水浴中加热5～10min，使蛋白质变性。

将制备好的凝胶平板装进垂直平板电泳槽。下槽放进SDS－电极缓冲液，凝胶底部要保证没有气泡。

用移液枪吸取处理过的样品溶液10μL，小心地依次加入各凝胶凹形样品槽内，Marker加入其中一个槽内。为区分两块板，Marker可加在不同的孔槽中。

> **注意：** 点样时，枪头垂直对准孔的中间，缓慢加样，移开枪头时防止倒吸。加样时不得插伤凝胶孔胶面，不得产生气泡，样品不得溢出加样孔。

e. 电泳。

点样结束后，接好电极，上槽（加样孔端）接负极，下槽接正极，接通电泳仪电源，电流控制在2～3mA/样品孔。一般样品进浓缩胶前，电流控制在10～20mA；待样品进分离胶后，将电流调至20～30mA，保持电流不变（恒流）。待指示染料迁移至下沿0.5～1cm处关闭电源，停止电泳，把电泳缓冲液倒回瓶中（图2-46）。

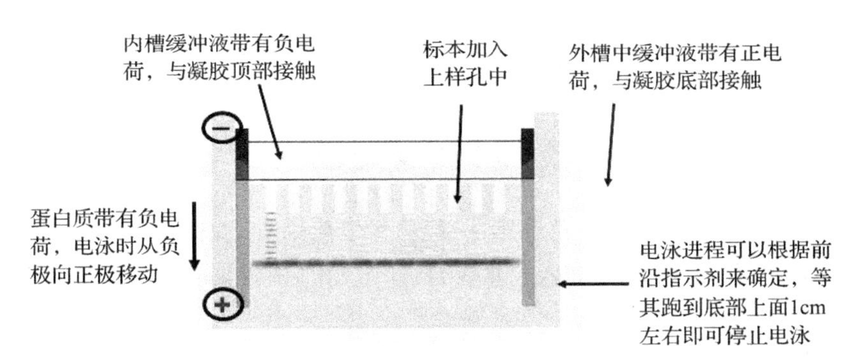

图2-46　SDS-PAGE电泳分离蛋白质原理图

f. 染色。

电泳结束后，取下凝胶模，用专用铲子撬开短玻璃板，将凝胶一角切下做一加样标记，将凝胶板放在大培养皿内，加入染色液，染色1h左右。

> **注意：** 剥胶时要小心，保持胶完好无损，染色要充分。

g. 脱色。

染色后的凝胶板用蒸馏水漂洗数次，再用脱色液脱色，直到蛋白质区带清晰。

h. 结果分析。

将脱色后的胶置于透明文件夹中，把胶上面的气泡赶出（使用前也可用酒精棉球将文件夹擦干净），放到扫描仪上，拍照。

以标准蛋白质相对分子质量的对数（$\lg M_r$）为纵坐标，相对迁移距离为横坐标作图，得到标准曲线。根据样品蛋白质分子的相对迁移距离，从标准曲线上查出其相对分子质量。蛋白质分子的相对迁移距离的计算式如下：

蛋白质分子相对迁移距离 = 蛋白质分子迁移距离(cm)/染料迁移距离(cm)

④ 注意事项。

a. 制胶前玻璃板一定要洗干净，否则制胶时会有气泡。

b. 安装电泳槽时要注意均匀用力，防止夹坏玻璃板，避免缓冲液渗漏。

c. 丙烯酰胺有毒，操作时要戴手套，注意安全(凝胶后，聚丙烯酰胺的毒性降低)。

d. 根据目的蛋白的大小选择合适的胶浓度。一般100 ~ 50kD选用10%的胶，50 ~ 30kD选用12%的胶，30 ~ 10kD选用15%的胶。

e. 根据样品浓度加样品溶解液。每加一个样品后换一支吸头，或清洗吸头后再加另一个样品。

f. 制备聚丙烯酰胺凝胶时，倒胶后常漏出胶液，那是因为两块玻璃板与塑料条之间没有封紧，留有空隙，所以这步要特别留心操作。

g. 上样量不宜过大，否则会出现过载现象。尤其是考马斯亮蓝R250染色，在蛋白质浓度过高时，染料与蛋白质的氨基形成的静电键不稳定，其结合不符合Beer定律，使蛋白质量不准确。

h. 电泳完毕撬板取凝胶时要小心细致，不能把胶弄破。

i. 电泳缓冲液可重复利用，如果胶上出现不正常痕迹，就要及时更换新液。

j. 分离胶高度应控制得当，确保有大约1cm的浓缩胶空间，过长或过短均不能得到理想的电泳结果。

k. 电泳染色液注意进行回收再利用，一般可重复使用2 ~ 3次。

l. AP和TEMED是催化剂，加入的量要合适，过少时凝胶聚合很慢甚至不聚合，过多则聚合过快，影响倒胶。

m. 虽然用过硫酸铵/TEMED催化后灌胶15 ~ 20min即可观察到凝胶的形成，但至少需40min才能保证95%以上的单链聚合成长链以及具有合适的孔径大小。

⑤ SDS-PAGE电泳过程中的不正常现象及解析(图2-47)。

a. “微笑”现象：指示剂前沿呈现两边向上的曲线形，说明凝胶不均匀凝聚，中间部分凝聚不好。

b. “皱眉”现象：垂直电泳槽的装置不合适引起，特别是当凝胶和玻璃板组成的“三明治”底部有气泡或靠近隔片的凝胶聚合不完全时。

c. “拖尾”现象：样品溶解不佳引起。

d. “纹理”现象：由样品中的不溶颗粒引起。

e. 偏斜现象：电极放置不平行引起或加样位置偏斜引起。

f. 带太宽，连在一起：加样量太多或加样孔泄漏引起。

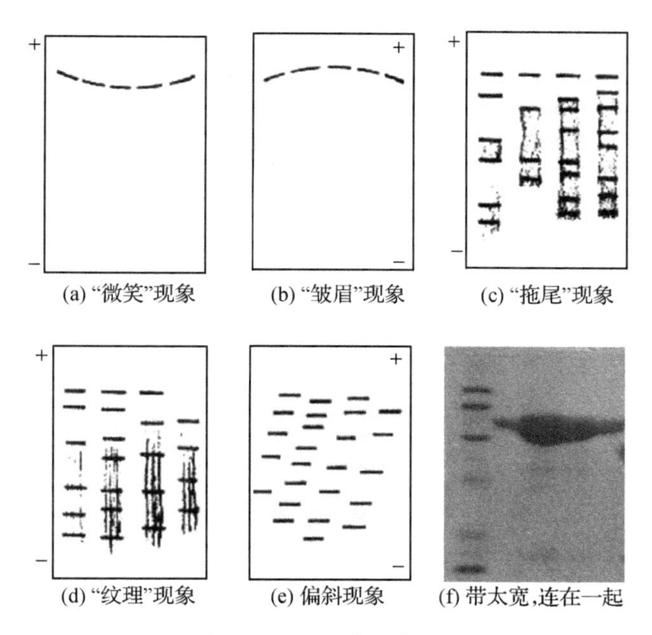

图2-47 不正常现象示例

⑥ SDS-PAGE 的优缺点。

优点:设备简单,快速,分辨率和灵敏度高,特别适用于寡聚蛋白及其亚基的分析鉴定和相对分子质量的测定。

缺点:有许多蛋白质是由亚基或两条以上肽链组成的(如血红蛋白、胰凝乳蛋白酶等),它们在变性剂和强还原剂的作用下,解离成亚基或单条肽链。因此,对于这一类蛋白质,SDS-PAGE 测定的只是它们的亚基或单条肽链的相对分子质量,而不是完整蛋白质的相对分子质量。

(5) 聚丙烯酰胺凝胶电泳的优缺点。

① 优点。

聚丙烯酰胺凝胶电泳是把分子筛效应和电荷效应结合在一起的一种具有高分辨率的电泳方法。聚丙烯酰胺凝胶是—C—C—C—结合的一种酰胺多聚物(侧链上是不活泼的酰胺基,没有其他带电的离子基),化学上惰性较强,不易产生电渗现象,在一定浓度范围内透明性好,有弹性,机械强度好,制成多聚物的再现性高,样品分离重复性好,而且受 pH 和温度影响较小,并能通过改变交联度调节孔径大小范围。

聚丙烯酰胺凝胶电泳与琼脂糖凝胶电泳相比有三个主要优点:

第一,分辨力强,长度仅仅相差 0.2%(即 500bp 中的 1bp)的 DNA 分子即可分开。

第二,所能装载的 DNA 量远远大于琼脂糖凝胶电泳,多达 10μg 的 DNA 可以加样于聚丙烯酰胺凝胶的一个标准样品槽(1cm × 1mm)而不致显著影响分辨力。

第三,从聚丙烯酰胺凝胶中回收的 DNA 纯度很高,可适用于要求最高的实验。

此外,该电泳所需的设备简单,分离时间短,既适用于小量样品的分离鉴定,也适用于较大量样品的分离制备。因此,该方法既可用于蛋白和核酸等生物大分子的分离、定性及相对分子质量测定,也可用于核酸序列分析。

② 缺点。

聚丙烯酰胺凝胶的制备和电泳都比琼脂糖凝胶繁杂。凝胶聚合易受各种因素影响。丙烯酰胺及双丙烯酰胺对神经系统和皮肤有毒性作用,TEMED 对黏膜和上呼吸道组织及皮肤有很大的破坏作用。

(6) 聚丙烯酰胺凝胶电泳的应用。

聚丙烯酰胺凝胶电泳可用于分离蛋白质和寡核苷酸。其应用可以分为两大类:一类是直接在凝胶上观察计算,另一类是洗脱回收胶中特定的蛋白和核酸。

① 直接观察。

a. 蛋白质纯度分析:根据聚丙烯酰胺凝胶条带个数来判断是一种蛋白质还是多种蛋白质的混合物。

b. 蛋白质相对分子质量测定:采用 SDS-PAGE 测定蛋白质相对分子质量。SDS -蛋白质复合物消除了蛋白质天然形状不同对电泳迁移率的影响,SDS -蛋白质复合物的迁移率只与蛋白质的相对分子质量有关。研究表明,蛋白质分子的电泳迁移率与其相对分子质量的对数呈线性关系,因此能够根据电泳迁移率的比对获知未知蛋白质相对分子质量大小。

c. 蛋白质定量:蛋白质混合物中单个蛋白质的定量,通常是将染色后的凝胶蛋白质条带在分光光度计上进行扫描,然后对峰面积进行积分。

d. 蛋白质水解分析:常用酶谱法。明胶酶谱法的基本过程是先将样品进行非还原性 SDS-PAGE(含 0.1% 明胶)电泳分离,然后在缓冲系统中使样品中的酶恢复活性,在各自的迁移位置水解凝胶里的明胶,最后用考马斯亮蓝将凝胶染色后再脱色,在蓝色背景下可出现白色条带,条带的强弱与酶的量和比活成正比。

e. DNA 测序:目前用于测序的技术主要有 Sanger 等(1977)发明的双脱氧链末端终止法和 Maxam、Gilbert(1977)发明的化学降解法。这两种方法在原理上差异很大,但都是根据核苷酸在某一固定的点开始,随机在某一个特定的碱基处终止,产生 A、T、C、G 四组不同长度的一系列核苷酸,然后在尿素变性的 PAGE 胶上电泳进行检测,从而获得 DNA 序列。

Sanger 法测序的原理:每个反应含有所有四种脱氧核苷酸三磷酸(dNTP)使之扩增,并混入限量的一种不同的双脱氧核苷三磷酸(ddNTP)使之终止。由于 ddNTP 缺乏延伸所需要的 3′- OH 基团,使延长的寡聚核苷酸选择性地在 G、A、T 或 C 处终止,终止点由反应中相应的 ddNTP 而定。每一种 dNTPs 和 ddNTPs 的相对浓度可以调整,使反应得到相差一个碱基的长度不等(几 bp 到几千 bp 不等)的一系列片段。它们具有共同的起始点,但终止在不同的核苷酸上,可通过高分辨率变性凝胶电泳分离大小不同的片段,凝胶处理后可用 X 射线胶片放射自显影或非同位素标记进行检测。

② 洗脱回收蛋白。

a. 蛋白质纯化分离。

电泳后只要切一条泳道进行染色,找到目标蛋白的位置,将未染色的凝胶进行蛋白质洗脱。洗脱方法有电扩散法和电洗脱法等。电洗脱法的步骤:SDS-PAGE 电泳后,用 250mmol/

L KCl 染色 10min(或用考染),蛋白带呈乳白色;用手术刀切下蛋白带,放入透析袋中;将透析袋放入常规平板核酸电泳槽,加入与 SDS-PAGE 相同的电泳缓冲液;80V 电泳 2 ~2.5h,再反向电泳 1 ~2min;吸出透析袋中的液体,浓缩(可用冻干、丙酮沉淀等);SDS-PAGE 电泳检查电洗脱效果。

b. 免疫印迹的第一步。

免疫印迹法是将蛋白质转移到膜上,然后利用抗体进行检测。对已知表达蛋白,可用相应抗体作为一抗进行检测;对新基因的表达产物,可通过融合部分的抗体检测。免疫印迹法可非常有效地鉴定某一蛋白质的性质。将蛋白质固定在膜基质上比直接在凝胶上检测更有优势,因为蛋白质在膜上更容易让试剂接近,膜比凝胶更容易操作,试剂用量更少且更省时。

免疫印迹法分三个阶段进行。第一阶段为 SDS -聚丙烯酰胺凝胶电泳(SDS-PAGE):抗原等蛋白样品经 SDS 处理后带负电荷,在聚丙烯酰胺凝胶中从阴极向阳极泳动,其相对分子质量越小,泳动速度就越快。此阶段分离效果肉眼不可见(只有在染色后才显出电泳区带)。第二阶段为电转移:将在凝胶中已经分离的条带转移至硝酸纤维素膜上,选用低电压(100V)和大电流(1 ~2A)通电 45min 转移即可完成。此阶段分离的蛋白质条带肉眼仍不可见。第三阶段为酶免疫定位:将印有蛋白质条带的硝酸纤维素膜(相当于包被了抗原的固相载体)依次与特异性抗体和酶标第二抗体作用后,加入能形成不溶性显色物的酶反应底物,使区带染色。常用的 HRP 底物为 3,3′-二氨基联苯胺(呈棕色)和 4 -氯- 1 -萘酚(呈蓝紫色),阳性反应的条带清晰可辨,并可根据 SDS-PAGE 时加入的相对分子质量标准确定各组分的相对分子质量。本法综合了 SDS-PAGE 的高分辨力和 ELISA 法的高特异性和敏感性,是一种有效的分析手段,不仅广泛应用于分析抗原组分及其免疫活性,而且可用于疾病的诊断。在艾滋病病毒感染中,此法可作为确诊试验。抗原经电泳转移在硝酸纤维素膜上后,将膜切成小条,配合酶标抗体及显色底物制成的试剂盒,可方便地在实验室中供检测用。根据出现显色线条的位置可判断有无针对病毒的特异性抗体。

3.2 分光光度技术

溶液对光线有选择性吸收作用。不同物质由于其分子结构的不同,对不同波长光线的吸收能力也不同,因此,每种物质都有其特异的吸收光谱。分光光度技术就是根据朗伯-比尔定律,利用物质特有的吸收光谱而建立起来的一种定性、定量分析技术。在生化实验中,分光光度法主要用于核酸的测定、氨基酸含量的测定、蛋白质含量的测定、酶活性测定和生物大分子的鉴定等。

分光光度法是比色法的发展。比色法只限于在可见光区,分光光度法则可以扩展到紫外光区和红外光区。比色法用的单色光来自滤光片,谱带宽度为 40 ~ 120nm,精度不高;分光光度法则要求近于真正单色光,其光谱带宽最大不超过 3 ~5nm,在紫外区可到 1nm 以下,来自棱镜或光栅,具有较高的精度。

3.2.1 基本原理

(1) 光的基本知识。

① 光的特性。

光是由光量子组成的,具有二重性,即不连续的微粒性和连续的波动性。

光的波动性体现为波长和频率,可用下式表示:

$$\lambda = \frac{c}{\nu}$$

式中,λ 为波长,即具有相同的振动相位的相邻两点间的距离。ν 为频率,即每秒振动的次数;c 为光速,等于 299770km/s。从式中可以看出,光的波长与频率成反比,波长越长,频率越低;波长越短,频率越高。

光的微粒性是以光子的能量值为特征的。光子的能量与光的波长成反比,而与频率成正比,即不同波长与频率的光具有不同的能量。

② 光的种类。

a. 具有单一波长的光叫单色光,如红光、蓝光等。

b. 由不同波长的光组成的光叫复色光,如日光等。

c. 如果两种适当颜色的单色光按适当的强度比例混合能得到白光,则这两种颜色的光叫作互补色光。

③ 分光光度法的光谱范围。

光属于电磁波,自然界中存在各种不同波长的电磁波。分光光度法所使用的光谱范围为 200nm ~ 10μm(1μm = 1000nm)。其中,200 ~ 400nm 为紫外光区,400 ~ 760nm 为可见光区,760 ~ 10000nm 为红外光区。

(2) 吸光度与透光度。

当光线通过均匀、透明的溶液时可出现三种情况:一部分光在溶液表面被反射或分散,一部分光被组成此溶液的物质吸收,另有一部分光直接透过溶液。如图 2-48 所示,设入射光强度为 I_0,吸收光强度为 I_a,反射光强度为 I_r,透射光强度为 I_t,则它们之间的关系为

$$I_0 = I_a + I_t + I_r$$

如果用蒸馏水(或组成此溶液的溶剂)作为"空白"去校正反射、分散等因素造成的入射光的损失,则入射光 = 吸收光 + 透射光,即 $I_0 = I_a + I_t$。

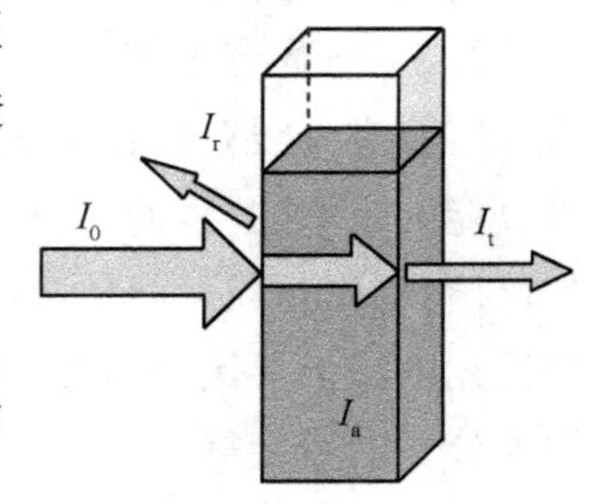

图 2-48 单色光通过介质

其中,I_t 与 I_0 之比称为透光度(transmittance,T),即 $T = I_t/I_0$,表示透过光的强度是入射光强度的几分之几。$T \times 100\%$ 称为百分透光度($T\%$)。显然,T 越大,说明物质或溶液对光的吸收越弱;T 越小,说明对光的吸收越强。

透光度的负对数称为吸光度(absorbance,A),又称消光度(degree of extinction,E)、光密度(optical density,OD),即

$$A = -\lg T = -\lg \frac{I_t}{I_0} = \lg \frac{I_0}{I_t}$$

(3) 朗伯-比尔(Lambert-Beer)定律。

朗伯-比尔定律是比色分析的基本原理,这个定律阐明了溶液对单色光的吸收程度与溶

液及液层厚度间的定量关系。此定律由朗伯定律和比尔定律归纳而得。

① 朗伯定律(1760 年)。

一束单色光通过溶液后,由于溶液吸收了一部分光能,光的强度就要减弱。若溶液浓度不变,则溶液的厚度愈大(即光在溶液中所经过的途径愈长),光的强度减弱也愈显著,即物质对光的吸收与物质厚度成正比:

$$A = \lg \frac{I_0}{I_t} = K_1 \times L$$

式中,K_1 为比例系数,其值取决于入射光的波长和溶液的性质、浓度、温度等;L 为液层厚度。

② 比尔定律(1852 年)。

当一束单色光通过液层厚度一定的均匀溶液时,随着溶液中吸光物质浓度的增大,透射光强度逐渐减弱,即物质对光的吸收与物质浓度成反比:

$$A = \lg \frac{I_0}{I_t} = K_2 \times C$$

式中,K_2 为比例系数,其值取决于入射光的波长、溶液的性质、液层的厚度以及溶液的温度等;C 为溶液浓度。

③ 朗伯-比尔定律。

若同时考虑液层的厚度和溶液浓度对光吸收的影响,即把朗伯定律和比尔定律合并起来,可得朗伯-比尔定律:当一束波长为 λ 的单色光通过均匀溶液时,其吸光度与溶液的浓度和光线通过的液层厚度的乘积成正比。该定律适用于可见光、紫外光、红外光和均匀非散射的液体。其表达式为

$$A = \lg \frac{I_0}{I_t} = K \times L \times C$$

式中,A 为吸光度;K 为比例系数;L 为液层厚度,称为光径;C 为溶液浓度(图 2-49)。

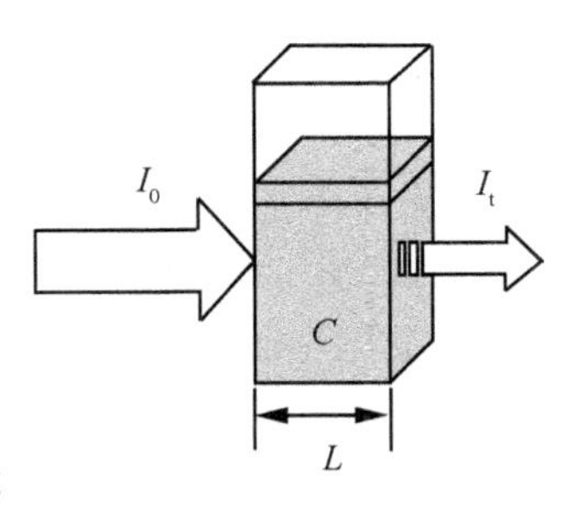

图 2-49　光的吸收

若光径以厘米(cm)表示,浓度 C 以质量浓度(g/L)表示,则比例系数称为吸光系数,单位为 L/(g · cm);若光径以厘米(cm)表示,浓度 C 以摩尔浓度(mol/L)表示,则比例系数称为摩尔吸光系数,一般用 ε 表示,单位为 L/(mol · cm)。

吸光系数是物质的特征性常数,是指吸光物质在单位浓度及单位液层厚度时的吸光度。在固定条件(入射光波长、溶液种类和温度等)下,特定物质的吸光系数为定值,所以不同物质对同一波长的单色光可有不同的吸光系数,这是分光光度法对物质进行定性的基础。通过对已知浓度的溶液测定其吸光度,可求得某物质的吸光系数。此外,同一物质在不同波长下测得的吸光系数不同。吸光系数越大,说明该物质对该波长的光吸收能力越强,测定分析的灵敏度也越高。因此,在定量分析中,应尽量采用吸光系数最大的单色光。

④ 朗伯-比尔定律成立的前提。

a. 入射光为平行单色光且垂直照射。

b. 吸光物质为均匀非散射体系。

c. 吸光质点之间无相互作用。

d. 辐射与物质之间的作用仅限于光吸收,无荧光和光化学现象发生。

3.2.2 分光光度技术的应用

分光光度技术以其分析成本低、操作简便、快速、样品使用量少等优点而广泛应用于生物化学分析,成为实验室常规的实验手段。

(1) 定量分析。

根据朗伯-比尔定律,溶液的浓度在一定范围内与吸光度成正比关系。因此,在特定波长单色光下测出溶液的吸光度,即可计算出该溶液的浓度。利用分光光度技术进行物质的定量分析时,所用波长通常要选择被测物质的最大吸收波长,这样做有两个好处:一是灵敏度高,因为物质在含量上的稍许变化就会引起较大的吸光度差异;二是可以避免其他物质的干扰。

含量测定时一般采用以下四种方法进行样品的定量分析:

① 标准管法(标准比较法)。

对已知浓度的标准液和待测液做同样处理,使用相同的空白,同时测定它们的吸光度。因为它们所用的吸收池厚度一样,所以可以根据测定的吸光度及标准溶液浓度直接计算出待测样品的浓度。用公式表示如下:

$$\frac{A_x}{A_s}=\frac{K\times L\times C_x}{K\times L\times C_s},\text{即 } C_x=\frac{A_x\times C_s}{A_s}$$

式中,C_x 和 A_x 为待测液的浓度和吸光度,C_s 和 A_s 分别为标准液的浓度和吸光度。

② 标准曲线法。

该方法是最常用的定量分析方法。标准曲线又称工作曲线或校正曲线,绘制时先在吸光度与浓度成线性关系的浓度范围内配制一系列浓度的标准样品溶液(浓度应包含高、中、低浓度范围),按样品处理方法做相同处理,在特定波长下测定吸光度,然后以标准液浓度 C 为横坐标,吸光度 A 为纵坐标作图,即为标准曲线(图 2-50)。在标准溶液测定的相同条件下,测定待测溶液的吸光度,从标准曲线上可查出其相应的浓度,并计算出样品的含量。

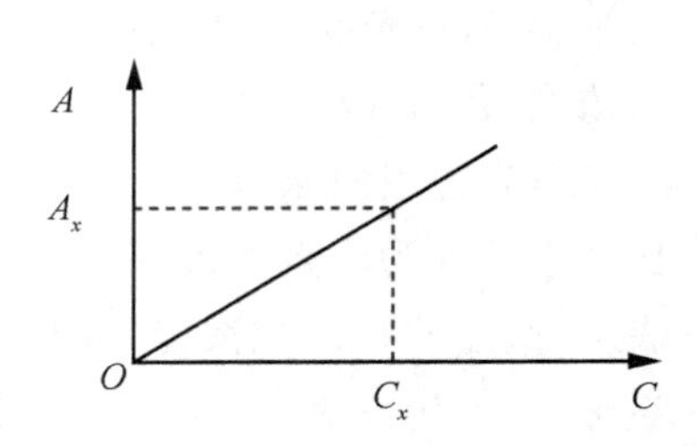

图 2-50 标准曲线的绘制

制作和应用标准曲线时需要注意:

a. 样品的浓度等指标是根据标准曲线计算出来的,所以首先要作标准曲线。

b. 设置标准曲线样品的标准浓度范围要有一个比较大的跨度,并且要能涵盖所要检测实验样品的浓度,即样品的浓度要在标准曲线浓度范围之内,包括上限和下限。而对于呈"S"形的标准曲线,尽量要使实验样品的浓度在中间坡度最陡段,即曲线几乎成直线的范围内。

c. 最好采用倍比稀释法配制标准曲线中一定浓度的标准样品，这样就能够保证标准样品的浓度不会出现较大的偏离。

d. 检测标准样品时，应按浓度递增顺序进行，以减少高浓度对低浓度的影响，提高准确性。

e. 标准曲线的样品数一般为7个点，但至少要保证有5个点。

f. 作出的标准曲线相关系数因实验要求不同而有所变动，但一般来说，相关系数R至少要大于0.98。对于有些实验，R至少应为0.99甚至是0.999。

③ 回归分析法。

将制作标准曲线的各种浓度的数值与其相应的吸光度用数理统计中的回归分析法求出一个回归方程式。所求回归方程式应为直线方程式：

$$y = a + bx$$

只要测定条件不变，将测出的样品溶液的吸光度代入该回归方程式，即可计算出样品溶液的浓度。

④ 吸光系数法。

吸光系数的常用表示方法为摩尔吸光系数（ε），即浓度以mol/L来表示的吸光系数，实际上它就是当溶液浓度为1mol/L，液层厚度为1.0cm时的吸光度。由于物质的ε是已知的，只要读取光径（液层厚度）为1.0cm时溶液的吸光度（A），即可用公式$C = A/\varepsilon$计算出溶液中物质的浓度。

（2）定性分析。

各种物质都具有各自不同的分子、原子和不同的分子空间结构，其吸收光能量的情况也不相同。因此，每种物质就有其自己特有的、固定的吸收光谱曲线，可通过绘制吸收光谱图来进行鉴别。

使用分光光度计可以绘制物质的吸收光谱曲线。其方法是：用各种波长不同的单色光分别通过某一浓度的溶液，测定此溶液对每一种单色光的吸光度，然后以波长为横坐标，以吸光度为纵坐标，绘制吸光度-波长曲线，此曲线即为吸收光谱曲线。根据吸收光谱上一些特征吸收参数，包括最大吸收波长、吸光系数等即可对物质进行定性鉴别。当一种未知物质的吸收光谱曲线和某一已知物质的吸收光谱曲线完全一样时，很可能它们是同一物质。一定物质在不同浓度时，其吸收光谱曲线中峰值的大小不同，但形状相似，即吸收高峰和低峰的波长是一定不变的。

利用吸收光谱图对试样进行定性鉴定比较简单。若发现样品的吸收光谱存在异常吸收峰，则可认为该异常吸收峰是样品中存在的杂质所致。但由于化合物紫外吸收峰较少，而且峰形都很宽，不像红外光谱有许多指纹峰，所以在用紫外吸收光谱进行化合物定性鉴定时应注意：化合物相同，其紫外光谱应完全相同；紫外光谱相同，化合物不一定相同，可能仅是存在某些相同的发色团或基团，因此在鉴定时应与红外光谱相结合。

（3）纯度检测。

纯化合物的吸收光谱特征与含杂质的不纯化合物以及杂质的吸收光谱特征有差别时，

可用分光光度法进行纯度判断。

有的化合物在紫外光/可见光区无明显的吸收峰，而所含杂质有较强的吸收峰，那么通过检测吸收峰即可判断所含杂质的多寡。有的纯物质和不纯物质在某些波长处吸光度的比值存在差异，通过比较吸光度的比值可以作为纯度判断的标准，并可推算出杂质含量。例如，蛋白质在280nm处的吸光度大于260nm处，核酸在260nm处的吸光度大于280nm处。纯RNA的$A_{260}/A_{280}=2.0$，纯DNA的$A_{260}/A_{280}\approx 1.8$，纯蛋白质的$A_{280}/A_{260}=1.8$。因此，$A_{260}$与$A_{280}$的比值常被用来鉴定核酸和蛋白质的纯度。若蛋白质内混有核酸类物质，那么A_{280}/A_{260}将下降；若核酸内混有较多蛋白质，那么A_{260}/A_{280}将下降。

（4）结构分析。

紫外线吸收是由不饱和的结构造成的，含有双键的化合物表现出吸收峰。紫外-可见吸收光谱一般不用于化合物的结构分析，但利用紫外吸收光谱鉴定化合物中的共轭结构和芳环结构还是有一定价值的。例如，某化合物在近紫外区内无吸收，说明该物质无共轭结构和芳环结构。

3.2.3 分光光度计

能从含有各种波长的混合光中将每一种单色光分离出来并测量其强度的仪器称为分光光度计，它是目前生化实验室中使用比较广泛的一种分析仪器。

（1）分光光度计的工作原理。

分光光度计采用一个可以产生多个波长的光源，通过系列分光装置产生特定波长的光源，其测定原理是利用物质对光的选择性吸收特性，以较纯的单色光作为入射光，测定物质对光的吸收，从而确定溶液中物质的含量。其特点是灵敏度高，准确度高，测量范围广，在一定条件下可同时测定水样中两种或两种以上的物质组分含量等。

（2）分光光度计的分类。

① 按使用的波长范围分类。

a. 红外分光光度计：测定波长范围大于760nm的红外光区。

b. 可见光分光光度计：测定波长范围为400～760nm的可见光区。

c. 紫外分光光度计：测定波长范围为200～400nm的紫外光区。

d. 万用分光光度计：全波段扫描。

② 按自动化程度分类。

按自动化程度可分为手动、半自动、自动分光光度计。

（3）分光光度计的基本构造。

无论哪一类分光光度计都由五部分组成，即光源、单色器、吸收池、检测器和显示器如图2-51所示。

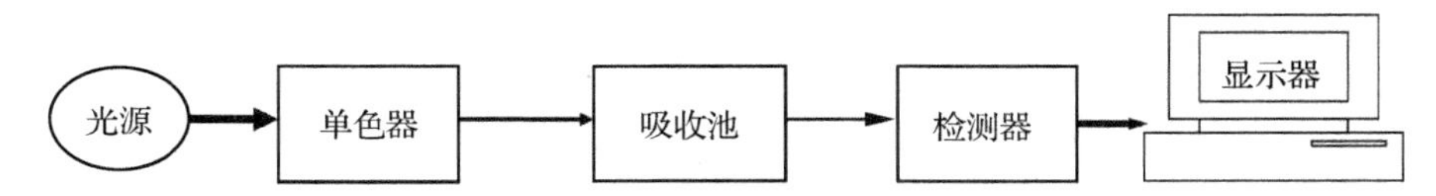

图2-51 分光光度计的基本构造

① 光源。

光源要求能提供所需波长范围的连续光谱,稳定而有足够的强度,常用的有白炽灯(钨灯、卤钨灯等)、气体放电灯(氢灯、氘灯及氙灯等)、金属弧灯(各种汞灯)等多种(图2-52)。

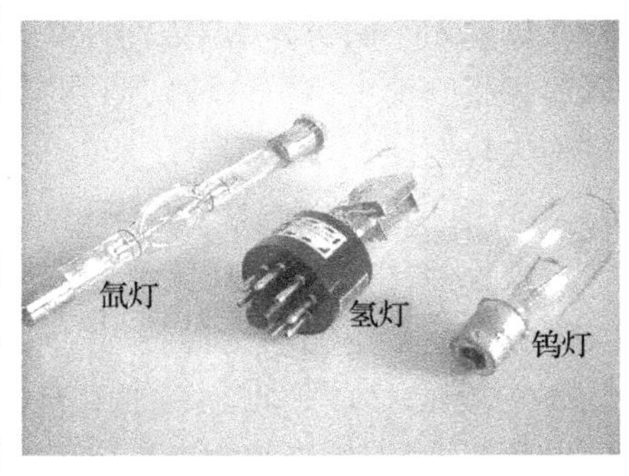

图2-52 分光光度计常见光源

钨灯和卤钨灯发射320~2000nm的连续光谱,最适宜的工作范围为360~1000nm,稳定性好,可用作可见光和近红外光区的光源。氢灯和氘灯能发射150~400nm的紫外光,可用作紫外光区的光源。红外线光源则由能斯特(Nernst)棒产生。汞灯发射的不是连续光谱,能量绝大部分集中在253.6nm波长外,一般作波长校正用。

钨灯在出现灯管发黑时应及时更换,如换用的灯型号不同,还需要调节灯座的位置和焦距。氢灯及氘灯的灯管或窗口是石英的,且有固定的发射方向,安装时必须仔细校正。接触灯管时应戴手套,以防留下污迹。

② 分光系统(单色器)。

单色器是将光源发出的连续光谱分解为单色光的装置。它是分光光度计的心脏部分,主要由棱镜或光栅等色散元件及狭缝和透镜等组成(图2-53)。

a. 入射狭缝:光源的光由此进入单色器,用于限制杂散光进入。

b. 准直透镜:透镜或凹面反射镜,使入射光成为平行光束。

c. 色散元件:棱镜或光栅,单色器核心部件,将混合光分解为单色光。

d. 聚焦透镜:透镜或凹面反射镜,将分光后所得单色光聚焦至出射狭缝。

e. 出射狭缝:只让额定波长的光射出单色器。

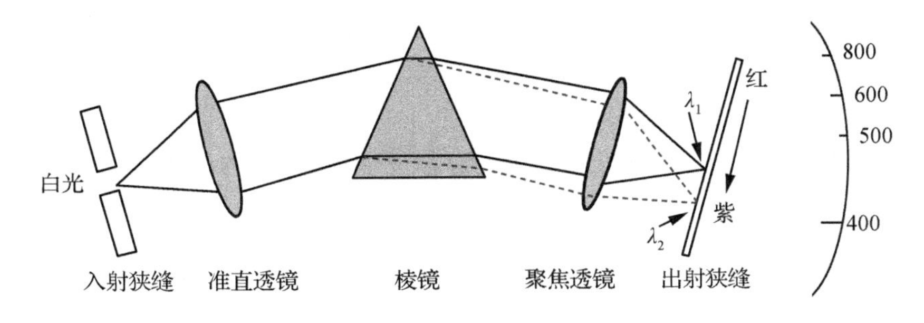

图2-53 单色器结构

棱镜:根据光的折射原理而将复合光色散为不同波长的单色光,然后再让所需波长的光通过一个很窄的狭缝照射到吸收池上。棱镜由玻璃或石英制成。玻璃棱镜用于可见光范围,石英棱镜则在紫外和可见光范围均可使用。

光栅:在镀铝的玻璃表面刻有数量很多的等宽度等间距的条痕(每毫米600、1200或2400条),根据光的衍射和干涉原理将复合光色散为不同波长的单色光,然后再让所需波长的光通过狭缝照射到吸收池上(图2-54)。它的分辨率比棱镜大,可用的波长范围也较宽。

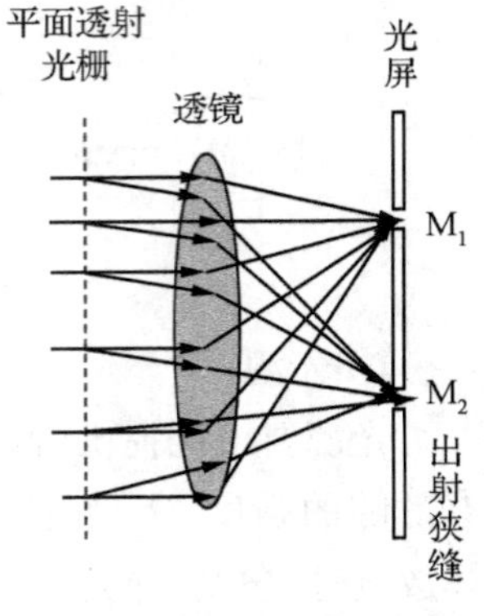

图2-54 光栅衍射示意图

③ 吸收池。

吸收池又称样品池、比色杯或吸收池,用于盛放待比色溶液。

吸收池常用无色透明、耐腐蚀和耐酸碱的玻璃或石英材料制成。因普通光学玻璃吸收紫外光,因此玻璃吸收池只能用于可见光区,适用波长范围是400~2000nm。石英吸收池可透过紫外光、可见光和红外光,是最常使用的吸收池,使用波长范围是180~3000nm。

吸收池的形状有长方形、方形和圆筒形,光程可由0.1~10cm,最常用的是1cm池(容积3mL);光程要求极精确,透光的玻璃面要严格垂直于光路,有的石英吸收池上方刻有箭头"→",标明吸收池使用时的透光方向,反方向使用会有偏差。石英吸收池通常还配有玻璃或塑料盖,用以防止样品挥发和氧化,以及杯内样品的快速混合。

同一台分光光度计上的吸收池,其透光度应一致,各个吸收池壁的厚度等规格应尽可能完全相同,在同一波长和相同溶液下,吸收池间的透光度误差应小于0.5%。使用前应对吸收池进行校准;使用中不能用手指拿吸收池的光学面;使用后要及时洗涤,可用温水、稀盐酸、乙醇或铬酸洗液(浓酸中浸泡不要超过15min)洗涤,表面只能用柔软的绒布或拭镜纸擦净。

④ 检测器。

检测器的作用是接收从吸收池发出的透射光并将其转换成电信号进行测量。现今使用的分光光度计大多采用光电管或光电倍增管作为检测器。

光电管是一个真空或充有少量惰性气体的二极管。阴极是金属做成的半圆筒,内侧涂有光敏物质,阳极为一金属丝。光电管依其对光敏感的波长范围不同分为红敏和紫敏两种。红敏光电管是在阴极表面涂银和氧化铯,适用波长范围为625~1000nm;紫敏光电管是在阴极表面涂锑和铯,适用波长范围为200~625nm。

光电倍增管是由光电管改进而成的,管中有若干个称为倍增极的附加电极,因此可使光激发的电流得以放大,一个光子可产生10^6~10^7个电子。它的灵敏度比光电管高200多倍,适用波长范围为160~700nm。光电倍增管在现代分光光度计中被广泛采用。

⑤ 显示器。

显示器是将光电管或光电倍增管放大的电流通过仪表显示出来的装置。常用的显示器有检流计、微安表、记录器和数字显示器。检流计和微安表可显示透光度(*T*%)和吸光度

(A)。数字显示器可显示 $T\%$ 、A 和 C(浓度)。

(3) 常见紫外-可见分光光度计类型。

① 单波长单光束分光光度计。

单波长单光束分光光度计(图 2-55)简单价廉,适合于在给定波长处测量吸光度或透光度,一般不能做全波段光谱扫描,要求光源和检测器具有很高的稳定性,且操作麻烦,任一波长的光均要用参比调到 $T=100\%$ 后再测样品。

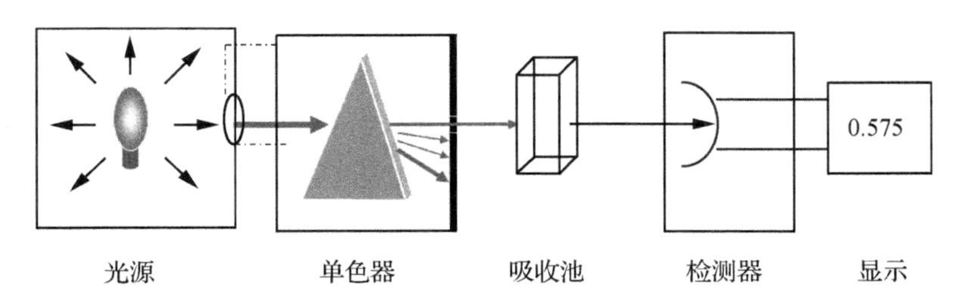

图 2-55　单波长单光束分光光度计

② 单波长双光束分光光度计。

单波长双光束分光光度计(图 2-56)可自动记录,快速全波段扫描,可消除光源不稳定、检测器灵敏度变化等因素的影响,特别适合于结构分析。缺点:仪器复杂,价格较高。

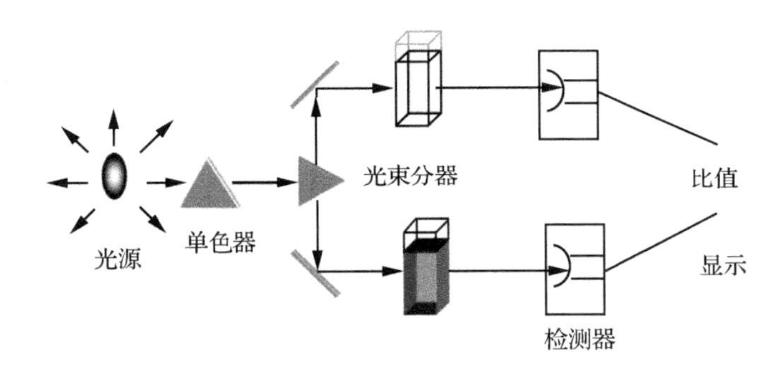

图 2-56　单波长双光束分光光度计

③ 双波长分光光度计。

双波长分光光度计(图 2-57)不需要参比溶液,可以消除背景吸收干扰,适合于多组分混合物、混浊试样的定量分析,可进行导数光谱分析。缺点:价格昂贵。

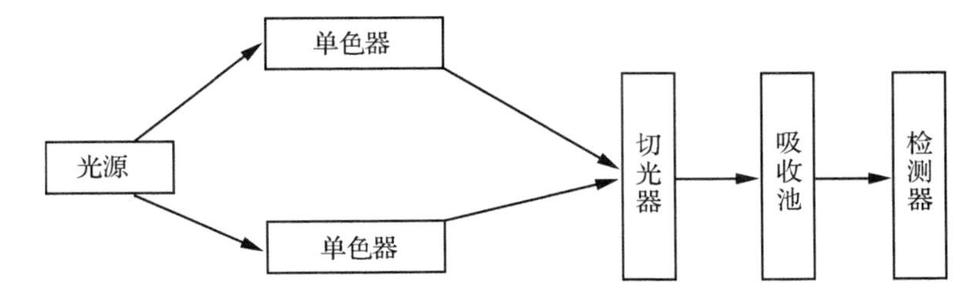

图 2-57　双波长分光光度计

(4) 分光光度计日常使用及维护注意事项。

① 在使用仪器前,必须仔细阅读其使用说明书。

② 不测量时,应使样品室盖处于开启状态,否则会使光电管疲劳,数字显示不稳定。

③ 仪器连续使用时间不应超过2h,如果要长时间使用,应间歇后再用。

④ 若要大幅度改变测试波长,须稍等片刻,因为光电管受光后需要有一段响应时间。

⑤ 指针式仪器在未接通电源时,电表的指针必须位于零刻度上。若不是这种情况,须进行机械调零。

⑥ 操作人员不应轻易触动灯泡及反光镜灯,以免影响光效率。

⑦ 吸收池使用时要注意其方向性,并应配套使用,以延长其使用寿命。新的吸收池使用前必须进行配对选择,测定其相对厚度,互相偏差不得超过2%透光度,否则会影响测定结果;使用完毕后,应立即用蒸馏水冲洗干净[测定有色溶液后,应先用相应的溶剂或硝酸溶液(1+3)进行浸泡,浸泡时间不宜过长,再用蒸馏水冲洗干净],并用干净柔软的纱布将水迹擦去,以防止表面光洁度被破坏,影响吸收池的透光率。

⑧ 吸收池架及吸收池在使用中的正确到位问题。首先,应保证吸收池不倾斜,因为稍许倾斜就会使参比样品与待测样品的吸收光径长度不一致,还有可能使入射光不能全部通过吸收池,导致测试准确度不符合要求。其次,应保证每次测试时吸收池架推拉到位;若不到位,将影响到测试值的重复性或准确度。

⑨ 分光光度计的放置位置应符合以下条件:避免阳光直射,避免强电场,避免与较大功率的电器设备共电,避开腐蚀性气体等。

利用聚合酶链式反应(PCR)获取基因

聚合酶链式反应或多聚酶链式反应(polymerase chain reaction,PCR),又称无细胞克隆技术(free bacteria cloning technique),于1985年由美国的Kary Mullis发明(图3-1),现已广泛应用到分子生物学研究的各个领域,具有划时代意义。该方法一改传统分子克隆技术的模式,不通过活细胞,操作简便,在数小时内可使几个拷贝的模板序列甚至一个DNA分子扩增$10^7 \sim 10^8$倍,大大提高了DNA的得率。

PCR能快速特异扩增任何已知目的基因或DNA片段,并能轻易使皮克(pg)水平起始DNA混合物中的目的基因扩增达到纳克、微克、毫克级的特异性DNA片段。因此,PCR技术一经问世就被迅速而广泛地用于分子生物学的各个领域。它不仅可以用于基因的分离、克隆和核苷酸序列分析,还可以用于突变体和重组体的构建、基因表达调控的研究、基因多态性分析、遗传病和传染病的诊断、肿瘤机制的探索、法医鉴定等诸多方面。

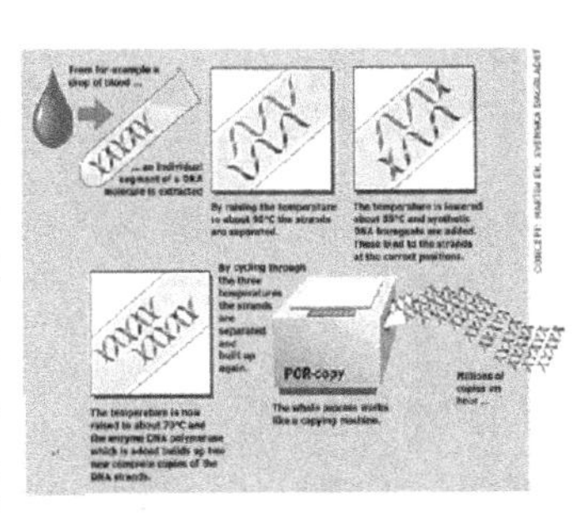

图3-1　Kary Mullis提出设想并发明PCR技术

子项目1

目的基因的体外扩增

【项目描述】

本项目对大肠杆菌PUC57质粒的lacZ基因进行体外扩增,通过NCBI或GenBank获取乳糖操纵子的lacZ基因序列,对以下序列中阴影部分lacZ全基因序列进行体外扩增并检测回收扩增产物:

TCGCGCGTTTCGGTGATGACGGTGAAAACCTCTGACACATGCAGCTCCCGGAGACGGTCA

CAGCTTGTCTGTAAGCGGATGCCGGGAGCAGACAAGCCCGTCAGGGCGCGTCAGCGGGTGTTG
GCGGGTGTCGGGGCTGGCTTAA CTATGCGGCATCAGAGCAGATTGTACTGAGAGTGCACCAT
ATGCGGTGTGAAATACCGCACAGATGCGTAAGGAGAAAATACCGCATCAGGCGCCATTCGCCA
TTCAGGCTGCGCAACTGTTGGGAAGGGCGATCGGTGCGGGCCTCTTCGCTATTACGCCAGCTGG
CGAAAGGGGGATGTGCTGCAAGGCGATTAAGTTGGGTAACGCCAGGGTTTTCCCAGTCACGAC
GTTGTAAAACGACGGCCAGTGAATTCGAGCTCGGTACCTCGCGAATGCATCTAGATATCGGATC
CCGGGCCCGTCGACTGCAGAGGCCTGCATGCAAGCTTGGCGTAATCATGGTCA TAGCTGTTTC
CTGTGTGAAATTGTTATCCGCTCACAATTCCACACAACATACGAGCCGGAAGCATAAAGTGTAA
AGCCTGGGGTGCCTAATGAGTGAGCTAACTCAC

具体要求如下：

1 PCR 扩增目的基因

设计并合成引物，对目的基因 lacZ 进行体外扩增。

2 琼脂糖凝胶电泳分析 PCR 结果

利用琼脂糖凝胶电泳检测得到目的基因的长度，判断产物是否为目的基因。

3 扩增产物的回收

将琼脂糖凝胶中的目的基因片段回收保存。

【项目分析】

1 基本原理

（1）体外高温可使 DNA 变性。

DNA 的半保留复制是生物进化和传代的重要途径。生物体内可以合成各种 DNA 合成所需的酶，双链 DNA 在 DNA 解链酶等多种酶的作用下可以变性解旋成单链，以变性的单链为模板，在引发酶的作用下合成引物，在 DNA 聚合酶的参与下，根据碱基互补配对原则复制成同样的两分子拷贝。在实验中发现，在体外 DNA 合成相关酶缺乏的情况下，DNA 在高温时也可以发生变性解链，当温度降低后又可以复性成为双链。因此，通过温度变化控制 DNA 的变性和复性，人工加入设计引物、DNA 聚合酶、dNTP，通过多个循环的扩增就可以完成特定基因的体外大量复制。

（2）耐热 DNA 聚合酶——Taq 酶的发现。

DNA 聚合酶在高温时会失活，在不断的变性和复性过程中需要不停更换新的 DNA 聚合酶，不仅操作烦琐，而且价格昂贵，制约了 PCR 技术的应用和发展。耐热 DNA 聚合酶——Taq 酶的发现对于 PCR 的应用有里程碑的意义，该酶可以耐受 90℃以上的高温而不失活，不需要每个循环加酶，使 PCR 技术变得非常简捷，同时也大大降低了成本，从而使 PCR 技术得以大量应用，并逐步应用于临床。

（3）PCR 基本反应步骤。

PCR 技术的基本原理类似于生物体内 DNA 的天然复制过程，其特异性依赖于与靶序列两端互补的寡核苷酸引物。PCR 由变性、退火、延伸三个基本反应步骤构成:① 模板 DNA 的变性。模板 DNA 经加热至 95℃左右一定时间后,使模板 DNA 双链或经 PCR 扩增形成的双链 DNA 解离,使之成为单链,以便它与引物结合,为下轮反应做准备。② 模板 DNA 与引物的退火(复性)。模板 DNA 经加热变性成单链后,温度降至 55℃左右,引物与模板 DNA 单链的互补序列配对结合。③ 引物的延伸。DNA 模板-引物结合物在 72℃、DNA 聚合酶(如 Taq DNA 聚合酶)的作用下,以 dNTP 为反应原料,靶序列为模板,按碱基互补配对与半保留复制原则,合成一条新的与模板 DNA 链互补的半保留复制链(图 3-2)。重复循环"变性—退火—延伸"三个过程就可获得更多的半保留复制链,而且这种新链又可成为下次循环的模板。每完成一个循环需 2 ~4min,2 ~3h 就能将待扩目的基因扩增放大几百万倍。

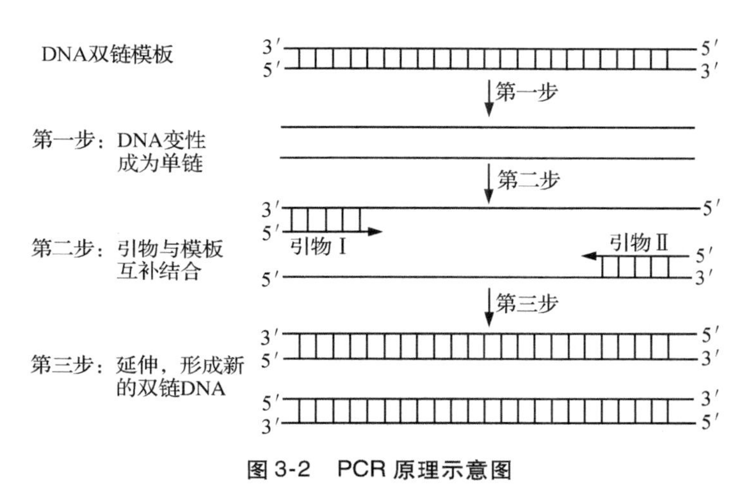

图 3-2 PCR 原理示意图

(4) PCR 产物胶回收。

将含有目的条带的荧光色带切下,溶解后填充到硅胶柱中,利用硅胶在高盐、低 pH 条件下吸附 DNA,在低盐、高 pH 条件下 DNA 可再被洗脱的原理,进行 DNA 的回收和纯化。

2 需要解决的问题

(1) 引物设计。

生物体内 DNA 的合成由引发酶合成引物,体外 DNA 的合成则需要人工设计添加引物。因此为了保证本项目的顺利实施,需要提前设计并合成引物备用。引物可以用软件自行设计,也可以委托相关 DNA 服务公司设计合成。

引物设计须遵循以下基本原则:① 配对引物的长度一般在 15 ~30bp 之间比较合适,且正方向两条引物的 Tm 值最好相差不到 5℃;② 引物的 GC 含量一般为 40% ~60%,正反方向引物的 GC 含量不能相差太大;③ 引物序列在模板内应该没有相似性较高的序列,即引物不能在模板的非目的位点引发 DNA 聚合反应,否则容易导致错配;④ 引物应无回文对称结构,否则引物与引物之间容易形成稳定的二聚体或发夹结构,且正反方向引物自身不能配对,容易形成引物二聚体。

（2）扩增产物的检测和 PCR 反应条件的优化。

PCR 完成以后需要对扩增产物进行检测，检测是否得到目的产物以及产物质量是否达到要求，这就要对琼脂糖凝胶结果图进行以下分析：① 将扩增出的产物条带与 Marker 对比，判断是否得到目的条带。② 看扩增出的条带是否除了目的条带外还存在一些非目的条带，即非特异性扩增，判断引物设计是否合理，并可以对退火温度和时间以及延伸时间进行优化。退火温度根据引物长度和 GC 含量确定在一定的范围之内。退火温度越高，产物特异性越高；退火温度越低，产物特异性越低。根据 Taq 酶的扩增效率设置延伸时间，一般延伸时间过长容易导致非特异性扩增。③ 看扩增产物条带是否很弱，判断 PCR 体系中模板、引物、dNTP 浓度及 PCR 循环数设计是否合适。理论上 20～25 次循环以后，PCR 产物的积累即可达到最大值。实际操作中由于每一步反应的效率不可能达到 100%，因此在正常的模板浓度下，20～30 次是比较合理的循环次数。循环次数增多，产物增多，同时非特异性扩增也会增加。

3 主要仪器设备、耗材、试剂

（1）仪器设备：PCR 热循环仪、紫外凝胶成像仪、琼脂糖凝胶电泳系统、微量移液器、高速离心机、恒温水浴锅等。

（2）耗材：PCR 管、移液器吸头、离心管、胶回收柱等。

（3）试剂：DNA 模板、引物对（正向引物和反向引物）、dNTP、Taq 酶、PCR 产物快速胶回收试剂盒（试剂使用按试剂盒说明书）、乙二胺四乙酸（EDTA）、溴酚蓝、琼脂糖、蔗糖、硼酸、EB 或其他核酸染料、三羟甲基氨基甲烷（Tris）等。

【项目实施】

本项目分 4 个任务，分别是引物的设计和合成、PCR 扩增目的基因、琼脂糖凝胶电泳检测 PCR 产物、目的 PCR 产物的回收。

任务 1 引物的设计和合成

由于普通的实验室一般没有引物合成仪，引物的设计和合成大多委托相关 DNA 服务公司完成。本项目的引物（表 3-1）委托苏州金唯智生物科技有限公司设计和合成。

表 3-1 引物序列

引物	序列
Left Primer	GTGTCGGGGCTGGCTTAA
Right Primer	GCGGATAACAATTTCACACAGG

任务2　PCR扩增目的基因

1　反应体系配制

在0.2mL PCR管中配制50μL反应体系(表3-2)。

表3-2　50μL PCR反应体系

试剂	体积
ddH_2O	36.5μL
正向引物	2μL
反向引物	2μL
2.5mmol/L dNTP混合物	3μL
模板DNA	1μL
Taq DNA聚合酶	0.5μL
10×PCR Buffer	5μL

2　反应程序设置

PCR反应程序如表3-3所示。

表3-3　PCR反应程序

步骤	温度	时间
①预变性	96℃	5min
②变性	95℃	30s
③退火	58℃	30s
④延伸	72℃	1min
⑤循环(重复步骤②~④)	—	30次
⑥最后延伸	72℃	10min

任务3　琼脂糖凝胶电泳检测PCR产物

采用琼脂糖凝胶电泳检测PCR产物,电泳方法和步骤同项目2中质粒的电泳检测。

任务4　目的PCR产物的回收

用PCR产物快速胶回收试剂盒回收PCR产物。

(1)切胶:在紫外凝胶成像仪的Darker Reader上,用刀片切下目的条带的胶块放入2mL EP管中,称重。

(2)溶胶:约每100mg胶加入700μL溶胶液,放入65℃水浴锅中溶解,隔一段时间振荡一会儿,直到胶块完全溶匀。

(3) 装柱:将液体转移到硅胶液柱中,静置1min(让DNA吸附在膜上)。

(4) 离心:8000r/min离心1min,将EP管中的液体倒回硅胶柱,静置1 min(确保DNA全部吸附在膜上),8000 r/min离心1 min,弃废液。

(5) 漂洗:将500μL W2(漂洗液)加入回收柱,8000r/min离心30s,弃废液(洗去溶胶液)。

(6) 重复漂洗一次并弃废液,方法同上一步。

(7) 12000r/min离心1min,弃废液。

(8) 将回收柱套入洁净无菌的1.5mL EP管中,加100μL超纯无菌水,静置5min(使膜上DNA充分被洗脱下来)。

(9) 12000r/min离心1min,弃硅胶柱,此时1.5mL EP管中的液体即为回收的DNA溶液。

> **注意:** 对于不同的胶回收试剂盒,其操作步骤和试剂用量有微小差别,具体步骤参照试剂盒说明书。

【结果呈现】

PCR产物为无色无味的透明液体。琼脂糖凝胶电泳检测DNA条带,在紫外凝胶成像仪中可见清晰的电泳条带,与Marker条带对比,可知PCR产物大小(图3-3)。根据紫外凝胶成像仪的Darker Reader上目的条带的位置,用刀片完整切下所需的目的条带即可。

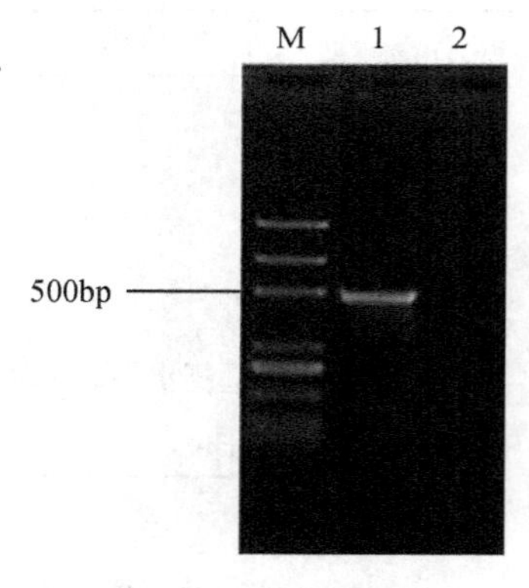

图3-3 紫外凝胶成像仪下切胶图

【思考题】

(1) 不同基因的PCR反应体系和反应程序相同吗?其设置依据是什么?

(2) PCR产物回收步骤与项目2中质粒提取的步骤为什么很相似?主要差别在哪里?

【时间安排】

(1) 第1天上午:准备相关试剂、耗材,并检查所需设备是否能正常运转;PCR扩增目的基因(引物须提前合成备用)。

(2) 第1天下午:电泳检测目的基因,胶回收。

子项目2

引物拼接PCR技术合成目的基因

自20世纪90年代以来,PCR技术被用于基因合成,并在长期的研究发展中日渐成熟。引物拼接PCR技术又称重叠PCR技术,其基本原理为:利用引物之间具有互补末端,低温退火使PCR产物形成了重叠链,从而在随后的扩增反应中通过重叠链的延伸,将不同来源的扩增片段重叠拼接起来,从而形成一条完整的模板链,再通过首尾引物对模板链进行扩增得到大量所需目的基因(图3-4)。

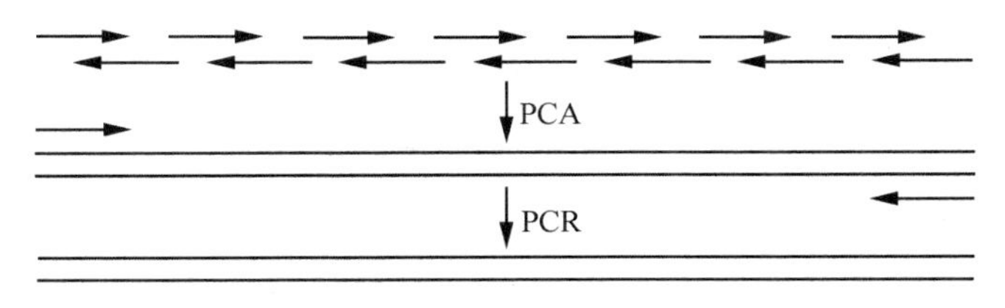

图3-4 引物拼接PCR的基本原理

绝大部分实验室获得一个基因的手段通常都是先提取生物体内的mRNA,通过逆转录获得cDNA,再通过常规PCR扩增获得基因序列。这种方法成本高,而且技术难度较高,成功率极低,对生物样品本身的要求也很高。引物拼接PCR技术的出现很好地解决了这个问题,实验人员只需知道目的基因的序列,就可以体外利用引物拼接PCR技术得到目的基因序列。引物拼接PCR技术一经问世就被迅速而广泛地用于日常生活相关的各个领域,包括医学、新能源、化工、环保、农业品种改造、生物育种等,更是带动了生物酶工程这一个全新行业的发展。

【项目描述】

本项目合成目的基因,由于不需要模板,因此该基因序列可以是任意序列的基因,可人为设定。在已知基因序列的情况下,设计并通过化学法合成相应的引物,利用引物拼接PCR技术获得完整DNA序列。具体要求如下:

1 目的基因序列的获得

通过NCBI或GenBank获取所需蛋白的基因序列。本项目所需的目的基因序列如图3-5所示。

2 引物的设计和合成

委托相关公司或通过特定软件(如DNAWorks)自行合成相应的引物。本项目所需的26条引物序列如表3-4所示。

3 引物拼接PCR形成完整的双链

在DNA聚合酶作用下,通过两轮PCR合成目的基因。

4 扩增产物的回收

用琼脂糖凝胶电泳检测并回收保存。

```
GGGGCTGCTGACCTGGCTCATGTCCATCGATGTCAAGTACCAGATCTGGAAGTTCGGGGTCATC
TTCACGGACAACTCGTTCCTGTACCTGGGCTGGTACATGGTGATGTCCCTCCTGGGCCACTACA
ACAACTTCTTCTTTGCCGCCCACCTGCTGGACATCGCCATGGGGGTCAAGACGCTGCGTACCAT
CCTCTCCTCTGTCACCCACAATGGGAAACAGCTGGTGATGACTGTGGGCCTCCTGGCCGTCGTG
GTCTACCTGTACACTGTGGTGGCCTTCAACTTCTTCCGCAAGTTCTACAACAAGAGCGAGGACG
AGGACGAGCCGGACATGAAGTGCGATGACATGATGACGTGCTACCTGTTCCACATGTACGTGG
GCGTCCGGGCTGGCGGAGGCATCGGGGACGAGATCGAGGACCCAGCGGGCGATGAATACGA
GCTCTACCGGGTGGTCTTCGACATCACCTTCTTCTTCTTCGTCATTGTCATCCTGCTGGCCATCAT
CCAGGGTCTGATTATCGCCGCCTTCGGCGAGCTCCGAGACCAGCAGGAGCAAGTGAAGGAAG
ATATGGAGACCAAATGCTTCATCTGCGGGATTGGCAGTGACTACTTCGATACCACGCCGCACGG
CTTCGAGACCCACACGCTAGAGGAGCACAATCTGGCCAATTACATGTTCTTCTTGATGTATCTGA
TAAACAAGGACGAGACGGAGCACACGGGCCAGGAGTCCTACGTCTGGAAGATGTATCAGGAG
AGGTGCTGGGACTTCTTCCCCGCCGGCGACTGCTTCCGCAAGCAGTACGAGGACCAGCTGAG
CTGAGAAGCTTGCATGCCTGCAGGTCGACTCTAGAGGATCCCGGGTGGCATCCCTGTGAC
Size:  835 bp    A 182  T 184  C 233  G 236     GC%: 56.17%
```

图 3-5　目的基因全序列

表 3-4　引物序列

引物名称	序列(5′ to 3′)	碱基数
DNA001-1	GGGGCTGCTGACCTGGCTCATGTCCATCGATGTCAAGTACCAGATCTGGAAG	52
DNA001-2	GAACGAGTTGTCCGTGAAGATGACCCCGAACTTCCAGATCTGGTACTTGACATC	54
DNA001-3	TCTTCACGGACAACTCGTTCCTGTACCTGGGCTGGTACATGGTGATGTCC	50
DNA001-4	CGGCAAAGAAGAAGTTGTTGTAGTGGCCCAGGAGGGACATCACCATGTACCAGC	54
DNA001-5	CAACAACTTCTTCTTTGCCGCCCACCTGCTGGACATCGCCATGGGGGTCAAGA	53
DNA001-6	TTGTGGGTGACAGAGGAGAGGATGGTACGCAGCGTCTTGACCCCCATGGC	50
DNA001-7	CTCTCCTCTGTCACCCACAATGGGAAACAGCTGGTGATGACTGTGGGCCTCCT	53
DNA001-8	AAGGCCACCACAGTGTACAGGTAGACCACGACGGCCAGGAGGCCCACAGTCATC	54
DNA001-9	CTGTACACTGTGGTGGCCTTCAACTTCTTCCGCAAGTTCTACAACAAGAGCGA	53
DNA001-10	GCACTTCATGTCCGGCTCGTCCTCGTCCTCGCTCTTGTTGTAGAACTTGC	50
DNA001-11	AGCCGGACATGAAGTGCGATGACATGATGACGTGCTACCTGTTCCACATGTACGT	55
DNA001-12	TCGTCCCCGATGCCTCCGCCAGCCCGGACGCCCACGTACATGTGGAACAGGTAGC	55
DNA001-13	GGCATCGGGGACGAGATCGAGGACCCAGCGGGCGATGAATACGAGCTCTAC	51
DNA001-14	AAGAAGAAGGTGATGTCGAAGACCACCCGGTAGAGCTCGTATTCATCGCC	50
DNA001-15	GTCTTCGACATCACCTTCTTCTTCTTCGTCATTGTCATCCTGCTGGCCATC	51
DNA001-16	GGAGCTCGCCGAAGGCGGCGATAATCAGACCCTGGATGATGGCCAGCAGGATGA	54
DNA001-17	CCTTCGGCGAGCTCCGAGACCAGCAGGAGCAAGTGAAGGAAGATATGGAG	50
DNA001-18	CTGCCAATCCCGCAGATGAAGCATTTGGTCTCCATATCTTCCTTCACTTGCT	52
DNA001-19	CTGCGGGATTGGCAGTGACTACTTCGATACCACGCCGCACGGCTTCGAGACCC	53
DNA001-20	CATGTAATTGGCCAGATTGTGCTCCTCTAGCGTGTGGGTCTCGAAGCCGTG	51
DNA001-21	CACAATCTGGCCAATTACATGTTCTTCTTGATGTATCTGATAAACAAGGAC	51

续表

引物名称	序列(5′ to 3′)	碱基数
DNA001-22	ACTCCTGGCCCGTGTGCTCCGTCTCGTCCTTGTTTATCAGATACATCAAGAA	52
DNA001-23	CACACGGGCCAGGAGTCCTACGTCTGGAAGATGTATCAGGAGAGGTGCTGGG	52
DNA001-24	ACTGCTTGCGGAAGCAGTCGCCGGCGGGGAAGAAGTCCCAGCACCTCTCCTGATA	55
DNA001-25	CTGCTTCCGCAAGCAGTACGAGGACCAGCTGAGCTGAGAAGCTTGCATGCCTGCA	55
DNA001-26	GTCACAGGGATGCCACCCGGGATCCTCTAGAGTCGACCTGCAGGCATGCAAGCTT	55

【项目分析】

1　基本原理

引物拼接PCR利用两轮PCR完成目的DNA序列的合成(图3-6),基本步骤如下:① 根据DNA序列设计60bp左右的重叠核苷酸,以覆盖整个DNA序列。② 第一轮PCR:利用引物之间具有互补末端,低温退火使PCR产物形成重叠链,从而在随后的扩增反应中通过重叠链的延伸,将不同来源的扩增片段重叠拼接起来,形成一条完整的目的基因。③ 第二轮PCR:以第一轮的PCR产物为模板,再通过首尾引物对模板链进行扩增,得到大量所需目的基因。

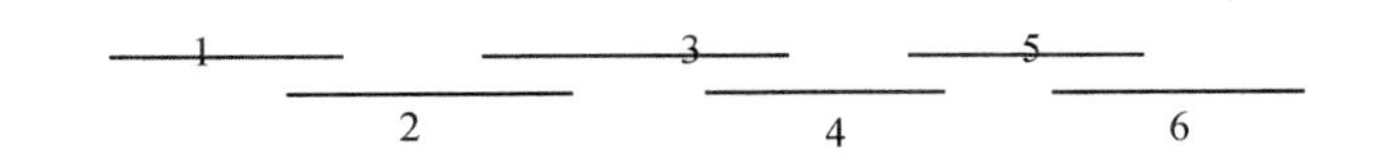

图3-6　引物拼接PCR原理图

2　需要解决的问题

(1) 基因序列的优化。

通过NCBI或GenBank获取所需蛋白的基因序列,原始基因序列往往需要经过密码子优化软件优化成更适合表达菌表达系统的序列。

(2) 引物的设计。

生物体内DNA的合成由引发酶合成引物,体外DNA的合成则需要人工设计添加引物,因此为了保证本项目的顺利实施,需要提前设计并合成引物备用。引物可以用软件自行设计,也可以委托相关DNA服务公司设计合成。

(3) 有效降低错配率。

通过引物拼接PCR理论上可以获得理想的PCR产物,但一般超过10条以上的引物PCR时,得到的产物并不是单一的模板,通常会用首尾引物对得到的模板进行额外一轮的扩增。这次扩增的目的主要是对原模板的一次纯化,由于错配得到的模板大小和预期有差别,电泳检测后可去掉。

3　主要仪器设备、耗材、试剂

(1) 仪器设备:PCR热循环仪、紫外凝胶成像仪、琼脂糖凝胶电泳系统、微量移液器、高速离心机、恒温水浴锅等。

（2）耗材：PCR 管、移液器吸头、离心管、胶回收柱等。

（3）试剂：引物、dNTP、Pfu 酶、PCR 产物快速胶回收试剂盒（试剂使用按试剂盒说明书）、乙二胺四乙酸（EDTA）、溴酚蓝、琼脂糖、蔗糖、硼酸、EB 或其他核酸染料、三羟甲基氨基甲烷（Tris）等。

【项目实施】

本项目为一个独立的项目，可以自行设计合成任意基因，实际工作中往往将扩增的目的基因作为后续基因转化和表达的材料来源。本项目分 2 个任务，分别是目的基因的合成以及 PCR 产物的检测和回收。

任务 1　目的基因的合成

（1）将引物稀释到 20pmol/μL（引物浓度是 2nmol 时，加水 100μL 即可）。

（2）引物混合液配制：每条引物取 4μL 加入 EP 管中。

（3）第一轮 PCR。

① 体系配制：在 0.2mL PCR 管中配制 50μL 反应体系（表 3-5）。

表 3-5　50μL PCR 反应体系

试剂	体积
ddH_2O	31μL
2.5mmol/L dNTP 混合物	3μL
引物混合液	10μL
Pfu DNA 聚合酶	1μL
10×PCR Buffer	5μL

② 反应程序设置（表 3-6）。

表 3-6　PCR 反应程序

步骤	温度	时间
① 预变性	96℃	5min
② 变性	95℃	30s
③ 退火	58℃↓0.2℃	30s
④ 延伸	72℃	1min
⑤ 循环（重复步骤②～④）	—	30 次
⑥ 最后延伸	72℃	10min

（4）第二轮 PCR。

配制 50μL 反应体系（表 3-7）。

表3-7 50μL PCR 反应体系

试剂	体积
ddH_2O	37μL
第1条和最后1条引物	各1μL
2.5mmol/L dNTP 混合物	3μL
第一轮 PCR 产物	2μL
Pfu DNA 聚合酶	1μL
10×PCR buffer	5μL

第二轮 PCR 反应程序同第一轮(见表3-6)。

任务2 PCR 产物的检测和回收

1 琼脂糖凝胶电泳检测目的基因

方法同项目2中质粒的电泳检测。

2 目的基因的回收

方法同项目3子项目1中 PCR 产物的回收。

【结果呈现】

在紫外凝胶成像仪的 Darker Reader 上可清晰观察到目的条带的位置在800～1000bp之间,与目的条带835bp一致,可判断条带正确,用刀片完整切下所需的目的条带即可(图3-7)。

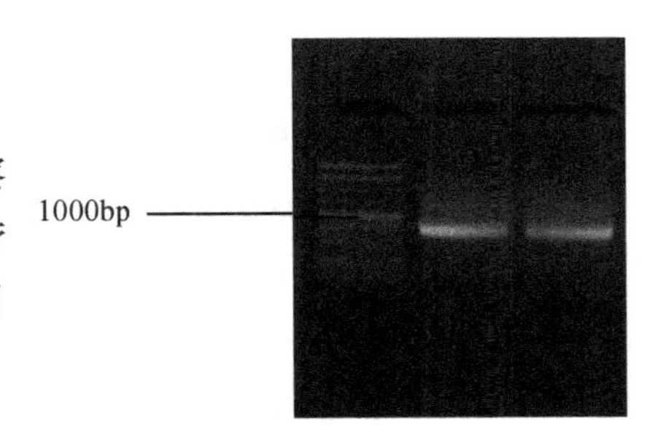

图3-7 紫外凝胶成像仪下切胶图

【思考题】

(1) 引物拼接 PCR 反应和常规 PCR 反应的区别有哪些?

(2) 引物拼接 PCR 技术合成目的基因成功的关键是什么?

【时间安排】

(1) 第1天上午:准备相关试剂、耗材,并检查所需设备是否能正常运转;PCR 合成目的基因(引物须提前合成备用)。

(2) 第1天下午:电泳检测目的基因,胶回收。

聚合酶链式(PCR)是体外酶促合成特异 DNA 片段的一种方法,由高温变性、低温退火及适温延伸等几步反应组成一个周期,循环进行,使目的 DNA 得以迅速扩增,具有特异性

强、灵敏度高、操作简便、效率高等特点。它不仅可用于基因分离、克隆和核酸序列分析等基础研究,还可用于疾病的诊断或任何有 DNA、RNA 的地方。

1 PCR 技术原理

类似于 DNA 的体内复制,首先待扩增 DNA 模板加热变性解链,随之将反应混合物冷却至某一温度,这一温度可使引物与它的靶序列发生退火,再将温度升高,使退火引物在 DNA 聚合酶作用下得以延伸。这种“变性—复性—延伸”的过程就是一个 PCR 循环(图 3-8),PCR 就是在合适条件下的不断重复。

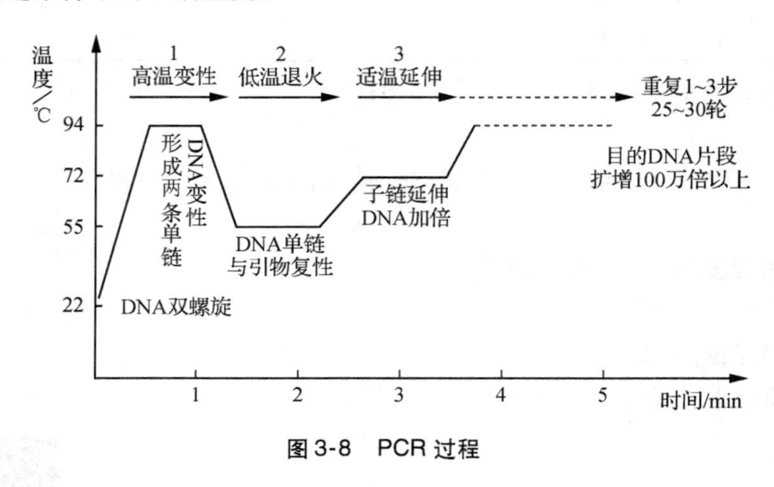

图 3-8 PCR 过程

1.1 模板 DNA 的变性

模板 DNA 经加热至 93℃ 左右一定时间后,模板 DNA 双链或经 PCR 扩增形成的双链 DNA 解链,使之成为单链,以便它与引物结合,为下轮反应做准备。

1.2 模板 DNA 与引物的退火(复性)

模板 DNA 经加热变性成单链后,温度降至 55℃ 左右,引物与模板 DNA 单链的互补序列配对结合。

1.3 引物的延伸

DNA 模板-引物结合物在 Taq DNA 聚合酶的作用下,以 dNTP 为反应原料、靶序列为模板,按碱基配对与半保留复制原理,合成一条新的与模板 DNA 链互补的半保留复制链。重复循环“变性—退火—延伸”三个过程,就可获得更多的半保留复制链,而且这种新链又可成为下次循环的模板。每完成一个循环需 2 ~ 4min,2 ~ 3h 就能将待扩目的基因扩增放大几百万倍。

2 PCR 反应特点

2.1 特异性强

PCR 反应的特异性决定因素为:① 引物与模板 DNA 特异正确的结合;② 碱基配对原则;③ DNA 聚合酶合成反应的忠实性;④ 靶基因的特异性与保守性。其中,引物与模板的正确结合是关键。引物与模板的结合及引物链的延伸是遵循碱基配对原则的。聚合酶合成反应的忠实性及 Taq DNA 聚合酶的耐高温性,使反应中模板与引物的结合(复性)可以在较高的温度下进行,结合的特异性大大增加,被扩增的靶基因片段也就能保持很高的正确度,再通过选择特异性和保守性高的靶基因区,其特异性程度就更高。

2.2 灵敏度高

PCR 产物的生成量是以指数方式增加的,能将皮克($1pg = 10^{-12}g$)量级的起始待测模板扩增到微克($1\mu g = 10^{-6}g$)水平,能从 100 万个细胞中检出一个靶细胞。在病毒的检测中,PCR 的灵敏度可达 3 个 RFU(空斑形成单位);在细菌学中最小检出率为 3 个细菌。

2.3 简便、快速

PCR 反应用耐高温的 Taq DNA 聚合酶,一次性地将反应液加好后,即在 DNA 扩增液和 PCR 热循环仪上进行"变性—退火—延伸"反应,一般在 2 ~4h 完成扩增反应。扩增产物一般用电泳分析,不一定要用同位素,无放射性污染,易推广。

2.4 对标本的纯度要求低

不需要分离病毒或细菌及培养细胞,DNA 粗制品及 RNA 均可作为扩增模板。可直接用临床标本如血液、体腔液、洗漱液、毛发、细胞、活组织等 DNA 扩增检测。

3 PCR 反应成分

3.1 模板

单、双链 DNA 均可作为 PCR 反应的模板。模板纯度要求较高,应不含杂蛋白、Taq 酶抑制剂、酚等杂质。模板核酸不能彻底变性,或在酶和引物质量好时不出现扩增带,极有可能是样本的提取过程中核酸的纯化出现了问题。模板的浓度,一般每 100μL 体系需要 DNA 模板 100ng,模板浓度过低不出现扩增带,模板浓度过高则会导致反应的非特异性增加。

3.2 引物

3.2.1 引物的作用

引物(primer)又名引子,是一小段单链 DNA 或 RNA,作为 DNA 复制的起始点,在核酸合成反应时,作为每个多核苷酸链进行延伸的出发点而起作用的多核苷酸链。在引物的 3′- OH 上,核苷酸以二酯键形式进行合成,因此引物的 3′- OH 必须是游离的。之所以需要引物,是因为在 DNA 合成中 DNA 聚合酶仅仅可以把新的核苷酸加到已有的 DNA 链上。体外扩增目的基因的引物是人工合成的两段寡核苷酸序列,一条引物与目的基因一端的一条 DNA 模板链互补,另一条引物与目的基因另一端的另一条 DNA 模板链互补。在 PCR 技术中,已知一段目的基因的核苷酸序列,根据这一序列合成引物,利用 PCR 扩增技术,目的基因 DNA 受热变性后解链为单链,引物与单链相应互补序列结合,然后在 DNA 聚合酶作用下进行延伸,如此重复循环,延伸后得到的产物同样可以和引物结合。

3.2.2 引物设计的一般原则

(1) 引物长度以 15 ~30 个核苷酸为宜,引物长度过短会使特异性降低,过长则会提高相应退火温度,且合成引物的成本增加。

(2) 引物中碱基的分布是随机的,避免 4 个以上的嘌呤或嘧啶的连续排列,GC 含量宜在 45% ~55%。

(3) 避免两引物间的互补,特别是 3′端互补,以免形成二聚体。

(4) 引物自身不应存在连续超过3bp的互补序列,否则引物自身会折叠成发夹结构或导致引物本身变性。

(5) 引物的3′端不能有任何修饰,也不能有形成任何二级结构的可能。

(6) 引物的5′端限定PCR产物的长度,可根据产物的要求不同,选用不同的引物修饰法。

(7) 引物与非扩增序列的同源性不应超过70%。

3.2.3 引物对PCR效率的影响

引物质量、引物的浓度、两条引物的浓度是否对称是PCR失败或扩增条带不理想、容易弥散的常见原因。引物浓度以0.1~0.5μmol/L为宜,浓度过低影响产量,浓度偏高则会引起错配和非特异性产物增加,且可增加引物之间形成二聚体的概率。有些批号的引物合成质量有问题,两条引物一条浓度高,一条浓度低,造成低效率的不对称扩增,对策为:① 保证引物设计的合理性,包括合适的引物长度和结构,避免互相之间形成二聚体。在此基础上,选定一个可靠的引物合成公司。② 引物的浓度不仅要看吸光度(A),更要注重引物原液做琼脂糖凝胶电泳一定要有引物条带出现,而且两引物带的亮度应大体一致。如一条引物有条带,一条引物无条带,此时做PCR有可能失败,应和引物合成单位协商解决。如一条引物带亮度高,一条亮度低,在稀释引物时要平衡其浓度。③ 引物应高浓度小量分装保存,防止多次冻融或长期放冰箱冷藏,导致引物变质降解而失效。

3.3 DNA聚合酶

3.3.1 Taq DNA聚合酶

Taq DNA聚合酶是从一种水生栖热菌(*Thermus aquaticus*)yT_1株中分离提取的。yT_1是一种嗜热真菌,能在70℃~75℃条件下生长,该菌是1969年从美国黄石国家森林公园火山温泉中发现的。该酶基因全长2496个碱基,编码832个氨基酸,酶蛋白的相对分子质量为9.4×10^4,其比活性为200000单位/mg。75℃~80℃时每个酶分子每秒可延伸约150个核苷酸,70℃时延伸率大于60个核苷酸/秒,55℃时为24个核苷酸/秒。温度过高(90℃以上)或过低(22℃)都可影响Taq DNA聚合酶的活性。该酶虽然在90℃以上几乎无DNA合成,但确有良好的热稳定性,在PCR循环的高温条件下仍能保持较高的活性。在92.5℃、95℃、97.5℃时,PCR混合物中的Taq DNA聚合酶分别经130min、40min和5~6min后,仍可保持50%的活性。实验表明,PCR反应时变性温度为95℃约20s,50个循环后,Taq DNA聚合酶仍有65%的活性。Taq DNA聚合酶的热稳定性是该酶用于PCR反应的前提条件,也是PCR反应能迅速发展和广泛应用的原因。Taq DNA聚合酶还具有逆转录活性,其作用类似于逆转录酶。此活性温度一般为65℃~68℃。有Mg^{2+}存在时,其逆转录活性更高。该酶无校对活性,易产生错配碱基。

3.3.2 Pfu DNA聚合酶

Pfu DNA聚合酶(Pfu DNA polymerase)又称Pfu聚合酶或Pfu酶,是在嗜热的古核生物火球菌属内发现的一类能在活体内进行DNA复制的酶。该酶含有2个蛋白亚基(P45和P50),为多聚体,相对分子质量约为9×10^4。

与其他在PCR反应中使用的聚合酶相比,Pfu DNA聚合酶有着出色的热稳定性以及特有的“校正作用”。与Taq DNA聚合酶不同,Pfu DNA聚合酶具有3′→5′外切酶的即时校正活性,可以即时识别并切除错配核苷酸。因此,使用Pfu DNA聚合酶进行PCR反应,比使用Taq DNA聚合酶有较低的错配突变率,保真性更高。Pfu DNA聚合酶正逐渐取代Taq DNA聚合酶,成为使用最广的PCR工具。商业化的Pfu DNA聚合酶试剂,其出错率是100万到130万个碱基对出现一个错配,使用PCR每扩增1kb的DNA片段会产生2.6%的突变产物。其缺点是Pfu DNA聚合酶的效率较低。一般来说,在72℃下扩增1kb的DNA时,每个循环需要1~2min。而且使用Pfu DNA聚合酶进行PCR反应会产生钝性末端的PCR产物。Pfu DNA聚合酶常常用于保真性要求较高的DNA合成中。有报道称,Pfu DNA聚合酶与Taq DNA聚合酶联合使用,既能达到Pfu DNA聚合酶的高保真性,又能发挥Taq DNA聚合酶的快速聚合活性。酶的使用量在0.5~2.5U/50μL,酶量增加使反应特异性下降,酶量过少则影响反应产量。

3.4 dNTP

dNTP是deoxyribonucleoside triphosphate(脱氧核糖核苷三磷酸)的缩写,是包括dATP、dGTP、dTTP、dCTP等在内的统称,N是指含氮碱基,代表变量指代A、T、G、C、U等中的一种。dNTP在生物DNA合成中以及各种PCR(RT-PCR、Real-time PCR)中起原料作用。

dNTP的浓度取决于扩增产物的长度,4种dNTP必须等浓度配合以减少错配误差,一般在20~200μmol/L之间。在PCR反应中,使用低dNTP浓度可减少非靶位置启动和延伸时的核苷酸错误掺入。一般可根据靶序列的长度和组成来决定最低dNTP浓度。例如,在100μL的反应体系中,4种dNTP的浓度为20μmol/L,可基本满足合成2.6μg DNA或10pmol/L的400bp序列。

3.5 Mg^{2+}

Mg^{2+}是DNA聚合酶的激活剂,其浓度以0.5~2.5mmol/L为宜,浓度过低会使DNA聚合酶活性丧失、PCR产量下降,过高则会影响反应特异性。Mg^{2+}可与负离子结合,所以反应体系中dNTP、EDTA等的浓度影响反应中游离的Mg^{2+}浓度。

3.6 缓冲液

PCR反应的缓冲液为10~50mmol/L Tris-Cl缓冲液,其在72℃时pH为7.2,作用是调节反应体系的pH,使DNA聚合酶的作用环境维持偏碱性。缓冲液含50mmol/L的KCl时可促进引物退火,大于此浓度将会抑制DNA聚合酶的活性。加入适量的二甲亚砜或甲酰胺有利于破坏模板的二级结构。

4 PCR反应参数

PCR反应参数为温度、时间和循环次数。温度与时间的设置:基于PCR原理三步骤而设置变性、退火、延伸三个温度点。在标准反应中采用三温度点法,双链DNA在90℃~95℃变性,再迅速冷却至40℃~60℃,引物退火并结合到靶序列上,然后快速升温至70℃~75℃,在Taq DNA聚合酶的作用下,使引物链沿模板延伸。对于较短靶基因(长度为100~300bp时)可采用二温度点法,除变性温度外,退火与延伸温度可合二为一,一般在94℃变性、65℃左右退火与延伸(此温度下 Taq DNA 酶仍有较高的催化活性)。

4.1 变性温度与时间

变性温度低时解链不完全,这是导致 PCR 失败最主要的原因。一般情况下,93℃ ~ 94℃下 5min 足以使模板 DNA 变性,若低于 93℃则须延长时间,但温度不能过高,因为高温环境对酶的活性有影响。此步若不能使靶基因模板或 PCR 产物完全变性,就会导致 PCR 失败。

4.2 退火(复性)温度与时间

退火温度是影响 PCR 特异性的较重要因素。变性后温度快速冷却至 40℃ ~60℃,可使引物和模板结合。由于模板 DNA 比引物复杂得多,引物和模板之间的碰撞结合机会远远高于模板互补链之间的碰撞。退火温度与时间取决于引物的长度、碱基组成及其浓度,还有靶序列的长度。对于 20 个核苷酸、G + C 含量约 50% 的引物,55℃为最适退火温度。引物的复性温度可通过以下公式帮助选择:

$$\text{Tm 值(解链温度)} = 4(G + C) + 2(A + T)$$

$$\text{复性温度} = \text{Tm 值} - (5℃ \sim 10℃)$$

在 Tm 值允许范围内,选择较高的复性温度可大大减少引物和模板间的非特异性结合,提高 PCR 反应的特异性。复性时间一般为 30 ~60s,足以使引物与模板之间完全结合。

4.3 延伸温度与时间

Taq DNA 聚合酶的生物学活性在 3.3.1 中已做相关介绍。PCR 反应的延伸温度一般选择在 70℃ ~75℃之间,常用温度为 72℃,过高的延伸温度不利于引物和模板的结合。PCR 延伸反应的时间可根据待扩增片段的长度而定。一般 1kb 以内的 DNA 片段,延伸时间 1min 就足够了;3 ~4kb 的靶序列需 3 ~4min;扩增 10kb 须延伸至 15min。延伸时间过长会导致非特异性扩增带的出现。对低浓度模板的扩增,延伸时间要稍长些。

5 PCR 产物的积累规律

在 PCR 反应中,DNA 扩增过程遵循酶的催化动力学原理。反应初期,目的 DNA 片段呈指数扩增。随着目的 DNA 产物逐渐积累,扩增 DNA 片段的增加减慢,进入相对稳定状态,即出现“停滞效应”,又称“平台期”(图 3-9)。到达平台期所需 PCR 循环次数取决于样品中模板的拷贝数、PCR 扩增效率、DNA 聚合酶的种类和活性以及非特异产物的竞争等因素。到达平台期前,Taq DNA 聚合酶一般要进行 25 次以上的 PCR 循环。多数情况下,平台期在 PCR 反应中不可避免。

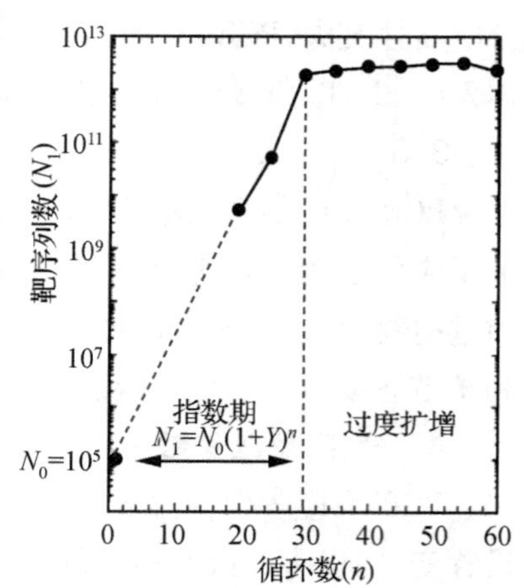

图 3-9 PCR 积累规律示意图

6 重叠延伸 PCR

6.1 DNA 片段的化学合成发展现状

在阐明基因功能、分析蛋白质与核酸的相互作用、基因异源表达等研究中,DNA 片段的化学合成是一个高效的技术手段。在多数情况下,如模板

DNA 不可得或是密码子需要优化,化学合成是唯一的选择。20 世纪 60 年代至 70 年代初,一群有机化学家尤其是 Khorana 开发了寡核苷酸的合成技术,为基因的化学合成奠定了基础。1970 年,Khorana 等合成了编码酵母丙氨酸 tRNA 的基因,这是第一条人工合成基因。随后,一系列蛋白质的编码基因被合成并在大肠杆菌中表达。这一系列研究充分证明了化学合成基因的可行性。20 世纪 80 年代中期,大于 100bp 的寡核苷酸的合成得以实现,大大地推动了基因合成技术的发展。通过连接酶介导法和 FokI 法等,寡核苷酸被组装成具有功能的基因。然而,早期的合成技术通常只能合成小于 1kb 的 DNA 片段。自 20 世纪 90 年代,PCR 技术被用于基因合成,并在长期的研究发展中日渐成熟。连接酶链式反应法(ligase chain reaction, LCR)与 PCR 法的结合使用在基因合成研究中发挥了重要作用。该法通过热循环反应,采用嗜热性 DNA 连接酶将首尾相连、重叠杂交的寡核苷酸片段连接起来,再以连接产物为模板、首尾寡核苷酸片段为引物进行 PCR 扩增,从而合成基因片段。LCR 法还被用于 microRNAs 的检测以及单核苷酸多态性的检测等。1995 年,Stemmer 等描述了一种只依赖于 DNA 聚合酶的基因合成法,将 56 个 40bp 的寡核苷酸片段通过 PCR 法组装成 1.1kb 的 TEM-1β 内酰胺酶基因。采用同样的方法,他们还将 134 个 40bp 的寡核苷酸片段合成一个 2.7kb 的质粒。随后,Withers 等对该法进行优化,合成了 2.1kb 的恶性疟原虫基因 pfsub-1。

近年来,以 PCR 为基础的基因合成方法得到了进一步的演变与发展。2003 年,Smith 等将连接酶链式反应法(LCR)与重叠延伸 PCR 技术(gene splicing by overlap extension PCR, SOE-PCR)相结合,合成了噬菌体 ϕX174 基因组全长序列(5386bp)。2004 年,Young 和 Dong 将双重不对称 PCR(dual asymmetrical PCR,DA-PCR)与 SOE-PCR 相结合,在 DA-PCR 阶段,每四个相邻的带有重叠区的寡核苷酸互补结合成小片段,这些小片段再经过 SOE-PCR 合成全长基因。Kodumal、Xiong、Reisinger 等采用以 PCR 为基础的两步 DNA 合成方法,将大量带有重叠区的寡核苷酸合成长基因。在这种方法中,设计合成的寡核苷酸涵盖基因的两条链,所有寡核苷酸在一个 PCR 反应体系中经过重叠延伸,再以首尾寡核苷酸片段为引物扩增合成全基因序列。PTDS(PCR-based two-step DNA synthesis)是 Xiong 等描述的另一种以 PCR 为基础的两步 DNA 合成方法,它包含两个关键步骤:首先由寡核苷酸合成几个独立的 DNA 小片段;其次,通过 SOE-PCR 将这些 DNA 小片段组装成全长基因。通过这种方法,他们合成了 657bp 的水稻转录因子 OsDREB1B、1230bp 的 Peniophoralycii 植酸酶基因、1245bp 的 HBV 表面抗原基因 PRS-S1S2S、2382bp 的 vip3aI 基因及 5367bp 的 CrtEBWY 基因等。这种方法对于 G 含量高、重复序列多或二级结构复杂的基因合成有一定的适用性。

另一种以 PCR 为基础的两步基因合成法是由 Gao 等建立的热力学平衡由内而外合成法(thermodynamically balanced inside-out,TBIO),该法包含几个关键步骤:① 引物的设计:正向引物涵盖基因 N 端的一半序列,反向引物涵盖基因 C 端的一半序列。② 将位于中间的 4 ~ 6 对引物混合进行内外双向延伸 PCR 反应,合成一个小片段。③ 将合成的小片段进行纯化,并作为模板,与另几对稍微外侧的引物进行又一次的内外双向延伸 PCR 反应,合成一个较长的片段。④ 片段纯化及 PCR 反应继续进行,直到获得全长基因。这种合成方法的突变率(0~0.3%)低于许多其他方法(0.1%~1%)。用于基因合成的另一策略是连续延伸PCR(successive extension PCR),它的引物设计与TBIO相同,然后将所有引物混合进行延伸反应,获得全长基因。Peng等应用该法将26个寡核苷酸合成BtcryIA(c)基因。但对于较长基因(>1kb)的合成,采用这种方法通常得不到目的片段,且非特异性条带非常明显。因此,Xiong等优化了该法,采用不等量引物混合及分段合成法进行较长基因的合成,取得了成功。为了提高基因合成通量并降低成本,研究者们开始探索基因合成的微型化和自动化技术。2004年,Tian和Zhou等研制出用DNA芯片合成大量寡核苷酸片段进行基因组装的方法。随后的研究在提高基因组装效率和选择性扩增寡核苷酸库等方面取得了一定进展,但没有解决微型化和自动化的问题。2011年,Tian实验室研发出一种新的芯片基因合成技术,将寡核苷酸合成、扩增和连接组装等步骤集成到一块塑料芯片上,从而初步解决了这一难题。基因芯片已在生物、医学、农业等领域得到广泛应用。

6.2 重叠延伸PCR的原理和应用

重叠延伸PCR技术由于采用具有互补末端的引物,使PCR产物形成了重叠链,从而在随后的扩增反应中通过重叠链的延伸,将不同来源的扩增片段重叠拼接起来(图3-10)。此技术能够在体外进行有效的基因重组且不需要内切酶消化和连接酶处理,可很快获得其他依靠限制性内切酶消化的方法难以得到的产物。重叠延伸PCR技术成功的关键是重叠互补引物的设计。重叠延伸PCR技术在基因的定点突变、融合基因的构建、长片段基因的合成、基因敲除以及目的基因的扩增等方面有其广泛而独特的应用。例如,在基因的定点突变方面,虽然现在有很多的突变试剂盒,应用起来也很简单,但是费用昂贵,目前人工合成基因最基本的技术(目前应用最为广泛)就是利用重叠PCR的方法。在使用DNA调取或者扩增基因的时候,往往需要将启动子与目的基因串联,或者将几个表达盒串联起来,但由于绝大多数DNA中都含有内含子,也就是说几个外显子并不是串联在一起的,而要想达到我们的目的,只要应用重叠PCR技术就可以轻松完成。

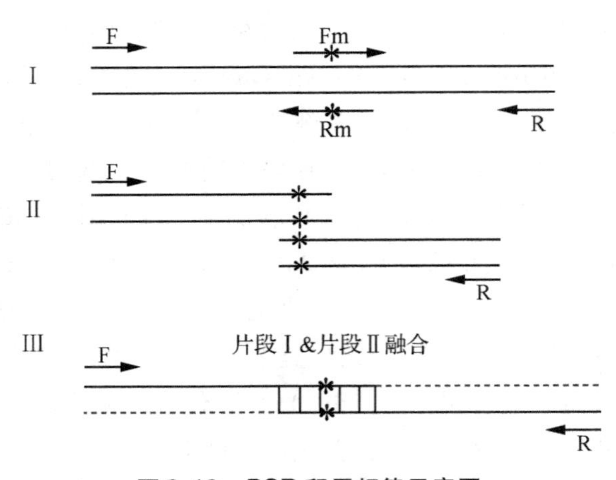

图3-10 PCR积累规律示意图

6.3 重叠延伸PCR引物设计原则

重叠延伸PCR技术的引物设计除应满足常规PCR引物所需遵循的基本原则外,还有一

些其本身特定的要求,主要是以下几点:

(1) 相连两条引物(前一正链引物和下一负链引物)之间必须有至少 14bp 的重叠区域。

(2) 由于存在至少 14bp 的重叠区域,引物拼接 PCR 长度一般在 50bp 以上,引物长度的变化也增加了引物自身及相互间错配的可能性。

(3) 拼接 PCR 合成的引物既有正链,也有负链。

(4) 引物拼接 PCR 的基本原理还是碱基互补配对原则,引物之间的重叠区域在整个基因内部存在一个结合区。

(5) 化学法合成的引物其两端都是羟基,考虑错配时一定要考虑引物两端都可能存在错配。

项目4 目的基因的克隆、转化与表达

将外源DNA与指定的载体分子在DNA连接酶的作用下连接(图4-1)就是DNA重组,这样重新组合的DNA称为重组体或重组子。指定的载体可根据用途分为克隆载体和表达载体。克隆载体宿主细胞一般是原核细菌,通常选用大肠杆菌作为受体细胞,将需要克隆的目的基因与克隆载体质粒相连接,再导入原核细菌内,质粒会在原核细菌内大量复制形成大量的基因克隆,被克隆的基因不一定会表达但一定会被大量复制。而表达载体是一些用于工程生产的细菌,它们被导入克隆载体产出的目标基因,这些目标基因会在此类细菌或其他宿主细胞中得到表达并生产出需要的产物。常用的克隆载体如pUC19、pUC18等载体,表达载体如pET系列载体。

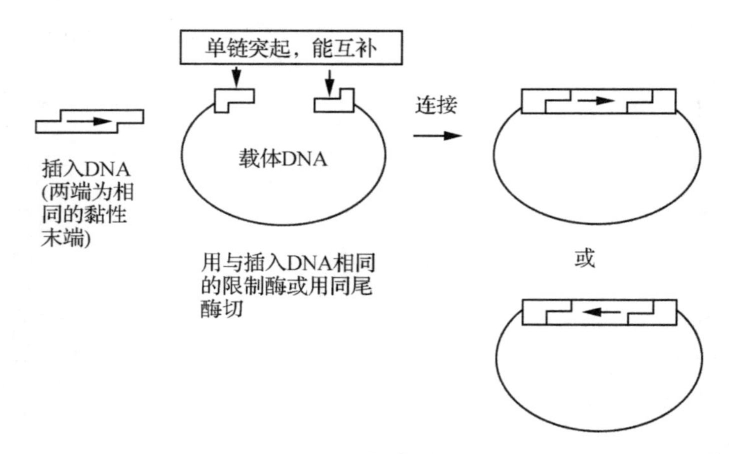

图4-1　目的基因和指定载体连接示意图

【项目描述】

本项目以人工合成的限制性内切酶MluⅠ基因为目的基因(899bp),以pUC19为克隆载体构建重组子pUC19-MluⅠ并转入大肠杆菌TOP10感受态中大量扩增,再通过酶切将目的基因与克隆载体分开,进而将目的基因与表达载体pET30a连接构建重组体pET30a-MluⅠ。测序结果显示,载体构建成功后,将pET30a-MluⅠ转入T7 expression *E. coli*表达菌株中。重组工程菌经IPTG诱导,用SDS-PAGE鉴定MluⅠ基因是否成功表达。

【项目分析】

1　基本原理

（1）重组子构建及转化。

目的基因和载体经双酶切处理后形成相同黏性末端，两个 DNA 片段的黏性末端按照碱基互补原则结合，在 T4 连接酶的作用下，平末端和黏性末端都能使接头之间形成磷酸二酯键，从而形成新的闭环 DNA 重组分子。

重组 DNA 转入宿主细胞可以选择化学法（$CaCl_2$ 法）或物理法（电转法）。化学法简单、快速、稳定、重复性好，菌株适用范围广，感受态细菌可以在 -80℃下保存，因此被广泛用于外源基因的转化。大肠杆菌的感受态细胞制备原理是：取对数生长期的细菌处于 0℃、$CaCl_2$ 的低渗溶液中，菌细胞膨胀成球形，转化混合物中的 DNA 形成抗 DNase 的羟基-钙磷酸复合物黏附于细胞表面，经 42℃短时间热冲击处理，促使细胞吸收 DNA 复合物；在丰富培养基上生长数小时后，球状细胞复原并分裂增殖，被转化的细菌中，重组子中基因得到表达。对这种现象的一种解释是 $CaCl_2$ 能使细菌细胞壁的通透性增强。电转法不需要预先诱导细菌的感受态，依靠短暂的电击，通过瞬间的高压电流，在细胞上形成孔洞，使外源 DNA 进入胞内，从而实现细胞的转化。电转法的效率往往比化学法高出 1～2 个数量级，达到 1×10^8 转化子每 1μg DNA，甚至 1×10^9 转化子每 1μg DNA，所以常用于文库构建时的转化或遗传筛选，因其操作简便，愈来愈为人们所接受。

（2）阳性克隆筛选——蓝白斑筛选。

重组子转化宿主细胞后，还须对转化菌落进行阳性筛选鉴定，利用一些特定载体所特有的报告基因对重组子做一个初步的筛选。蓝白斑筛选是克隆载体常用的一种筛选方式，即以 LacZ 基因作为筛选标记。pUC19 的大小只有 2686bp，是最常用的质粒载体，其结构组成紧凑，几乎不含多余的 DNA 片段，由 pBR322 改造而来。该载体的多克隆位点区域（MSC）正好位于 LacZ 核心基因序列区（图 4-2）。这些质粒缺乏控制拷贝数的 rop 基因，因此其拷贝数达 500～700。pUC 系列载体含有一段 LacZ 蛋白氨基末端的部分编码序列，在特定的受体细胞中可表现 α-互补作用。因此，在 EcoRV 处理载体多克隆位点中插入外源片段后，LacZ 基因序列被破坏，在 IPTG-X-gal 的诱导下不能显示蓝色菌落。如果外源目的基因没有进入该载体中，由于 EcoRV 本身是平末端，在连接酶的作用下载体能自己连接成原来完整的序列，在 IPTG-X-gal 的诱导下能显示蓝色菌落，可通过 α-互补作用形成的蓝色和白色菌落筛选重组质粒。

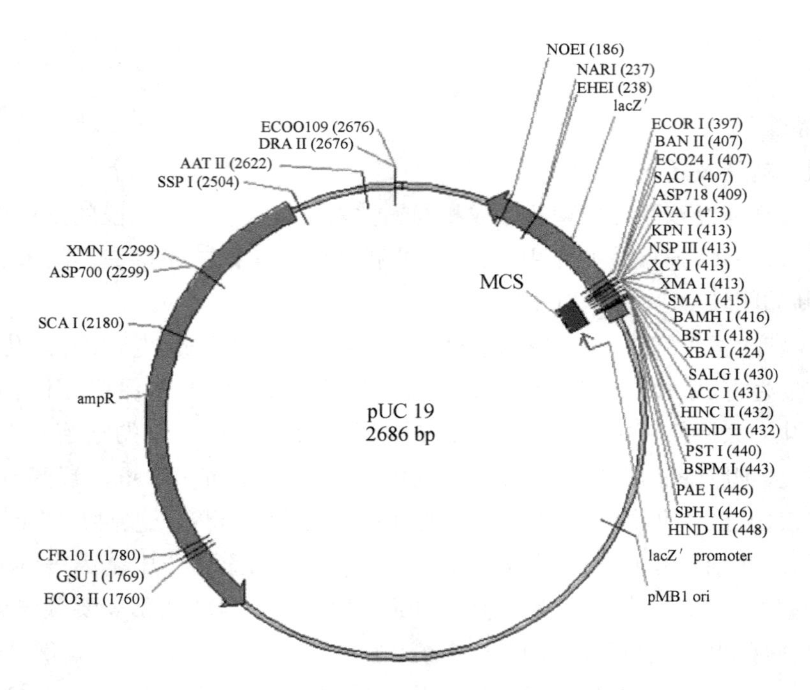

图 4-2 pUC19 载体多克隆位点示意图

(3) IPTG 诱导基因大量表达。

将 pET30a-Mlu Ⅰ 转入含有 T7 启动子的表达载体中,让其在 *E. coli* 表达菌株中表达。先让宿主菌生长,lacI 产生的阻遏蛋白与 lac 操纵基因结合,从而不能进行外源基因的转录及表达,此时宿主菌正常生长。然后向培养基中加入 lac 操纵子的诱导物 IPTG(异丙基硫代-β-D 半乳糖),阻遏蛋白不能与操纵基因结合,则外源基因大量转录并高效表达。表达蛋白可经 SDS-PAGE 鉴定,判断限制性内切酶 Mlu Ⅰ 基因是否成功表达。

2 需要解决的问题

本项目的目的基因来源于一个人工合成的限制性内切酶基因,合成方法同项目 3 的子项目 2。自然界中很多目的基因的原始基因序列存在内含子等序列,不利于基因的表达,因此需要对原始序列进行优化,并人为添加限制性内切酶酶切位点,使得目的基因与载体能够成功连接,并在宿主细胞中大量表达,这也是本项目成功的关键。

3 主要仪器设备、耗材、试剂

(1) 仪器设备:恒温振荡式摇床、恒温水浴锅、微量移液器、高压灭菌锅、超净工作台、恒温培养箱、通风柜、纯水机、琼脂糖凝胶电泳系统、紫外凝胶成像系统、PCR 仪等。

(2) 耗材:1.5mL EP 管、0.5mL EP 管、培养皿、酒精灯、移液器吸头、96 深孔板、封口膜、接种工具、牙签等。

(3) 试剂:限制酶 EcoRV、Nde1、Kpn1,多段重组酶,PCR 试剂盒,DNA 5000 Marker,T4 连接酶,DNA 回收试剂盒,pET30a、pUC19 载体,含 Amp、Kan 的 LB 固体培养基,IPTG-X-gal,T7 expression *E. coli* 菌株等。

【项目实施】

本项目分8个任务，分别是目的基因 Mlu Ⅰ 与克隆载体 pUC19 的连接、TOP10 感受态的制备、连接产物 pUC19-Mlu Ⅰ 的转化和筛选（化学转化法）、重组质粒 pUC19-Mlu Ⅰ 和表达载体 pET30a 的酶切、酶切后载体 pET30a 和目的基因 Mlu Ⅰ 的连接、连接产物 pET30a-Mlu Ⅰ 的转化、转化菌株的培养和筛选、目的基因的蛋白表达。8个任务环环相扣，前一个任务完成的好坏直接影响后续任务的实施。

任务1 目的基因 Mlu Ⅰ 与克隆载体 pUC19 的连接

（1）取 800ng pUC19 质粒，用 EcoRV 酶切。由于目的基因的 PCR 产物本身就是平末端，它不需要做任何额外的处理就可以和 EcoRV 处理后的 pUC19 在 T4 连接酶的作用下连接成新的重组子。50μL 酶切体系的组成如表4-1所示。

表4-1 50μL 酶切体系

试剂	体积
ddH_2O	38μL
pUC19	8μL（~1600ng）
EcoRV	2μL
10×buffer	2μL

（2）置于37℃水浴1h后，回收酶切产物（方法同项目3中 PCR 产物的胶回收）。

（3）酶切后载体和目的基因的连接：在0.5mL EP 管中配制20μL 反应体系，体系混匀后，置于22℃水浴30min。20μL 连接体系的组成如表4-2所示。

表4-2 20μL 连接体系

试剂	体积
目的基因	6μL
pUC19 酶切产物	2μL
T4 连接酶	2μL
2×buffer	10μL

任务2 TOP10 感受态的制备

1 $CaCl_2$ 法

（1）菌种的活化：取-80℃冰箱中的感受态细胞 TOP10 在 LB 的平板上进行画线分离。

（2）菌种的前培养：从 LB 平板上挑取相应的单菌落，接种于10mL LB 液体培养基中，

37℃下振荡培养过夜至对数生长中后期。

（3）从37℃下培养16h的新鲜TOP10平板中挑取一个单菌落，转到一个含有100mL LB培养基的1L烧瓶中，37℃下剧烈振摇培养3h（旋转摇床，300r/min）。

（4）在无菌条件下将细菌转移到一个无菌的、一次性使用的、用冰预冷的50mL聚丙烯管中，在冰上放置10min，使培养物冷却至0℃。

（5）4℃下，4000r/min离心10min，回收细胞。

（6）倒出培养液，将管倒置1min，使最后残留的痕量培养液流尽。

（7）用10mL冰预冷的0.1mol/L $CaCl_2$ 重悬每份沉淀，放置于冰浴上。

（8）4℃下，4000r/min离心10min，回收细胞。

（9）倒出培养液，将管倒置1min，使最后残留的痕量培养液流尽。

（10）每50mL初始培养物用2mL冰预冷的0.1mol/L $CaCl_2$（含20%甘油）重悬每份细胞沉淀。

（11）将细胞分装成小份（100μL/支），放于-80℃冰箱中冻存。

2 电转法

（1）菌种的活化：取-80℃冰箱中的感受态细胞TOP10在LB平板上进行画线分离。

（2）菌种的前培养：从LB平板上挑取相应的单菌落，接种于10mL LB液体培养基中，37℃下振荡培养过夜至对数生长中后期，检测菌液600nm处的吸光度（A_{600}）。

（3）取过夜菌接种到1.3L、37℃预热的SOB培养基中（培养基应提前加入葡萄糖液体、蔗糖液体、镁离子液体），使菌液初始 A_{600} 为0.02。37℃下，220r/min离心2h后测定菌液 A_{600}，至菌液 A_{600} 达到0.8。

（4）将菌液置于冰水混合物中，手摇10min（使温度保持在5℃以下）。在冰水混合物中冰浴1h。

（5）菌液分装至500mL离心瓶中，4℃下，800r/min离心20min。

（6）将离心瓶置于冰上，迅速倒掉上清液。每个离心瓶中加入100mL电转三蒸水重悬细胞后，4℃下，800r/min离心20min。重复该步骤2次。

（7）将离心瓶置于冰上，迅速倒掉上清液。每瓶加入预冷的20%甘油混合液，重悬终体积。

（8）细胞重悬后置于冰上，分装到1.5mL EP管中，干冰速冻后放于-80℃冰箱中冻存。

任务3 连接产物pUC19-MluⅠ的转化和筛选(化学转化法)

（1）从-80℃冰箱中取出TOP10感受态，用手温快速融化感受态。

（2）用移液器吸取10μL的连接产物，迅速加入刚融化好的感受态中。

（3）轻轻混匀并迅速将感受态细胞转移至冰上，静置15min。

（4）将冰浴充分的感受态细胞迅速转移至42℃热激2min。

（5）待热激结束后，迅速转移至冰上，再次冰浴10min。

（6）取出试管，加入800μL培养基并于37℃下恒温培养1h。

（7）5000r/min离心5min，弃掉上清液（试管底部还剩下大约50μL液体）。

（8）用移液器轻轻吹打试管底部沉淀，直到肉眼看不到沉淀为止。

（9）将试管中的菌液均匀涂布在带有IPTG-X-gal的AMP抗性的固体培养基上，放入37℃恒温培养箱中过夜培养。

（10）第二天观察平板，如果蓝白斑显色正常，挑白色单斑扩大培养并提取重组质粒。

任务4 重组质粒pUC19-Mlu Ⅰ和表达载体pET30a的酶切

将重组质粒pUC19-Mlu Ⅰ和表达载体pET30a均用Nde Ⅰ和Kpn Ⅰ酶切。按表4-3依次加入相应试剂，在0.5mL离心管中配制50μL反应体系（表4-3）。体系配制完成后，混匀并于37℃下恒温水浴1h，回收酶切产物。

表4-3 50μL酶切体系

试剂	体积
ddH_2O	35μL
pET30a/pUC19-Mlui	6μL（～1200ng）
Nde Ⅰ	2μL
Kpn Ⅰ	2μL
10×Green Buffer	5μL
Total	50μL

目的基因和载体由于浓度较低，一般能够全部酶切，过柱回收即可。载体采用琼脂糖凝胶电泳回收，回收方法同项目3中PCR产物的回收。

任务5 酶切后载体pET30a和目的基因Mlu Ⅰ的连接

将目的基因Mlu Ⅰ和质粒pET30a的酶切产物用T4连接酶连接，在0.5mL EP管中配制20μL反应体系（表4-4）：取0.5mL EP管，加入2μL T4连接酶、6μL目的基因、2μL酶切质粒，补水至20μL，混匀后，PCR仪50℃下反应1h，4℃下保存。

表4-4 20μL连接体系

试剂	体积
目的基因酶切产物	6μL
pET30a酶切产物	2μL
T4连接酶	2μL
2×buffer	10μL

任务6 连接产物pET30a-MluⅠ的转化

（1）从 -80℃冰箱中取出TOP10感受态，用手温快速融化感受态。

（2）用移液器吸取10μL的连接产物，迅速加入刚融化好的感受态中。

（3）轻轻混匀并迅速将感受态细胞转移至冰上，静置15min。

（4）将冰浴充分的感受态细胞迅速转移至42℃热激2min。

（5）待热激结束后，迅速转移至冰上，再次冰浴10min。

（6）取出试管，加入800μL培养基，37℃下恒温培养1h。

（7）5000r/min离心5min，弃掉上清液（试管底部还剩下大约50μL液体）。

（8）用移液器轻轻吹打试管底部沉淀，直到肉眼看不到沉淀为止。

（9）将试管中的菌液均匀涂布于含Amp、Kan的LB固体培养基上，放入37℃恒温培养箱中过夜培养。

任务7 转化菌株的培养和筛选

（1）单菌落挑取：挑取8个白色圆润的单菌落加入400μL带有Amp抗性的培养基中，用封口膜封好并于37℃摇床上培养1h。

（2）配制菌落PCR反应体系（表4-5）。

表4-5 30μL菌落PCR反应体系

试剂	体积
菌液	5μL
Taq酶	1μL
5′端引物（50μmol/L）	0.5μL
3′端引物（50μmol/L）	0.5μL
dNTP（10mmol/L）	3μL
10×buffer	3μL
ddH_2O	17μL

（3）设置菌落PCR反应程序（表4-6）。

表4-6 PCR反应程序

步骤	温度	时间
① 预变性	96℃	5min
② 变性	95℃	30s
③ 退火	62℃	3s

续表

步骤	温度	时间
④ 延伸	72℃	1min
⑤ 循环(重复步骤② ~ ④)	—	25次
⑥ 最后延伸	72℃	10min

(4) 电泳检测：用移液器吸取6μL的菌检PCR产物点入浓度为1%的检测胶，电泳仪220V、280mA电泳7min，琼脂糖凝胶电泳方法和步骤同项目3中相关内容。

任务8 目的基因的蛋白表达

(1) 将正确克隆pET30a-Mlu Ⅰ转入T7 expression *E. coli*(NEB菌株)，菌液涂布于同时含Amp和Kan的LB固体培养基上，37℃下培养过夜。

(2) 取2克隆分别加入含4mL LB培养基的试管中，37℃下培养至A_{600}为0.6，其中一试管中加入4μL浓度为1mol/L的IPTG诱导剂，使终浓度为1mmol/L；另一试管不加诱导剂，作为阴性对照。再继续培养3h，各吸取500μL菌液离心，弃上清液。每管加入50μL 50mmol/L pH 8.0的Tris-HCl，混匀后，沸水煮10min，离心取上清液。

(3) 采用SDS-PAGE法鉴定表达产物。

① 按表4-7配制12%的分离胶和4%的浓缩胶。

表4-7 分离胶和浓缩胶配方

试剂	体积	
	分离胶	浓缩胶
ddH_2O	6.7mL	6.1mL
缓冲液	5mL	2.5mL
胶贮液	8mL	1.3mL
10% SDS	200μL	100μL
TEMED	10μL	10μL
10% AP	100μL	50μL

② 加入上样缓冲液：在样品中加入等体积上样缓冲液，100℃水浴中保温3 ~ 5min，取出待用。

③ 上样、电泳：将样品和蛋白Marker加到样品孔中开始电泳，先恒压80V，栏品进入分离胶后恒压120V，直到溴酚蓝即将移出泳道为止。

④ 固定、染色、脱色：电泳完毕，取下凝胶，浸泡于染色液中染色2h，最后用脱色液脱色至条带清晰为止。

【结果呈现】

1 阳性克隆筛选

本项目用 pUC19 和 pET30a 分别作为克隆载体和表达载体，pUC19 带 LacZ 基因，pET30a 不带 LacZ 基因。在带有 IPTG-X-gal 的 AMP 固体培养基上，pUC19 质粒会使菌落变蓝，而 pET30a 不会。插入外源目的基因后，LacZ 基因序列被破坏，培养后的白色菌斑即为携带目的基因的重组质粒转化子，如图 4-3（pUC19-Mlu Ⅰ）、图 4-4（pET30a-Mlu Ⅰ）所示。

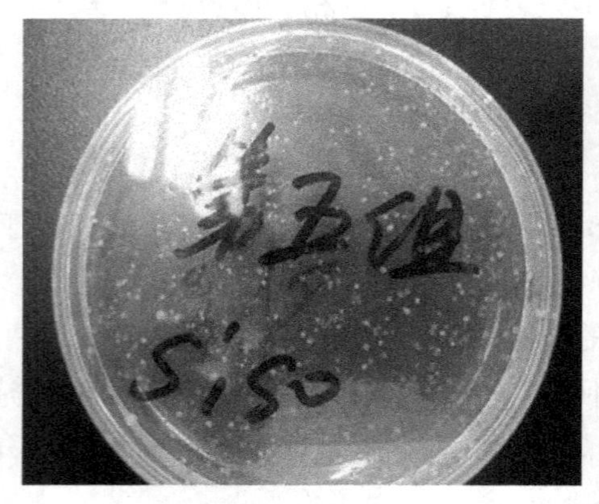

图 4-3 重组质粒 pUC19-Mlu Ⅰ 转化平板

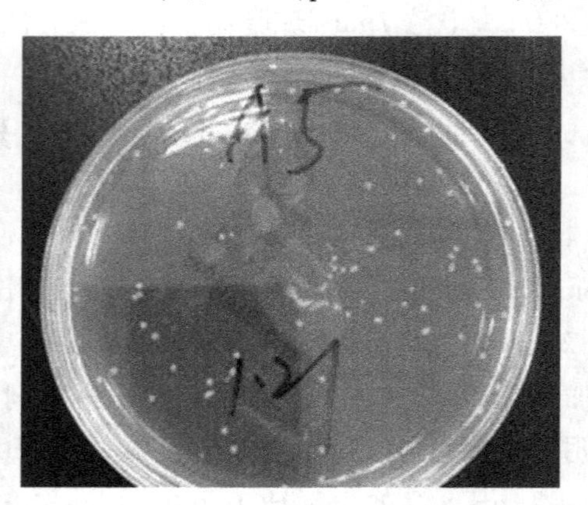

图 4-4 重组质粒 pET30a-Mlu Ⅰ 转化平板

2 菌落 PCR

连接产物 pET30a-Mlu Ⅰ 转化培养后，在菌落中挑取单斑进行菌落 PCR 并用琼脂糖凝胶电泳检测，若在 750～1000bp 的位置处出现特异的亮带，则表示此克隆为阳性克隆，如图 4-5 所示。

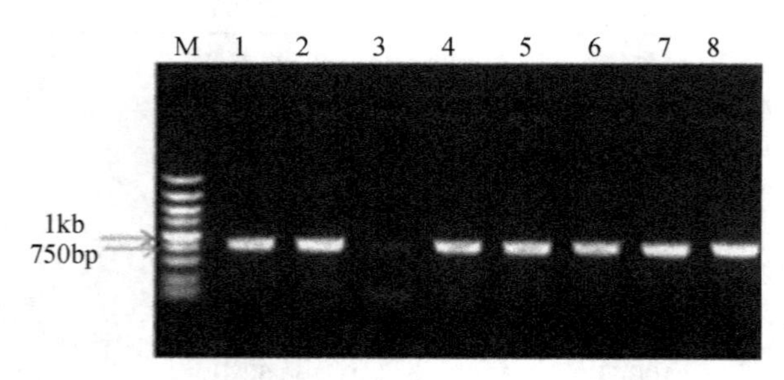

图 4-5 阳性克隆菌检结果图

3 目的基因的蛋白表达

Mlu Ⅰ 序列长 849bp，翻译成 283 个氨基酸，表达蛋白分子质量大小为 31.16kD。IPTG 可诱导外源基因的表达，加入 IPTG 的产物 2 在 29kD 处有一明显亮带，与 Mlu Ⅰ 表达蛋白分子质量大小 31.16kD 相符，表明 Mlu Ⅰ 基因成功表达，如图4-6 所示。

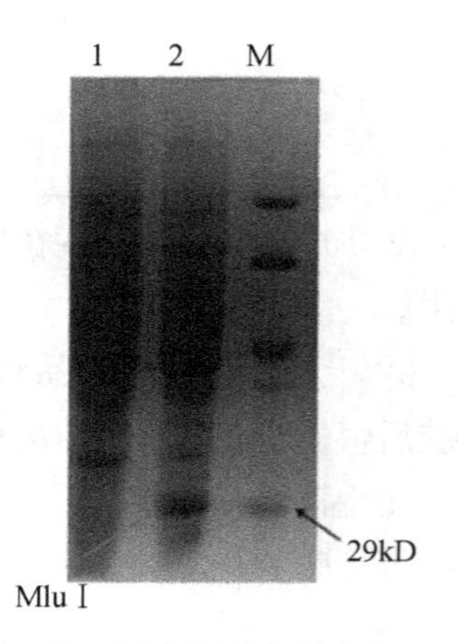

图 4-6 SDS-PAGE 蛋白检测图

【思考题】

（1）蓝白斑筛选过程中，如果过夜培养的平板全是白斑或蓝斑，可能的原因是什么？

（2）本项目的克隆载体和表达载体分别为 pUC19 和 pET30a，可以直接用 pUC19 或 pET30a 一种载体吗？

【时间安排】

（1）第 1 天：准备相关试剂、耗材，并检查所需设备是否能正常运转；将用于感受态细胞制备的菌液活化、过夜培养。

（2）第 2 天：感受态细胞的制备。

（3）第 3 天：目的基因 Mlu Ⅰ 与克隆载体 pUC19 的连接，连接产物 pUC19-Mlu Ⅰ 的转化、过夜培养。

（4）第 4 ~5 天：挑斑、扩大培养，提取重组质粒。

（5）第 6 天：重组质粒 pUC19-Mlu Ⅰ 和表达载体 pET30a 的酶切、回收、连接，并将连接产物转化、过夜培养。

（6）第 7 天：挑斑、菌检，并将正确克隆转入表达菌过夜培养。

（7）第 8 天：IPTG 诱导蛋白表达，SDS-PAGE 鉴定表达产物。

1 基因工程的定义和主要步骤

1.1 基因工程的定义

基因工程通常是指在体外把核酸分子（基因）组合到特定的载体（病毒、质粒、噬菌体等）上，并使之进入原来没有这类分子的宿主细胞内，能使基因在宿主细胞内扩增或表达生物活性物质。这种 DNA 分子的新组合是按照工程学方法进行设计和操作的。这就赋予了基因工程跨越天然种属屏障的能力，克服了固有的生物种间的限制，扩大和带来了定向创造新生物种的可能性，这是基因工程的最大优点。

基因工程的相关术语常见的有遗传工程（genetic engineering）、基因工程（gene engineering）、基因操作（gene manipulation）、重组 DNA 技术（recombinant DNA technique）、分子克隆（molecular cloning）、基因克隆（gene cloning）等，这些术语所表达的具体内容既相关又有区别。遗传工程比基因工程所包含的内容广泛，遗传工程包括基因工程但遗传工程不等于基因工程。基因工程仅指基因克隆、重组、表达；而遗传工程是指采用基因工程方法和技术，人工改造生物遗传性、细胞融合、花粉培育、常规育林、有性杂交等。重组 DNA 技术是基因工程的核心内容，但严格地说，基因工程除上述定义所阐明的内容以外，还应包括体外 DNA 突变、体内基因操作以及基因的化学合成等。总之，凡是在基因水平上操作而改变生物遗传性的技术都属于基因工程，而重组 DNA 技术不等于就代表基因工程，但基因工程又可称为基因克隆和 DNA 分子克隆。

医学基因工程实际上是基因工程在医学和医学生物学中的应用,其目的是诊治疾病(采用基因工程来进行基因诊断和治疗),提高人类健康水平,改善环境,防止污染,发展基因制药(如生物活性多肽、基因工程抗体、基因工程疫苗等)。

基因工程是生物工程中的主体工程,除此之外,生物工程还包括酶工程、发酵工程、细胞工程、蛋白工程。这五大工程技术之间既有各自的独特性,又有彼此间的相关性。如采用原核细胞表达两种生物活性蛋白并形成制品,这项技术既包括基因工程,又包括发酵工程和蛋白纯化的蛋白工程;若在真核细胞中表达又增加了细胞工程。只有通过各项工程的相互配合,才能使基因工程的表达产物产生规模化效益。这就要求生物工程的专业技术人员必须掌握较广泛的生物工程技术,才能更好地发挥作用。

1.2 基因工程的主要步骤

基因工程的主要步骤如下:

(1) 从生物体的基因组或 cDNA 文库中分离(克隆)目的基因的 DNA 片段。

(2) 将目的基因连接到具有自我复制并有选择性标记的载体上,形成重组 DNA 分子。

(3) 将重组 DNA 分子导入受体细胞(又称宿主细胞或寄生细胞)。

(4) 将带有重组 DNA 分子的细胞通过繁殖和克隆筛选,挑选出具有重组 DNA 分子的细胞克隆(阳性细胞克隆)。

(5) 将选出的阳性细胞克隆转入宿主细胞,使目的基因在细胞内进行高效表达。

2 基因工程中常用的工具酶

2.1 限制性核酸内切酶

限制性核酸内切酶是识别特定的核苷酸序列,并对每条链中特定部位的两个核苷酸之间的磷酸二酯键进行切割的一类酶,简称限制性内切酶、限制酶或内切酶。

2.1.1 限制性核酸内切酶的发现及来源

1970 年,美国微生物遗传学家史密斯(Hamilton Othanel Smith)和同事从嗜血流感细菌(*Haemophilus influenzae*)中分离得到一种内切酶。该酶可特异性识别双链而不是单链 DNA,并且只对噬菌体(外源)DNA 具有切割作用,而对细菌 DNA 无任何影响。该酶对双链 DNA 的切割不产生游离核苷酸,所获得酶切片段较大,切割具有位点特异性,因此具有核酸内切酶活性。史密斯和同事还鉴定了该酶的识别及切割序列(5′GTT/C ↓ G/AAC3′),该酶被命名为 HindⅡ,这是人类发现的第一个Ⅱ型限制性内切酶。限制性内切酶分布极广,几乎在所有细菌的属、种中都发现有至少一种限制性内切酶,多者在一属中就有几十种,如在嗜血杆菌属(*Haemophilus*)中现已发现的就有 22 种。有的菌株含酶量极低,很难分离定性;然而在有的菌株中酶含量极高。如 *E. coli* 的 pMB4(EcoRⅠ酶)和 H. aegyptius(HalⅢ酶)就是高产酶菌株。据报道,从 10g H. aegyptius 细胞中能分离提纯出可消化 10g λ 噬菌体 DNA 的酶量。到目前为止,细菌是限制性内切酶尤其是特异性非常强的Ⅰ类限制性内切酶的主要来源。

2.1.2 限制性核酸内切酶的分类和命名

根据限制性内切酶的结构、辅因子的需求切位与作用方式,可将其分为三种类型,分别是Ⅰ型(TypeⅠ)、Ⅱ型(TypeⅡ)和Ⅲ型(TypeⅢ)。

Ⅰ型限制性内切酶同时具有修饰(modification)及识别切割(restriction)的作用,另有识别(recognize)DNA上特定碱基序列的能力,通常其切割位(cleavage site)距离识别位(recognition site)可达数千个碱基之远,且切割的核苷酸序列没有专一性,是随机的。这一类限制性内切酶在DNA重组技术或基因工程中没有多大用处,无法用于分析DNA结构或克隆基因。这类酶如EcoB、EcoK等。

Ⅱ型限制性内切酶只具有识别切割的作用(修饰作用由其他酶进行),所识别的位置多为短的回文序列(palindrome sequence),所剪切的碱基序列通常即为所识别的序列,是遗传工程上实用性较高的限制性内切酶种类,如EcoRⅠ、HindⅢ。这一类限制性内切酶能识别专一的核苷酸序列,并在该序列内的固定位置上切割双链。由于这类限制性内切酶识别和切割的核苷酸都是专一的,所以总能得到同样核苷酸序列的DNA片段,并能构建来自不同基因组的DNA片段,形成杂合DNA分子。因此,这种限制性内切酶是DNA重组技术中最常用的工具酶之一。这种酶识别的专一核苷酸序列最常见的是4个或6个核苷酸,少数也有识别5个、7个、9个、10个和11个核苷酸的。如果识别位置在DNA分子中的分布是随机的,则识别4个核苷酸的限制性内切酶每隔4^6(4096)个核苷酸就有一个切点。人的单倍体基因组据估计为3×10^9个核苷酸,识别4个核苷酸的限制性内切酶的切点约有10^7个,也就是可被这种酶切成10^7个片段,识别6个核苷酸的限制性内切酶约有10^6个切点。这一类限制性内切酶的识别序列是一个回文对称序列,即有一个中心对称轴,从这个轴朝两个方向"读"都完全相同。这种酶的切割可以有两种方式:有的在对称轴处切割,产生平末端的DNA片段(如SmaⅠ:5′-CCC↓GGG-3′);有的切割位点在对称轴一侧,产生带有单链突出末端的DNA片段,称为黏性末端,如EcoRⅠ切割识别序列后产生两个互补的黏性末端,结果形成有时候两种限制性内切酶的识别核苷酸序列和切割位置都相同,差别只在于当识别序列中有甲基化的核苷酸时,一种限制性内切酶可以切割,另一种则不能。例如,HpaⅡ和MspⅠ的识别序列都是5′……CCGG……3′,如果其中有5′-甲基胞嘧啶,则只有HpaⅡ能够切割。这些有相同切点的酶称为同切酶或异源同工酶(isoschizomer)。

Ⅲ型限制性内切酶与Ⅰ型限制酶类似,同时具有修饰及识别切割的作用,可识别短的不对称序列,切割位与识别序列距24~26个碱基对,如Hinf Ⅲ。这一类限制性内切酶也有专一的识别序列,但不是对称的回文序列。它在识别序列旁边几个核苷酸对的固定位置上切割双链,但这几个核苷酸对是任意的。因此,这种限制性内切酶切割后产生的一定长度DNA片段具有各种单链末端,这对于克隆基因或克隆DNA片段没有多大用处。

限制性内切酶的命名原则是:前三个字母代表种属名,第四个字母为株名,而最后的数字表示鉴定的先后顺序。如HindⅡ就表示嗜血流感细菌d株第二个酶。

2.1.3 限制性内切酶的应用

限制性内切酶为生命科学研究提供了重要工具,如DNA测序、基因工程等。限制性内切酶被称为DNA研究中的手术刀。不夸张地说,没有限制性内切酶的应用就没有基因工程的出现。限制性内切酶可将大片段DNA剪切为小片段,从而大大促进了高等生物的遗传学研究,人类基因组计划的实施也得益于此(DNA 限制性图谱是其中的关键性环节)。通过特定限制性内切酶可实现基因染色体定位,可分析基因的化学结构和调节基因表达的特定区域等。限制性内切酶在临床上也具有巨大应用,可以为先天性畸形、遗传性疾病及肿瘤的预防和治疗提供帮助。如今在临床的许多分子生物学诊断中,限制性内切酶都是必备的工具,并因此成为现代医学中最为基本的应用试剂。限制性内切酶的发现引发了遗传学的一场革命,对推动分子生物学的发展具有不可估量的作用。

2.2 DNA 连接酶

2.2.1 DNA 连接酶的功能及连接条件

1967 年,世界上有数个实验室几乎同时发现了一种能够催化在 2 条 DNA 链之间形成磷酸二酯键的酶,即 DNA 连接酶(ligase)。根据 DNA 连接酶的来源不同可分为两种类型:一种从大肠杆菌细胞中分离得到,相对分子质量为 7500;另一种从 T4 噬菌体中分离得到,称为 T4 DNA 连接酶,相对分子质量为 6000。这两种连接酶催化反应基本上相同,也就是连接双链 DNA 的缺口,在相邻的 3′- OH 和 5′- P 之间形成磷酸二酯键。这两种来源不同的连接酶最主要的差别是酶在进行催化反应时需要的辅基不一样,T4 DNA 连接酶反应时需要 ATP,而大肠杆菌 DNA 连接酶需要 NAD。

值得注意的是,DNA 连接酶并不能够连接两条单链的 DNA 分子,被连接的 DNA 链必须是双螺旋 DNA 分子的一部分。实际上,DNA 连接酶能封闭双螺旋 DNA 骨架上的缺口(nick)而不能封闭裂口(gap)。换言之,只要当 3′- OH 和 5′- P 是彼此相邻的,并且各自位于互补链上互补碱基配对的两个脱氧核苷酸的末端时,大肠杆菌的 DNA 连接酶才能将它们连接成磷酸二酯键,这种形式的连接过程对于正常 DNA 的合成、损伤 DNA 的修复以及遗传重组中 DNA 链的拼接等都是十分必要的。

DNA 连接酶连接缺口 DNA 的最佳反应温度是 37℃。但是在这个温度下,黏性末端之间的氢键结合是不稳定的。由限制酶 EcoR I 产生的黏性末端连接之后所形成的结合部总共只有 4 个 A - T 碱基对,在如此高温下,显然不足以抗御热的破坏作用。因此,连接黏性末端的最佳温度应介于酶作用速率和末端结合速率之间,一般认为在 4℃ ~15℃ 比较合适。最初用凝胶电泳法检测连接反应的效率,而后来发现这种测定方法并不十分可靠。1986 年,V. King 和 W. Blakeskey 提出,将连接反应物转化感受态细胞的能力作为判断连接效率的标准。他们详细地研究了 5 种主要参数,包括 ATP 浓度、连接酶浓度、反应时间、反应温度及插入片段与载体分子的摩尔比值对于连接产物转化效率的影响。结果表明,连接反应的温度是影响转化效率的最重要参数之一。事实上,在 26℃ 以下连接 4h 的产物所得到的转化子数量大约是在 4℃ 以下连接 23h 的 90%,而且几乎比在 4℃ 以下连接 4h 多 25 倍以上。

T4 DNA 连接酶的用量也会影响转化子的数目。在平末端 DNA 分子的连接反应中,最适的反应酶量是 1 ~2U;而对于其黏性末端(如 EcoR I 末端)DNA 片段间的连接,在同样的条件下,酶浓度仅为 0.1U 时便能得到最佳的转化效率。至于 ATP,它的反应浓度变动范围保持在 10μmol/L ~1mmol/L 时,无论对平末端片段的连接效率还是对黏性末端片段的连接效率都没有什么影响,浓度接近 0.1mmol/L 时环化作用达到最高值。

2.2.2 DNA 分子的体外连接

(1) 黏性末端 DNA 片段的连接。

DNA 连接最突出的特点是它能够催化外源 DNA 和载体分子发生连接作用,形成重组的 DNA 分子。应用 DNA 连接酶的这种特性,可在体外将具有黏性末端的 DNA 限制片段插入适当的载体分子上,从而可以按照人们的意图构建出新的 DNA 杂种分子。具黏性末端的 DNA 片段的连接比较容易,也较常用,如图 4-7 所示。例如,用 EcoR Ⅰ 切割小质粒 pSC101(只有一个 EcoR Ⅰ 酶切位点),再将外源 DNA 也用 EcoR Ⅰ 做同样的消化,随后把这两种 DNA 混合起来,加入 DNA 连接酶,便可产生稳定的杂种 DNA 分子。

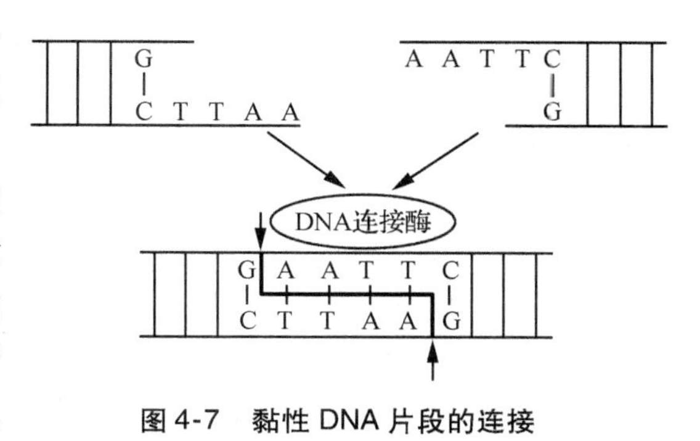

图 4-7 黏性 DNA 片段的连接

当然,按上述方法构建重组体 DNA 分子也有一些不足之处。其中最主要的缺点是:由限制酶产生的具有黏性末端的载体 DNA 分子在连接反应混合物中会发生自我环化作用,并在连接酶的作用下重新变成稳定的共价闭合的环形结构。这样就会使只含有载体分子的转化子克隆的"本底"比例大幅度上升,最终给重组体 DNA 分子的筛选工作带来麻烦。为了克服这一缺点,一般用细菌或小牛肠的碱性磷酸酶(BAP 或 CAP)预先处理线性的载体分子,以移去其末端的 5′磷酸基团。于是在连接反应中,它自己的两个末端就再也不能被连接酶共价连接起来了。这样形成的杂种 DNA 分子的每一个连接位点中,载体 DNA 都只有一条链是外源 DNA 连接上的,而另外一条链由于失去了 5′－P 基团而不能做此连接,故留下一个具有 3′－OH 和 5′－OH 的缺口。尽管如此,这样的 DNA 分子仍然可以导入细菌细胞,并在寄主细胞内完成缺口的修复工作。

(2) 平末端 DNA 片段的连接。

① T4 DNA 连接酶法。连接平末端 DNA 分子的方法有两种:一种是直接用 T4 DNA 接酶连接;另一种是先用末端核苷酸转移酶给平末端 DNA 分子加上同聚物尾巴,再用 T4 DNA 连接酶进行连接。T4 DNA 连接酶同一般的大肠杆菌 DNA 连接酶不同,T4 DNA 连接酶除了能够封闭具有 3′－OH 和 5′－P 末端的双链 DNA 的缺口之外,在存在 ATP 和加入高浓度酶的条件下,还能够连接具有完全配对碱基的平末端 DNA 分子,但其连接效率比黏性末端要低得多。平末端连接时,获得重组体数量的多少虽然与酶浓度高低并不呈直线关系,但若酶浓度增加 10～30 倍,则平末端连接的频率会大大增加。加入少量 T4 RNA 连接酶对于平末端连接反应非常有利,这种影响并不是 T4 RNA 连接酶具有催化 DNA 平末端连接的能力,而是其对 DNA 连接反应有刺激作用。特别是在 DNA 浓度较低时,RNA 连接酶的刺激反应更为明显,反应速率可提高 20 倍。这种刺激反应效果主要是对平末端 DNA 片段的连接,而对于黏性末端 DNA 间的连接刺激效应不明显。

② 同聚物加尾法。应用末端核苷酰转移酶能够将核苷酸(通过脱氧核苷三磷酸前体)

加到 DNA 分子单链延伸末端的 3′- OH 基团上，它一个一个加上核苷酸，并不需要模板链的存在，构成由核苷酸组成的尾巴，长度可达 100 个核苷酸。为了在平末端的 DNA 分子上产生带有 3′- OH 的单链延伸，我们需要用 5′特异的核酸外切酶处理 DNA 分子，以便移去少数几个末端核苷酸。在核酸外切酶处理过的 DNA、dATP 和末端脱氧核苷酸转移酶组成的反应混合物中，DNA 分子的 3′- OH 末端将会出现单纯由腺嘌呤核酸组成的 DNA 单链延伸。这样的延伸片段称为 Poly(dA)尾巴。如果在反应混合物中加入的是 dTTP，那么这种 DNA 分子的 3′- OH 末端就会形成 Poly(dT)尾巴，与 Poly(dA)互补。因此，任何两条 DNA 分子，只要分别获得 Poly(dA)和 Poly(dT)尾巴，就会彼此连接起来。所加的同聚物尾巴的长度并没有严格的限制。连接分子的裂口可通过大肠杆菌 DNA 聚合酶Ⅰ的作用予以补上，留下的单链缺口则可由 DNA 连接酶封闭。上述这种连接 DNA 分子的方法叫作同聚物加尾法。

按照同样的道理，也可以采用给一种 DNA 分子 3′末端加上 Poly(dG)尾巴后在另一种 DNA 分子 3′末端加上 Poly(dC)尾巴的办法，使两个不同的 DNA 分子连接起来。

同聚物加尾法是一种十分有用的 DNA 分子连接法。不仅由特定限制酶消化会形成具平末端的 DNA 片段，就是用机械切割法破裂大分子量 DNA 也经常会产生具平末端的 DNA 片段。此外，在重组 DNA 技术中占重要位置的、由 RNA 模板制备的 cDNA 同样也具有平末端结构。这些 DNA 分子的连接往往都要采用同聚物加尾法，但连接后无法切割，无法从该连接物上获得 DNA 片段。

(3) 用化学合成的衔接物连接 DNA 分子。

所谓衔接物(linker)，是指用化学方法合成的一段由 10 ~ 12 个核苷酸组成的、具有 1 个或数个限制酶识别位点的寡核苷酸片段。衔接物的 5′末端和待克隆的 DNA 片段 5′末端用多核苷酸激酶处理使之磷酸化，然后再通过 T4 DNA 连接酶的作用使两者连接起来，接着用适当的限制酶消化具有衔接物的 DNA 分子和克隆载体分子，这样使二者都产生了彼此互补的黏性末端，于是便可以按照常规的黏性末端连接法将待克隆的 DNA 片段同载体分子连接起来。例如，将含有 BamH Ⅰ限制位点的一段化学合成的六聚体衔接物用 T4 DNA 连接酶连接到平末端的外源 DNA 片段的两端，经 BamH Ⅰ限制酶消化之后就会产生黏性末端。这样的 DNA 片段随后便可以插入由同样限制酶消化过的载体分子上。这种经由化学合成的衔接物分子连接平末端 DNA 片段的方法，具有同聚物加尾法和黏性末端法各自的优点，因此可以说是一种综合的方法，在 DNA 分子的连接中是一种有效而实用的手段。

2.3 碱性磷酸酶

2.3.1 基本特性

碱性磷酸酶有两种来源：从细菌细胞中分离得到的碱性磷酸酶称为 BAP 酶，从小牛内脏中分离制备的碱性磷酸酶称为 CAP 酶。该酶的功能是以单链或双链 DNA、RNA 为基质，将 DNA 或 RNA 片段 5′端的磷酸切除。

2.3.2 在基因工程中的应用

(1) 用该酶催化切除 DNA 或 RNA 5′端的磷酸，然后加上 γ-^{32}P-NTP，在 DNA 多聚核苷酸激酶的作用下标记 5′端。

（2）用该酶处理后除去质粒 DNA 片段的 5′端磷酸，提高 DNA 片段连接的效率。质粒 DNA 经过碱性磷酸酶处理后由于失去了 5′端磷酸，因此不能自己连接为二聚体，也不能自己环化，而只能和外源 DNA 5′端连接。虽然这样形成的 DNA 保留有两个缺口，但是转化以后在受体细胞中能够自我修复，形成能正常复制的带有外源插入片段的质粒，因而提高了克隆效率。

2.4　甲基化酶

大部分大肠杆菌菌株中含有两种与 DNA 甲基化作用有关的酶，有 dam 甲基化酶和 dcm 甲基化酶。dam 甲基化酶可在限制酶识别的 5′GATC3′序列中的腺嘌呤 N^6 位上引入甲基，已知多种限制酶能识别类似的序列，如 Pvm Ⅰ、BamH Ⅰ、Bcl Ⅰ、Bgl Ⅱ、Mbo Ⅰ和 Sau3A Ⅰ；dcm 甲基化酶可以识别限制酶识别的 5′CCAGG3′或者 5′CCTGG3′的类似序列，该识别序列也可能受到 dcm 甲基化酶的作用，使胞嘧啶甲基化。与Ⅱ型限制性内切酶有关的甲基化酶大部分已经分离得到，在基因工程技术中常用的如 EcoR Ⅰ甲基化酶。

（1）EcoR Ⅰ甲基化酶的反应特性。此酶是从大肠杆菌细胞中分离得到的，能将 S－腺苷蛋氨酸（SAM）中的甲基转移到 EcoR Ⅰ酶识别序列中的腺嘌呤残基上。经过这种甲基化作用修饰以后，GAATTC/CTTAAG 中的腺嘌呤转变为 6－甲基氨基嘌呤，保护 DNA 不再受 EcoR Ⅰ降解。

（2）EcoR Ⅰ甲基化酶。在基因工程中的应用。DNA 片段经过该酶处理以后，能保护 DNA 片段不再受 EcoR Ⅰ限制性核酸内切酶的降解。通常在制备 cDNA 基因库时，以 λgt11 为表达载体时，在 cDNA 片段的两端需连接上 EcoR Ⅰ酶切，并将 λgtⅡ和 cDNA 通过 EcoR Ⅰ切点相连接。这就要求对 cDNA 片段中可能含有的 EcoR Ⅰ切点进行保护，防止 cDNA 遭到 EcoR Ⅰ酶降解。

3　基因克隆载体

载体（vector）是指在基因工程重组 DNA 技术中将 DNA 片段（目的基因）转移至受体细胞进行扩增和表达的一种能自我复制的 DNA 分子。三种最常用的载体是细菌质粒、噬菌体和动植物病毒。

3.1　基因工程载体的必备条件

（1）有复制子。复制子是一段具有特殊结构的 DNA 序列，载体有复制子才能在宿主细胞中保存下来，并使与它结合的外源基因大量复制繁殖，且这种复制对受体细胞无害，不影响受体细胞正常的生命活动。

（2）有一个或几个限制性内切酶的单一识别位点，而且每种酶的识别位点最好只有一个，便于外源基因的插入。如大肠杆菌 pBR322 质粒就有多种限制酶的单一识别位点，可适用于多种限制酶切割的 DNA 插入。

（3）有一定的标记基因，表现为一个或多个利于检测的遗传表型，如抗药性、显色表型反应等，便于进行筛选。如大肠杆菌 pBR322 质粒携带氨苄青霉素抗性基因和四环素抗性基因，就可以作为筛选的标记基因。一般来说，天然载体往往不能满足上述要求，因此需要根据不同的目的和需要对载体进行人工改建。现在所使用的质粒载体几乎都是经过改建的。

(4) 适当的拷贝数。一般而言,较高的拷贝数不仅利于载体的制备,同时还会使细胞中克隆基因的数量增加。

3.2 载体的类型

3.2.1 质粒载体

质粒载体的相关介绍见项目2“相关知识”中的1.2.7。

3.2.2 噬菌体载体

噬菌体主要有双链噬菌体和单链丝状噬菌体两大类。双链噬菌体为λ类噬菌体,单链丝状噬菌体有M13、f1、fd噬菌体。重组DNA技术中常用的噬菌体克隆载体主要有λ类噬菌体和M13噬菌体。

λ类噬菌体是最早使用的克隆载体,为基因组全长约为50kb的线性双链DNA分子。在其两端,各有一条由12个核苷酸组成的互补的5′单链突出序列,即黏性末端。当λ类噬菌体DNA注入寄主细胞后,线性DNA分子会通过黏性末端的碱基配对而结合,形成环状DNA分子。这种由黏性末端结合形成的双链区称为cos位点。实验室用的λ类噬菌体载体都是在野生型基础上改造而成的,即从λ类噬菌体的基因组DNA上消去一些多余的限制位点,同时切除非必要的区段。改建之后常用的有插入型载体和替换型载体两类。

(1) 插入型载体。外源的DNA克隆到插入型λ载体分子上,会使噬菌体的某种生物功能丧失效力,即所谓的插入失活效应。插入型λ载体又可以分为免疫功能失活的插入型载体和大肠杆菌β-半乳糖苷酶失活的插入型载体两种亚型。免疫功能失活的插入型载体:在这类插入型载体的基因组中有一段免疫区,其中带有一两种限制性内切酶的单切割位点。当外源DNA片段插入这种位点上时,就会使载体所具有的合成活性阻遏物的功能遭受破坏而不能进入溶源周期。因此,凡带有外源DNA插入的λ重组体都只能形成清晰的噬菌斑,而没有外源DNA插入的亲本噬菌体就会形成混浊的噬菌斑。β-半乳糖苷酶失活的插入型载体:它们的基因组中含有一个大肠杆菌的lac5区段,其中编码着β-半乳糖苷酶基因lacZ。由这种载体感染的大肠杆菌lac^-指示菌涂布在补加有IPTG和X-gal的培养基平板上会形成蓝色的噬菌斑。如果外源DNA插入lac5区段上,则阻断了β-半乳糖苷酶基因lacZ的编码序列,不能合成β-半乳糖苷酶,只能形成无色的噬菌斑。

(2) 替换型载体。又称取代型载体(substitution vector),是一类在λ类噬菌体基础上改建的、在其中央部分有一个可以被外源插入的DNA分子所取代的DNA片段的克隆载体。λNM781便是其中的一个代表。在这个替换型载体中,可取代的EcoRⅠ片段编码有一个supE基因(大肠杆菌突变体tRNA基因)。由于这种λNM781噬菌体的感染,寄主细胞lacZ基因的琥珀突变被抑制,所以能在乳糖麦康基氏(Mac Conkey)琼脂培养基上产生红色的噬菌斑,或是在X-gal琼脂培养基上产生蓝色的噬菌斑。如果这个具有supE基因的EcoRⅠ片段被外源DNA取代了,那么所形成的重组体噬菌体在上述这两种指示培养基上都只能产生无色的噬菌斑。

M13噬菌体是一类特异的雄性大肠埃希菌噬菌体,基因组为一长度6.4kb且彼此同源性很高的单链闭环DNA分子。M13噬菌体只感染雄性大肠埃希菌,但其DNA可以经传导进入雌性大肠埃希菌。M13 子代噬菌体通过细胞壁挤出,并不杀死细菌,但细菌生长速度缓慢。该类噬菌体作为克隆载体,可以通过质粒提取技术在细菌培养物中获取。M13 噬菌体主要用于克隆单链 DNA。

3.2.3 病毒载体

质粒和噬菌体载体只能在细菌中繁殖,不能满足真核 DNA 重组需要。感染动物的病毒可改造用作动物细胞的载体。由于动物细胞的培养和操作较复杂,花费也较多,因而病毒载体构建时一般都把细菌质粒复制起始序列放置其中,使载体及其携带的外来序列能方便地在细菌中繁殖和克隆,然后再引入真核细胞。

4 目的基因重组体的构建

外源 DNA 片段(目的基因)同载体分子体外连接的方法,即 DNA 体外重组技术,主要依赖于限制性核酸内切酶的切割和 DNA 连接酶的连接。在目的基因与载体的连接反应中,需要考虑三个因素:① 实验步骤要尽可能简单易行;② 连接形成的"接点"序列最好能被一定的限制性核酸内切酶重新切开,以便回收插入的目的基因的外源性 DNA;③ 对转录和转译过程中编码区的读框不发生干扰。

5 重组 DNA 导入宿主细胞

将带有所需基因(目的基因)的重组体(重组 DNA)导入宿主细胞是基因工程技术的主要环节之一。根据载体系统不同,导入外源性目的基因的方法不一样。以质粒作为克隆载体,可以用转化(transformation)及接合作用将目的基因导入宿主细胞;若以噬菌体作为克隆载体,则须用转导(transduction)技术将目的基因导入宿主细胞;病毒(含噬菌体)的 DNA 及其重组子导入受体细胞称为转染(transfection)。

5.1 转化

转化作用是指一种基因型细胞从周围介质中吸收来自另一种基因型细胞的 DNA,进而使原来细胞的遗传基因和遗传特性发生相应变化的现象。

最早发现的转化现象:1928 年,美国的 Oswald、Avery 首次开展了肺炎球菌的转化试验,将杀死的有荚膜的光滑型(S 型)肺炎双球菌的核提取物与活着的无荚膜的粗糙型(R 型)肺炎双球菌一起混合放置,结果产生了有致病性的有荚膜的肺炎双球菌。该试验称为 S-R 变异转化试验,它使人们认识到这是一种遗传物质的转移,而直到 1944 年才肯定了这种转移的物质是 DNA。现已发现多种细胞具有转化能力,但只有当细胞生长到一定的生理状态,一般称之为感受态细胞时,菌体细胞才具备摄取外源 DNA 的能力。细菌处于容易吸收外源 DNA 的状态叫感受态。

感受态细菌可分为两类:一类在生长周期的任何时候都会自动产生感受态,属于这一类的有枯草杆菌、嗜血流感杆菌等;另一类在生长周期的某一阶段有极小部分产生感受态,如大肠杆菌的感受态产生在菌体生长的对数生长期中期。

感受态产生的机制尚不明确,现已有两种假说:① 局部原生质体化假说。支持这种假说的现象有:发芽的芽孢杆菌相对于繁殖体易于被转化;用适当的溶菌酶处理可提高转化效率。② 酶受体假说。支持这一假说的现象有:感受态能被氯霉素抑制(氯霉素能抑制蛋白质合成)；在肺炎双球菌、链球菌与枯草杆菌中都分离到$(5\sim10)\times10^3$的感受态因子。除以上两种假说外，还发现G^+菌与G^-菌的转化机制也不一样。在G^+菌(如肺炎双球菌、枯草杆菌)中首先产生感受态因子，双链DNA吸附细胞壁后单链DNA进入细胞，细胞中特定的蛋白包裹住外源DNA以防止被降解，最后重组产生稳定的分子。在G^-菌中未发现感受态因子，且外源DNA是以双链形式进入细胞的。其转化方法如下：

5.1.1 原生质体转化法

某些微生物，如酵母菌、霉菌和棒状杆菌很难得到感受态细胞，需要首先制备原生质体来增加细胞对DNA的吸附能力，然后再进行转化。另外一些微生物(如枯草杆菌)既能用感受态细胞转化，也可以先制备原生质体后再转化。原生质体转化法的原理是：先除去细胞壁，待外源DNA进入细胞后放在有利于再生细胞壁的培养基中培养。这种原生质体的转化方法不再需要感受态细胞，而且非完整的质粒也能进行转化，如在克隆时留有缺口的质粒以及非超螺旋环状分子都能进行转化。该法转化效率尚可，但制备原生质体及其再生过程烦琐，而且经常融合产生二倍体、三倍体。

5.1.2 化学转化法

1970年，Mandel和Higa首先发现用$CaCl_2$溶液处理细菌(K12大肠杆菌)，经短暂热休克后容易被λ噬菌体DNA感染；1972年，Cohn进一步证明了质粒DNA用同样的方法也能进入细菌；随后建立了用$CaCl_2$化学法处理大肠杆菌、用人工制备的感受态细菌使外界介质中的DNA转入大肠杆菌的方法。该方法的转化效率可达$10^5\sim10^6$个转化子/μg DNA。环状DNA比线性DNA分子的转化效率高1000倍左右。此法已广泛应用于常规基因克隆的转化试验中。该法的关键在于必须使用对数生长期的细菌，并尽量保证在低温下操作。

(1) 原理。

将对数生长期的细菌在0℃下用预冷的$CaCl_2$溶液低渗处理，以使菌体的细胞壁和细胞膜通透性增加，菌体膨胀成球形。此时用于转化的DNA可形成抗DNase的羟基-钙磷酸复合物黏附于细菌表面，经短暂42℃的热休克(热激反应)后，不仅使介质中的DNA易于进入细菌的细胞内，而且不易被菌体中的DNase降解。虽有报道称热休克对转化不起作用，但许多人仍习惯采用。

(2) 感受态细菌制备方法。

用低渗$CaCl_2$制备感受态细菌的操作方法很简单，具体操作如下：

① 挑取单个菌落，接种至2mL的LB培养基中，在37℃下振荡过夜。

② 以约1%的接种量将培养过夜的细菌移种至含20mL LB培养基的三角烧瓶中，37℃下振荡培养至$A\approx0.2$(约1.5h，使菌体浓度低于10^8CFU/mL)，此时细菌正处于对数生长期。

③ 将菌液移至50mL离心管中，0℃冰浴10～60min。

④ 离心收集菌体，用预冷的0.1mol/L $CaCl_2$重新悬浮，置冰上低渗处理10min后，在4℃下离心收集菌体，再用0.1mol/L预冷的$CaCl_2$重新悬浮细菌，即可制得感受态细菌。此时也可加入10%无菌甘油，并分装冻存于－70℃冰箱中，半年内此感受态细菌仍有很好的转

化效率。

（3）转化试验。

一般在50～200μL感受态细胞中加入3～5μL的DNA重组质粒，DNA的量比体积更重要。搅拌混匀后，于冰上放置30min左右，再用42℃水浴热休克1～2min，使细胞吸收DNA重组质粒，并立即置于冰上冷却2min，然后加入有抗性的LB培养基中，37℃下振荡培养1h。细胞复原后，再涂布到有抗性的LB培养基培养，经转化后的细菌应设有2～3个浓度梯度涂布平皿，以防转化子过于密集而难以挑选单个菌落进行重组子的克隆和鉴定。每个梯度分别涂布3个平皿培养过夜，计算数目时取平均值，同时还应设有阴性及阳性对照平皿。

（4）影响转化作用的因素。

① 选择合适的菌株。一般实验室选用经常使用而且认为转化效率高的菌株。为了防止外源DNA被菌体内限制性修饰系统的内切酶消化降解，通常选用宿主限制系统缺陷型（$hsdR^-$）或宿主修饰系统缺陷型（$hsdM^-$）大肠杆菌菌株作为宿主。若用于高效表达目的基因，往往还须对不同宿主的表达效率通过比较而获得。

② 生长时期的影响。选用对数生长期的大肠杆菌来制备感受态细菌现已成为常规。

③ $CaCl_2$法0℃放置时间的影响。研究发现，细菌经0℃ $CaCl_2$处理后，转化率随时间的推移而增加，24h达最高转化率，而后转化率逐渐下降。此法制备的感受态细菌需新鲜制备，当天使用有效。通常不采用4℃保存过久的感受态。

④ 其他。在$CaCl_2$法的基础上，联合其他二价阳离子（如Mn^{2+}、Co^{2+}）、DMSO（二甲基亚砜）、还原剂和六氨基三氯化钴都能提高转化效率。

5.1.3　电穿孔法

该法最早用于将DNA导入真核细胞，现已被用于大肠杆菌和其他细菌，其基本原理是：利用高压脉冲电场，在宿主细胞表面形成暂时性的微孔，质粒DNA乘隙而入。脉冲过后，微孔复原，在丰富培养基中生长数小时后，细胞增殖，质粒复制。该法除须用特殊仪器外，比$CaCl_2$法操作更简单，转化效率高（一般可达10^9～10^{10}个转化子/μg DNA），不仅无须制备感受态细胞，而且适用于任何菌株。使用这种方法时要注意电场强度、电脉冲时间长短和DNA浓度等参数。电场强度升高和电脉冲时间增长可提高转化效率，但由于细胞生存率降低，其效率的提高将被抵消。当电场强度和电脉冲时间长短以一定方式组合而导致50%～75%细胞死亡时，存活细胞转化效率最高。

具体方法为：当细胞生长到对数生长中期后加以冷却、离心，然后用低盐缓冲液充分洗涤，以降低细胞悬液的离子强度，再用10%甘油重悬细胞，调整浓度达3×10^{10}个细菌/mL，即可用于电穿孔转化。电穿孔处理的细菌也可分成小份，在干冰上速冻后再保存于－70℃冰箱中。电穿孔转化应在0～4℃下进行，如在室温下操作，转化效率将降低到原来的1%。此法常用于文库的构建。

5.2　通过接合作用传递质粒DNA

F质粒（F因子）又称性质粒，除了含有自我复制基因外，还带有一套接合转移的基因。凡携有F质粒的细菌称为F^+菌株，不带有F质粒的细菌称为F^-菌株。F^+菌株（供体菌）一

且与 F^- 菌株(受体菌)发生接触,F^+ 菌株可通过性菌毛将 F 质粒转给 F^- 菌株,使 F^- 菌株转变成 F^+ 菌株。质粒由 F^+ 菌株向 F^- 菌株的转移过程叫作接合作用传递质粒,又称质粒的接合传递。凡带有在染色体上整合 F 质粒的细菌又称高频重组株系(Ffr 株系)。Ffr 株系不稳定,F 质粒可发生接合传递质粒 DNA,F^+ 菌株可失去 F 质粒,F^- 菌也可获得 F 质粒,其转移难以人为控制,通常不用作克隆载体。

5.3 通过转染/转导作用传递遗传物质

5.3.1 转染

病毒(含噬菌体)及其重组子 DNA 导入宿主细胞称为转染。噬菌体为细菌的病毒,因此噬菌体 DNA(或重组子)导入大肠杆菌的感受态细胞也称为转染。

5.3.2 转导

以噬菌体为媒介,将外源 DNA 导入细菌的过程称为转导。该方法的基本原理是:外源 DNA 片段和噬菌体 DNA 载体连接后组成重组的噬菌体 DNA,体外包装噬菌体外壳蛋白后,形成有感染能力的噬菌体颗粒;将这些重组的噬菌体颗粒按一定比例与宿主细胞混合培养,利用噬菌体的主动感染,可将含有外源 DNA 片段的重组噬菌体 DNA 导入宿主菌体内;依照噬菌体的生活周期,重组噬菌体 DNA 就在宿主细胞中复制增殖。该方法不需要制备感受态细胞,其转染效率较高(约 10^7 个转化子/μg DNA),常用于文库的构建。

6 转化子的筛选与鉴定

检验基因克隆是否成功必须是从转化菌落中筛选含有阳性重组子的菌落,并鉴定重组子的正确性。不同的克隆载体及相应的宿主系统,其重组子的筛选、鉴定方法不尽相同。

6.1 利用遗传标志的表型特征筛选

所谓表型,是指机体遗传组成与环境相互作用所产生的外观或其他特征。供筛选用的表型特征来自两个方面:一个是克隆载体提供的,这是主要的也是应用最多的;另一方面,插入外源 DNA 序列也能够提供表型特征以供筛选。

大多数克隆载体都是经人工构建的,基本上都带有可供选择的遗传标志或表型特征,质粒及柯斯质粒均带有抗生素抗性基因,噬菌体可形成噬菌斑。根据这些载体所提供的遗传特征对其重组体 DNA 分子进行筛选是实验室通常采用的方法。

6.1.1 由载体提供的性状进行筛选

(1) 抗生素抗性标记筛选。大多数质粒载体均带有抗生素抗性基因,常见的有抗氨苄青霉素基因、抗四环素基因、抗卡那霉素基因等。当带有完整抗性基因的载体转化无抗性细胞化大肠杆菌后,被转化的阳性克隆菌能在含氨苄青霉素的琼脂平板上生长,并形成菌落,而未被转化的原宿主菌则不能生长。采用此法可筛选携带外源基因的重组 DNA 转化子,载体本身由于酶切不完全或因单酶切的自我环化连接,有时所筛选到的阳性克隆可能为非重组子,因此还须做进一步鉴别。

(2) 抗性基因的插入失活筛选。许多克隆载体如 pBR322 质粒,编码有四环素抗性基因(Tet^r)和氨苄青霉素抗性基因(Amp^r)。在含有两个抗性基因的载体中,如果目的基因 DNA 片段插入其中一个抗性基因,就会导致该抗性基因的功能失活,用两个分别含不同抗生素药物的平板进行对照筛选，可筛选出阳性重组子克隆菌株。若外源性基因插入 Tet^r 基因中，Tet^r 基因失活，所形成的重组质粒具有 $Amp^r et^s$，其转化菌涂布在 Amp 琼脂平板上可长成菌落，但菌落转种 Tet 琼脂平板上不能生长。凡在 Amp 平板上能生长而在 Tet 平板上不能生长的菌落，便属于带重组体质粒的转化子克隆；反之，若外源基因插入 Amp^r 基因中，凡在 Tet 平板上能生长而在 Amp 平板上不能生长的菌落，也属于阳性转化子克隆（图 4-8）。

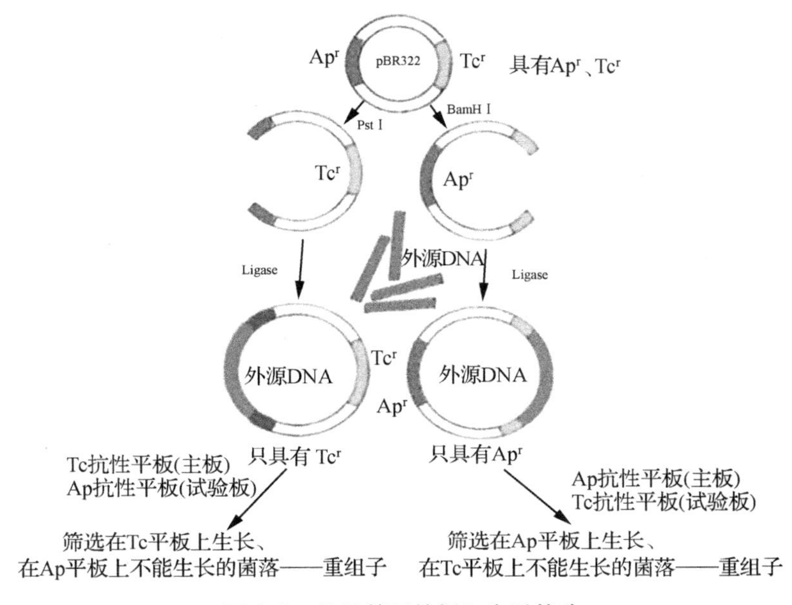

图 4-8 抗性基因的插入失活筛选

（3）β-半乳糖苷酶（LacZ）基因失活筛选。LacZ 的 α-肽的功能是使 β-半乳糖苷酶形成有活性的四聚体。β-半乳糖苷酶单体无活性，只有四聚体或八聚体才有活性。

许多克隆载体（如 pUC、M13）上都带有大肠杆菌乳糖操纵子的 lacZ′基因，该基因含有一段编码 β-半乳糖苷酶 N 末端 145 个氨基酸 α-肽的 DNA 片段，在该编码区装上了一个多克隆位点（MCS 区段），可供外源基因插入，但不破坏读码框，不影响表达功能。用 IPTG（异丙基-β-D-硫代半乳糖苷）可诱导 α-肽链的形成。该产物能与有缺陷的宿主细胞所编码的 N 末端（α 序列）缺陷的 β-半乳糖苷酶多肽发生基因内互补（如 JM101、JM105、JM107 等细菌），形成有功能活性的 β-半乳糖苷酶，使细胞呈现 $LacZ^+$ 的表型。

所谓基因内互补作用，是指两个彼此互补的突变基因（突变体 1 缺失 LacZ 近操纵基因区段 LacI；突变体 2 带有完整的近操纵基因 LacI 而无 β-半乳糖苷酶活性），它们各自均编码产生无活性的多肽产物，但能够互补结合形成一种有功能活性的蛋白质分子而呈现表型特征。在 LacZ 体系中，由于两个突变体之间通过 α-肽互补作用才呈现有功能的 β-半乳糖苷酶活性，进而可分解底物 X-gal（5-溴-4-氯-3-吲哚-β-D-半乳糖苷）而产生半乳糖和深蓝色的底物 5-溴-4-氯青靛蓝，使菌落呈现出蓝色反应。然而，当外源基因 DNA 片段插入该载体的多克隆位点后，就会阻断 α 序列的读码结构，使其编码的 α-肽失去活性，使重组子所在的细菌不能完成 α 互补，因此带有外源基因重组子的细菌形成白色菌落。因此，根据这种β-半乳糖苷酶的显色反应，可以检测和筛选出携有外源基因重组子克隆(图4-9)。

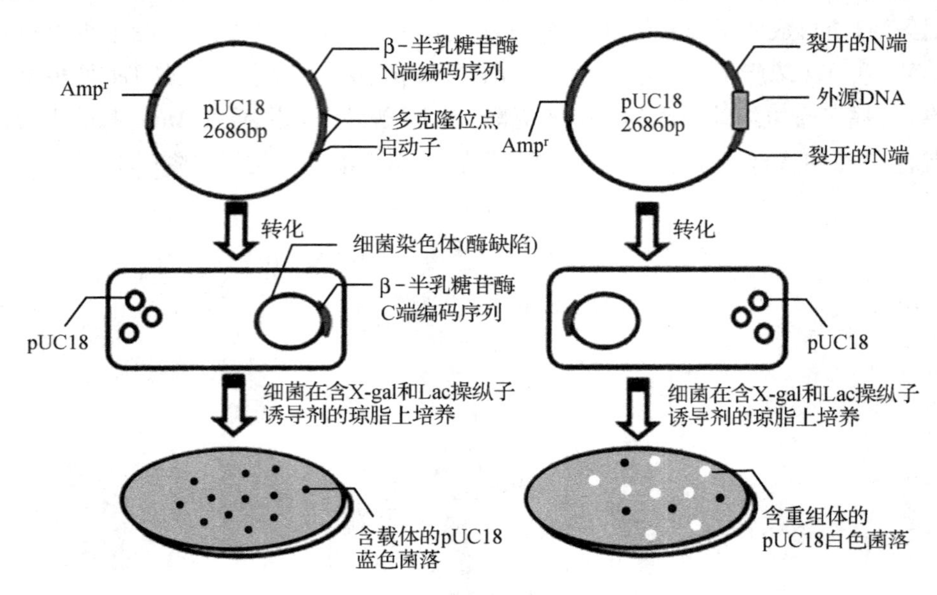

图4-9 蓝白斑筛选

6.1.2 根据插入基因的遗传性状进行筛选

当已知需克隆基因所编码蛋白质的功能，且该蛋白质又为细菌的生命活动所必需时，即可用该方法筛选。例如，已知蛋白质中的亮氨酸(Leu)为Leu营养缺陷菌所必需，当外源目的基因可表达亮氨酸时，将该基因的重组子转入Leu缺陷菌中，在不含亮氨酸的基本培养基平板中，只有重组子表达的亮氨酸才能被Leu缺陷菌所利用而生长繁殖，形成菌落。因而能生长的细菌集落均为阳性的重组子克隆，而无该重组子的Leu缺陷菌在不含亮氨酸的平板上则不能生长，不能形成菌落。

6.2 根据重组子的结构特征筛选

6.2.1 重组子大小鉴别筛选

重组子中装有一段相对分子质量较大的外源基因DNA，其相对分子质量明显比原载体大得多，因此可从平板上挑取菌落分别提取重组载体(如质粒重组子)和原载体(质粒)。用一种限制性内切酶消化后直接进行凝胶电泳，携带外源性目的基因的重组子质粒因相对分子质量较大，电泳迁移率较小，其电泳条带在后；而原载体质粒因相对分子质量较小，电泳迁移率较大，其电泳条带在前。通过比较可初步判断重组子中是否插入了外源基因片段。本方法适用于插入片段较大的重组子的初步筛选。

6.2.2 酶切鉴定

对于筛选出的具有重组子的菌株，应经小量培养后分别提取原载体或重组载体(重组质粒或重组噬菌体DNA)，根据已知重组时外源基因两端的酶切位点，分别用相应的两种内切酶进行酶解。经琼脂糖凝胶电泳后，原载体因无外源性目的基因，切开后变成线性，电泳呈一条带；若载体上有外源性目的基因插入，切开后电泳出现两条带，一条为载体质粒线性条带，一条为释放出的插入基因片段的小分子条带。这样就可以看出载体中是否有插入的目的基因片段，以及由 DNA Marker 条带对比分析可得知插入基因片段的大小。

6.2.3 PCR 筛选法

利用能与插入基因片段两端互补的特异引物，以少量抽提的重组子 DNA 为模板进行 PCR 分析，能扩增出特异片段的转化子为携有目的基因的重组子。PCR 技术不仅可用于分离和扩增目的基因片段，而且可将 PCR 产物直接进行目的基因的 DNA 片段鉴定。该方法目前已得到广泛的应用。

6.2.4 原位杂交

原位杂交（in situ hybridization）又称菌落杂交或噬菌斑杂交。这是因为生长在培养基平板上的菌落或噬菌斑，按照其原来的位置原位不变地转移到滤膜（或硝酸纤维素膜）上，在原位溶菌裂解、DNA 变性，并用特异探针进行杂交。这一方法对于从成千上万的菌落或噬菌斑中鉴定出含有重组体分子的菌落或噬菌斑具有特殊的实用价值（图 4-10），这也是从文库中筛选目的重组子的首选方法。

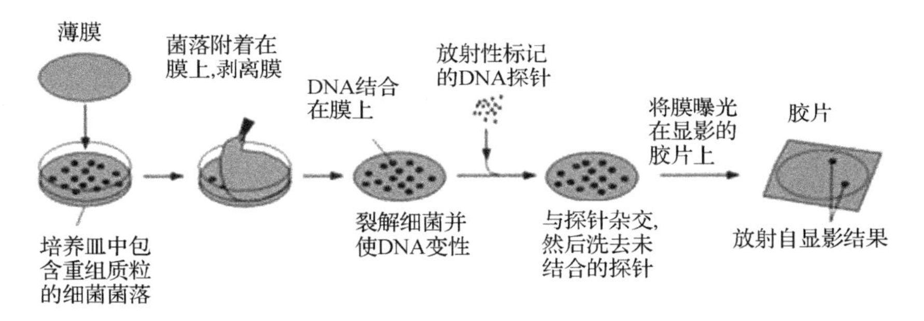

图 4-10 原位（菌落）杂交示意图

这种方法的基本程序是：将转化菌影印到铺放在琼脂平板表面的硝酸纤维素滤膜上，然后进行培养，而母板要很好地保存起来。取出长有菌落的硝酸纤维素滤膜，用碱性溶液处理，使细胞裂解、DNA 变性。因变性 DNA 同硝酸纤维素滤膜有很强的亲和力，便在膜上形成 DNA 的印迹。在 80℃下烘烤滤膜，使 DNA 牢固地固定下来。带有特异 DNA 印迹的滤膜可以长期保存。用核素（如^{32}P）标记的特异 DNA 或 RNA 探针在滤膜上与菌落所释放的变性 DNA 进行杂交，用放射自显影技术进行检测。凡是含有与探针互补序列的菌落 DNA，都会在 X 射线胶片上出现曝光点。根据曝光点的位置，便可从保留的母板上相应位置挑出所需要的阳性菌落。

原位杂交技术中的预杂交过程是为防止硝酸纤维素滤膜对 DNA 探针的非特异性吸附作用。在进行放射自显影的过程中，应在滤膜、X 射线胶片上标记有方向位置，并与所保留的母板相一致，以便根据 X 射线胶片上的曝光点找出母板中的阳性菌落。

6.2.5 斑点杂交

斑点杂交与原位杂交的不同之处是要将重组体 DNA 或 RNA 抽提出来，将样品点在硝酸纤维素滤膜上进行杂交。这一方法比原位杂交麻烦，用于大量标本的筛选有一定困难，但由于质粒重组体 DNA 已经过抽提纯化，影响杂交结果的蛋白质、杂 DNA 等因素已大大减少，所以此法能得到更为确切的结果，既可用于定性（可确定提取的 DNA 或 RNA 样品中是否含有目的基因），又可用标准参照（内参照）对目的基因的拷贝数进行相对定量。

6.2.6 Southern blot 杂交法

原位杂交与斑点杂交都只能鉴定整个重组子中是否会有与探针互补的同源片段，而 Southern blot 杂交能将同源片段定位于某个酶切片段中，可用于对克隆后片段的基因定位，也可测其含量。具体方法是：将抽提的重组质粒 DNA 用限制酶进行彻底酶解，电泳后的凝胶通过 Southern blot 装置，将胶上的 DNA 条带转印至硝酸纤维素滤膜上，然后再与标记的特异探针进行杂交。也可在一张膜上进行不同探针的杂交，可以得到更多的信息。由于此法步骤较多，比较烦琐，一般不用于重组子的大量筛选，而用于重组体片段的基因定位分析或测定其含量。

6.2.7 基因序列测定

不仅对克隆出的新基因必须进行基因序列测定，而且对采用 PCR 法分离克隆的已知基因也必须进行基因序列测定。因为 PCR 法扩增克隆出的基因序列有时会产生碱基序列错配，所以由 PCR 法所克隆的基因难以保证基因序列的正确性，只有通过基因测序鉴定出示与 Gene Bank 公布的基因序列相一致的测序报告方可确认。对克隆出的新基因，经 3 次测序后结果一致，方可确定。

6.3 目的基因表达的鉴定

将克隆出的基因从克隆载体转移到表达载体上，当重组子导入宿主细胞后，能否成功表达是很关键的，必须从基因转录和蛋白翻译水平上进行鉴定。

6.3.1 mRNA 转录水平的检测

为了鉴定目的基因能否在宿主细胞中进行目的 mRNA 的转录，应根据该 mRNA 的碱基序列合成上、下游引物，采用 RT-PCR 法检测目的基因在细胞中 mRNA 的转录水平。若在琼脂糖电泳中有阳性条带出现，即可确认基因的转录。也可采用内参照的半定量 PCR 法或实时荧光定量 PCR 法进行 mRNA 转录水平检测。

6.3.2 蛋白表达的翻译水平的检测

目的基因在宿主细胞中表达的蛋白产物鉴定，通常采用聚丙烯酰胺凝胶电泳（SDS-PAGE）。若能呈现与该蛋白标准相对分子质量相一致的清晰蛋白条带，则可初步认定是目的蛋白。表达条带进一步确认还应采用 Western blot 法检测。若能呈现与相应抗体结合的清晰条带，则可确认该表达蛋白产物为目的基因。表达的目的蛋白若需要进行蛋白含量或浓度测定，通常应采用 ELISA 法。

7 目的基因序列测定

目前应用的两种快速序列测定技术是 Sanger 等（1977）提出的双脱氧链末端终止法（Sanger 法）及 Maxam 和 Gilbert（1977）提出的化学降解法。虽然其原理大相径庭，但这两种方法都是同样生成互相独立的若干组带放射性标记的寡核苷酸，每组寡核苷酸都有固定的起点，但却随机终止于特定的一种或者多种残基上。由于 DNA 上的每一个碱基出现在可变终止端的机会均等,因此上述每一组产物都是一些寡核苷酸混合物,这些寡核苷酸的长度由某一种特定碱基在原DNA全片段上的位置所决定。然后在可以区分长度仅差一个核苷酸的不同DNA分子的条件下,对各组寡核苷酸进行电泳分析,只要把几组寡核苷酸加样于测序凝胶中若干个相邻的泳道上,即可从凝胶的放射自显影片上直接读出DNA上的核苷酸顺序。

7.1 Sanger法

利用一种DNA聚合酶来延伸结合在待定序列模板上的引物,直到掺入一种链终止核苷酸为止。每一次序列测定由一套四个单独的反应构成,每个反应含有所有四种脱氧核苷酸三磷酸(dNTP),并混入限量的一种不同的双脱氧核苷三磷酸(ddNTP)。由于ddNTP缺乏延伸所需要的3′-OH基团,使延长的寡聚核苷酸选择性地在G、A、T或C处终止。终止点由反应中相应的双脱氧而定。每一种dNTPs和ddNTPs的相对浓度可以调整,使反应得到一组长几百至几千碱基的链终止产物。它们具有共同的起始点,但终止在不同的核苷酸上,可通过高分辨率变性凝胶电泳分离大小不同的片段,凝胶处理后可用X射线胶片放射自显影或非同位素标记进行检测。DNA的复制需要:DNA聚合酶、双链DNA模板、带有3′-OH末端的单链寡核苷酸引物、4种dNTP(dATP、dGTP、dTTP和dCTP)。聚合酶用模板作指导,不断地将dNTP加到引物的3′-OH末端,使引物延伸,合成出新的互补DNA链。如果加入一种特殊核苷酸——ddNTP,因它在脱氧核糖的3′位置缺少一个羟基,故不能同后续的dNTP形成磷酸二酯键。例如,在存在ddCTP、dCTP和三种其他的dNTP(其中一种为$\alpha-^{32}P$标记)的情况下,将引物、模板和DNA聚合酶一起保温,即可形成一种全部具有相同的5′-引物端和以ddC残基为3′端结尾的一系列长短不一片段的混合物。经变性聚丙烯酰胺凝胶电泳分离制得的放射自显影区带图谱将为新合成的不同长度的DNA链中C的分布提供准确信息,从而将全部C的位置确定下来。利用类似的方法,在ddATP、ddGTP和ddTTP存在的条件下,可同时制得分别以ddA、ddG和ddT残基为3′端结尾的三组长短不一的片段。将制得的四组混合物平行地点加在变性聚丙烯酰胺凝胶电泳板上进行电泳,每组制品中的各个组分将按其链长的不同得到分离,制得相应的放射性自显影图谱,从所得图谱即可直接读得DNA的碱基序列。与DNA复制不同的是,Sanger测序中的引物是单引物或单链(图4-11)。

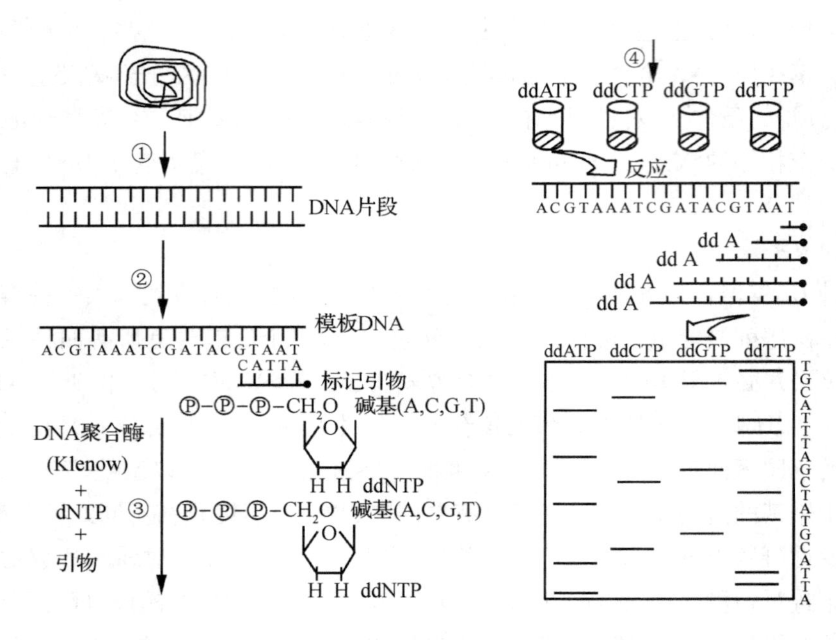

图 4-11 Sanger 法测序的基本原理

7.2 化学降解法

1977 年,A. M. Maxam 和 W. Gilbert 首先建立了 DNA 片段序列的测定方法,其原理为:将一个 DNA 片段的 5′端磷酸基作放射性标记,再分别采用不同的化学方法修饰和裂解特定碱基,从而产生一系列长度不一而 5′端被标记的 DNA 片段。这些以特定碱基结尾的片段群通过凝胶电泳分离,再经放射线自显影,确定各片段末端碱基,从而得出目的 DNA 的碱基序列(图 4-12)。化学降解法测序不需要进行酶催化反应,因此不会产生由于酶催化反应而带来的误差,且对未经克隆的 DNA 片段可以直接测序。化学降解法特别适用于测定含有如 5-甲基腺嘌呤 A 或者 G、C 含量较高的 DNA 片段,以及短链寡核苷酸片段的序列。化学降解法既可以标记 5′末端,也可以标记 3′末端。如果从两端分别测定同一条 DNA 链的核苷酸序列,相互参照测定结果,可以得到准确的 DNA 链序列。

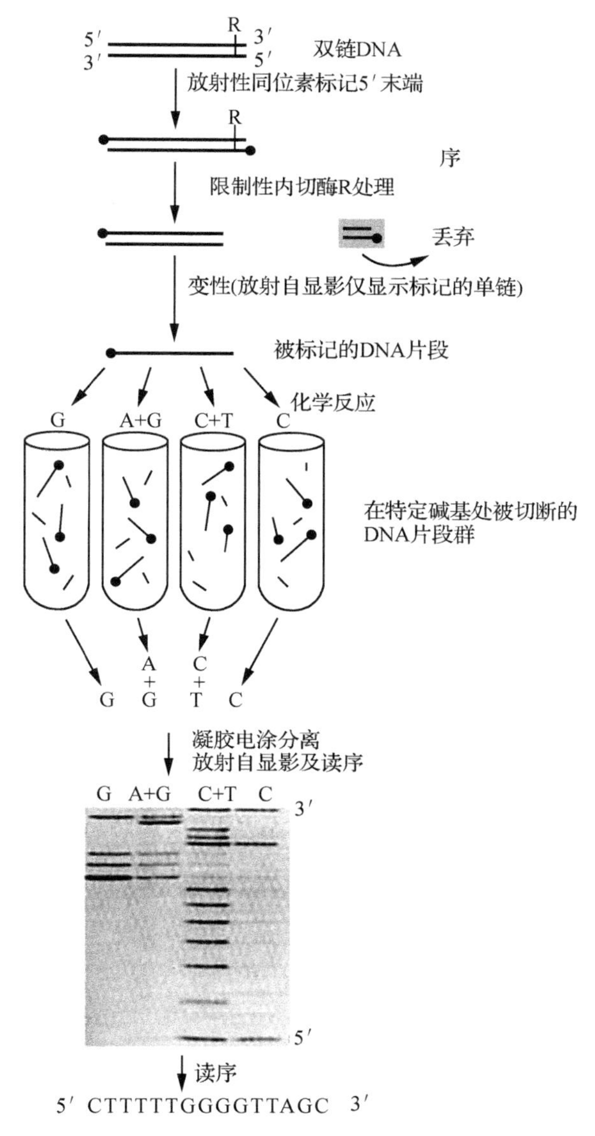

图4-12　化学降解法测序的基本原理

8　基因表达

基因转化的最终目的是在一个合适的系统中,使外源基因高效表达,从而生产出有重要价值的蛋白产品。外源基因在原核细胞中的表达就是令克隆的外源基因在原核细胞中以发酵的方式快速、高效地合成基因产物。到目前为止,原核细胞是人类了解最深入、实际应用最为广泛的表达系统。

8.1　外源基因在原核细胞中表达的特点

外源基因在原核细胞中的表达包括转录和翻译两个主要过程。与真核细胞相比,原核生物的基因表达有以下特点:

(1) 细菌 RNA 聚合酶只有一种,不能识别真核基因的启动子。

（2）真核基因转录的 mRNA 缺乏同 16S rRNA 3′末端碱基互补的 SD 序列，因而不能结合到核糖体上，不能启动翻译过程。

（3）真核基因一般含有内含子，而原核基因则不含有内含子，因此原核细胞缺乏真核基因转录后加工体系，mRNA 的内含子不能被切除。因此，要表达的外源基因必须是 mRNA 的反转录产物 cDNA，因为它含有完整的编码序列而不含有内含子。

（4）表达的真核蛋白质在原核细胞中有时不稳定，容易被细菌蛋白酶破坏。

（5）原核细胞缺乏真核表达系统信号肽序列的加工后处理功能，其信号肽不能被大肠杆菌正确加工、切除，导致表达产物无生物活性，因此插入的外源基因必须删除信号肽编码序列，但某些真核蛋白质可通过原核细胞的信号肽进行分泌表达。

（6）原核细胞缺乏真核细胞特有的蛋白质翻译后加工体系，如糖基化修饰等，因此原核表达系统只适合用于表达糖基化等翻译后修饰对其生物功能并非必需的真核蛋白。

（7）原核细胞内外源蛋白表达后常以不溶性的包涵体形式存在，在下游后处理过程中，表达产物经过变性和复性处理方能使其生物活性得以恢复，而复性处理对相对分子质量大，尤其在分子内二硫键多的情况下，效率非常低，因此要慎重选用大肠杆菌作为表达系统。

8.2　影响外源基因在大肠杆菌中表达效率的因素

（1）影响转录水平的因素。载体具有原核基因强启动子，如 lac、trp、tac 等，以及强终止子序列。

（2）影响翻译水平的因素。SD 序列及其与翻译起始密码子 AUG 间的距离、mRNA 的稳定性均可明显影响外源基因的表达效率。

（3）影响蛋白质稳定性的因素。外源基因的表达产物属于异源蛋白，可能对宿主细菌有毒性作用，故容易受宿主细菌蛋白酶作用，导致表达产物的降解。

8.3　提高外源基因表达效率的措施

（1）提高翻译水平。包括调整 SD 序列与 AUG 间的距离、用定点突变的方法改变某些碱基及增加 mRNA 稳定性等手段。紧随起始密码子下游的几组密码子不同，使翻译起始和 mRNA 的二级结构明显改善，可使基因的表达效率提高 15 ~ 20 倍。

（2）减轻细胞的代谢负荷，提高外源基因的表达水平。通过诱导表达，使细菌的生长与外源基因的表达分开，常用化学诱导和温度诱导两种方法调控外源基因的表达。减轻宿主细胞代谢负荷的另一个措施是将宿主菌的生长和表达质粒的复制分开。当宿主菌迅速生长时，抑制质粒的复制；当宿主菌生物量积累到一定水平后，再诱导细胞中质粒 DNA 的复制，增加质粒的拷贝数，从而提高外源基因的表达水平。

（3）提高表达蛋白的稳定性。① 克隆一段原核序列，表达融合蛋白。这里的融合蛋白是指表达产物的 N 端或 C 端是由一条短的原核多肽和真核蛋白结合在一起，它可避免细菌蛋白酶的降解。在融合蛋白被表达后，必须从融合蛋白中将原核蛋白去掉，常用的有化学降解法及 Sanger 法。② 采用某种突变菌株，保护表达蛋白不被降解。③ 表达分泌蛋白是防止宿主菌对表达产物的降解、减轻宿主细胞代谢负荷及恢复表达产物天然构象的最有力措施。

8.4 外源基因在大肠杆菌中表达产物的检测与鉴定

(1) SDS-PAGE分析:可以确定含有目的蛋白表达质粒的细菌中某种适当大小的蛋白是否在诱导表达后存在。电泳后通常可用考马斯亮蓝或 $AgNO_3$ 进行染色,通过比较含有和不含目的基因的细胞裂解液在SDS-PAGE胶中的条带差别以确定是否有目的蛋白条带的存在。表达的菌体可以直接在Laemmli标本缓冲液中裂解后上样分析。

(2) 生物活性检测:生物活性鉴定与检测是判断外源真核基因是否确定表达的最有力证据。诱导表达的菌体经超声破碎后,通过SDS-PAGE鉴定表达产物的存在形式。在上清液中存在的蛋白质常常具有生物活性,而包涵体中存在的蛋白质常常须借助强烈的变性剂,如脲、盐酸胍、SDS等进行裂解后再进行复性处理,方可测出生物活性。

(3) 免疫测试:用特异抗体检测表达产物。

(4) 质谱:通过质谱仪测定表达产物的相对分子质量,鉴定外源基因是否正确表达。

(5) 序列分析:分析表达产物N端氨基酸组成。

项目5 DNA序列的定点突变

DNA序列的特异性改变，传统方法是利用物理或化学的方法使生物体诱变，再用适当的方法选出所需要的新表型而得到突变体，然后将野生型的基因和突变体的基因进行序列分析。这种方法不仅耗时耗力，而且突变频率相当低，对表型没显著差别的突变有局限性。定点突变是指通过聚合酶链式反应(PCR)等方法向目的DNA片段(可以是基因组，也可以是质粒)中引入所需变化(通常是表征有利方向的变化)，包括碱基的添加、删除、点突变等。较物理和化学法，该法具有突变率高、简单易行、重复性好的特点。体外定点突变因为能迅速、高效地提高DNA所表达的目的蛋白的性状及表征，已成为基因研究工作中一种非常有用的手段。

【项目描述】

本项目运用定点突变的方法改变载体上的酶切位点序列。目标位点为常见质粒载体pUC57-Kan的限制性核酸内切酶酶切位点Nde1，将该基因序列中的一个碱基T变为G(图5-1)，切开原有位点，并将突变后的目标序列连接上去。具体要求如下：

(1) 目的基因的定点突变：设计引物，利用PCR技术体外合成突变的基因序列。

(2) DNA重组：酶切pUC57-Kan，并将突变的目的基因与载体的酶切产物连接。

(3) 重组体转化、菌检、测序：将重组DNA转入感受态TOP10中，长斑后挑取圆润的单菌落电泳检测，对检测结果正确的菌液进行测序，检测酶切位点是否改变。

```
1  TCGCGCGTTT CGGTGATGAC GGTGAAAACC TCTGACACAT GCAGCTCCCG GAGACGGTCA CAGCTTGTCT GTAAGCGGAT GCCGGGAGCA GACAAGCCCG
   AGCGCGCAAA GCCACTACTG CCACTTTTGG AGACTGTGTA CGTCGAGGGC CTCTGCCAGT GTCGAACAGA CATTCGCCTA CGGCCCTCGT CTGTTCGGGC
                                  pGEX-3' 100.0%

                                                                                          NdeI
1  TCAGGGCGCG TCAGCGGGTG TTGGCGGGTG TCGGGGCTGG CTTAACTATG CGGCATCAGA GCAGATTGTA CTGAGAGTGC ACCATATGCG GTGTGAAATA
   AGTCCCGCGC AGTCGCCCAC AACCGCCCAC AGCCCCGACC GAATTGATAC GCCGTAGTCT CGTCTAACAT GACTCTCACG TGGTATACGC CACACTTTAT

1  CCGCACAGAT GCGTAAGGAG AAAATACCGC ATCAGGCGCC ATTCGCCATT CAGGCTGCGC AACTGTTGGG AAGGGCGATC GGTGCGGGCC TCTTCGCTAT
   GGCGTGTCTA CGCATTCCTC TTTTATGGCG TAGTCCGCGG TAAGCGGTAA GTCCGACGCG TTGACAACCC TTCCCGCTAG CCACGCCCGG AGAAGCGATA

     PvuII                                                 M13F(-47) 100.0%             M13F 100.0%
1  TACGCCAGCT GGCGAAAGGG GGATGTGCTG CAAGGCGATT AAGTTGGGTA ACGCCAGGGT TTTCCCAGTC ACGACGTTGT AAAACGACGG CCAGTGAATT
   ATGCGGTCGA CCGCTTTCCC CCTACACGAC GTTCCGCTAA TTCAACCCAT TGCGGTCCCA AAAGGGTCAG TGCTGCAACA TTTTGCTGCC GGTCACTTAA

   MluI       EcoRV       AscI
1  GACGCGTATT GGGATATCCC AATGGCGCGC CGAGCTTGGC GTAATCATGG TCATAGCTGT TTCCTGTGTG AAATTGTTAT CCGCTCACAA TTCCACACAA
   CTGCGCATAA CCCTATAGGG TTACCGCGCG GCTCGAACCG CATTAGTACC AGTATCGACA AAGGACACAC TTTAACAATA GGCGAGTGTT AAGGTGTGTT
                                                         M13R 100.0%
                                                                       M13R(-48) 100.0%
```

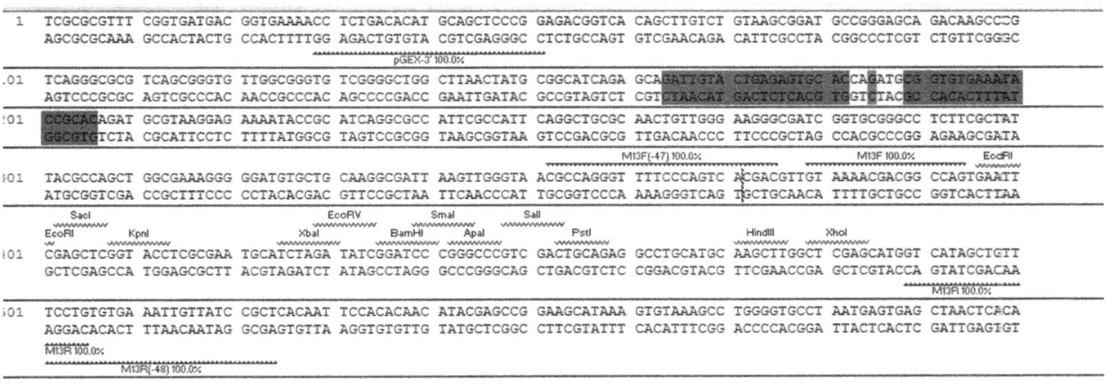

```
1    TCGCGCGTTT CGGTGATGAC GGTGAAAACC TCTGACACAT GCAGCTCCCG GAGACGGTCA CAGCTTGTCT GTAAGCGGAT GCCGGGAGCA GACAAGCCCG
     AGCGCGCAAA GCCACTACTG CCACTTTTGG AGACTGTGTA CGTCGAGGGC CTCTGCCAGT GTCGAACAGA CATTCGCCTA CGGCCCTCGT CTGTTCGGGC
                                        pGEX-3' 100.0%
.01  TCAGGGCGCG TCAGCGGGTG TTGGCGGGTG TCGGGGCTGG CTTAACTATG CGGCATCAGA GCAGATTGTA CTGAGAGTGC ACCAGATGCG GTGTGAAATA
     AGTCCCGCGC AGTCGCCCAC AACCGCCCAC AGCCCCGACC GAATTGATAC GCCGTAGTCT CGTCTAACAT GACTCTCACG TGGTCTACGC CACACTTTAT
:01  CCGCACAGAT GCGTAAGGAG AAAATACCGC ATCAGGCGCC ATTCGCCATT CAGGCTGCGC AACTGTTGGG AAGGGCGATC GGTGCGGGCC TCTTCGCTAT
     GGCGTGTCTA CGCATTCCTC TTTTATGGCG TAGTCCGCGG TAAGCGGTAA GTCCGACGCG TTGACAACCC TTCCCGCTAG CCACGCCCGG AGAAGCGATA
                                                            M13F(-47) 100.0%            M13F 100.0%       EcoRI
301  TACGCCAGCT GGCGAAAGGG GGATGTGCTG CAAGGCGATT AAGTTGGGTA ACGCCAGGGT TTTCCCAGTC ACGACGTTGT AAAACGACGG CCAGTGAATT
     ATGCGGTCGA CCGCTTTCCC CCTACACGAC GTTCCGCTAA TTCAACCCAT TGCGGTCCCA AAAGGGTCAG TGCTGCAACA TTTTGCTGCC GGTCACTTAA
       SacI                       EcoRV      SmaI      SalI
     EcoRI   KpnI              XbaI      BamHI   ApaI        PstI                HindIII   XhoI
401  CGAGCTCGGT ACCTCGCGAA TGCATCTAGA TATCGGATCC CGGGCCCGTC GACTGCAGAG GCCTGCATGC AAGCTTGGCT CGAGCATGGT CATAGCTGTT
     GCTCGAGCCA TGGAGCGCTT ACGTAGATCT ATAGCCTAGG GCCCGGGCAG CTGACGTCTC CGGACGTACG TTCGAACCGA GCTCGTACCA GTATCGACAA
                                                                                                     M13R 100.0%
501  TCCTGTGTGA AATTGTTATC CGCTCACAAT TCCACACAAC ATACGAGCCG GAAGCATAAA GTGTAAAGCC TGGGGTGCCT AATGAGTGAG CTAACTCACA
     AGGACACACT TTAACAATAG GCGAGTGTTA AGGTGTGTTG TATGCTCGGC CTTCGTATTT CACATTTCGG ACCCCACGGA TTACTCACTC GATTGAGTGT
     M13R 100.0%
           M13R(-48) 100.0%
```

图5-1　pUC57-Kan序列及Nde1突变位点

【项目分析】

1　基本原理

本项目属于PCR介导的定点突变。先通过PCR技术合成突变的基因序列，然后用一限制性内切酶将含有目的基因的质粒变为线性，而且该酶切位点正好在目的基因上，再将突变序列与线性载体连接构成重组质粒，将重组质粒转入大肠杆菌感受态中，通过琼脂糖凝胶电泳和测序鉴定，即可得到预期的突变质粒。

2　需要解决的问题

（1）引物设计：设计一对引物用于合成突变的目的基因序列。

（2）突变位点的检测：选择简便快捷的检测方法，判断位点是否突变成功。

3　主要仪器设备、耗材、试剂

（1）仪器设备：恒温振荡式摇床、恒温水浴锅、微量移液器、高压灭菌锅、琼脂糖凝胶电泳系统、超净工作台、恒温培养箱、通风柜、纯水机、电泳槽、PCR仪等。

（2）耗材：EP管、PCR管、培养皿、酒精灯、移液器吸头、96深孔板、封口膜、牙签等。

（3）试剂：限制酶Nde1、重组酶、PCR试剂盒、DNA 5000 Marker、T4连接酶、DNA回收试剂盒、pUC57-Kan载体、LB固体培养基、TOP10感受态等。

【项目实施】

本项目分3个任务，分别是突变基因的合成、重组质粒的构建、重组质粒的转化和检测。本项目为一个独立的项目，可以根据需要自行选做。

任务1　突变基因的合成

（1）本基因序列很短，不需要模板，只需要用2对引物即可将该基因大量合成。PCR反应体系如表5-1所示。

表 5-1　30μL PCR 反应体系

试剂	体积
ddH_2O	16.5μL
5×Pfu Buffer	6μL
dNTP	0.6μL
DMSO	0.9μL
酶	0.02μL
引物	6μL

（2）反应程序设置（表 5-2）。

表 5-2　PCR 反应程序

步骤	温度	时间
① 预变性	96℃	5min
② 变性	94℃	8s
③ 退火	60℃	10s
④ 延伸	72℃	10s
⑤ 循环（重复步骤②～④）	—	21 次
⑥ 最后延伸	72℃	3min

（3）目的基因的检测与回收：PCR 结束后，在 PCR 管中加入溴酚蓝振荡显色，并将 PCR 管中的样品全部点入回收胶中电泳（电泳方法同项目 2 中质粒的电泳检测），待样品跑到回收胶一半时观察拍照，并将正确的条带切胶回收（回收方法同项目 3 中 PCR 产物的回收）。

任务 2　重组质粒的构建

（1）用 Nde1 将载体酶切，按表 5-3 配制酶切体系，直接放入 37℃ 的水浴锅中水浴 30min，取出后进行电泳检测和回收（电泳检测和回收方法分别同项目 2 中质粒的电泳检测及项目 3 中 PCR 产物的回收），最终得到 PCR 产物和线性载体。

表 5-3　载体酶切体系

试剂	体积
酶＋Buffer	8μL
载体	100ng/mL
ddH_2O	50μL

（2）目的基因与载体连接。将目的基因和线性载体用多段重组酶连接，连接体系如表 5-4 所示。混匀后，用 PCR 仪 50℃ 下反应 1h，4℃ 下保存。

表5-4　连接体系

试剂	体积
多段重组酶	10μL
线性载体	4μL
目的基因	4μL

任务3　重组质粒的转化和检测

1　重组质粒的转化

（1）从 -80℃冰箱中取出 TOP10 感受态，用手温快速融化感受态。

（2）用移液器吸取所有的连接产物，迅速加入刚融化好的感受态中，冰浴 20min。

（3）将冰浴充分的感受态细胞迅速转移至 42℃热激 2min。

（4）待热激结束后，迅速转移至冰上，再次冰浴 10min。

（5）取出试管，加入 820μL 培养基，37℃下恒温培养 40min。

（6）5000r/min 离心 5min，去掉上清液（试管底部还剩下大约 50μL 液体）。

（7）用移液器轻轻吹打试管底部沉淀，直到肉眼看不到沉淀为止。

（8）将试管中的菌液均匀涂布于 LB 固体培养基上，放入 37℃恒温培养箱中过夜培养。

2　菌落筛选及验证

利用 DNA 重组的方法把目的基因装进用 Nde1 切开的 pUC57-Kan 载体中。理论上只有当目的基因完全重新与切好的载体连接成环状重组质粒后才会在培养基中长斑，如果没有重组成功应该无斑，所以一旦平板上长斑，证明重组成功，载体上的 Nde1 酶切位点消失。

用牙签选取 8 个圆润的、大小适中的单斑，加入含有 200μL 培养基的 EP 管中，2min 后拔掉牙签，盖好盖子，放到摇床中，1h 后拿出并吸取 8μL 进行电泳检测。同时将培养好的菌液（菌液变得混浊）全部吸入 EP 管中，送往相关公司测序。

【结果呈现】

1　菌检

如图 5-2 所示，从左至右第 1 条带为 pUC57-Kan 原始载体，大小在 2500bp 左右；第 2 和第 4 条带是菌检样品，大小在 3000bp 左右，比原始载体大（多出的一段即为重组进去的目的基因），说明它们已成功地把载体上的位点破坏；第 3 条带大小和原始载体一样大，说明重组体构建失败。

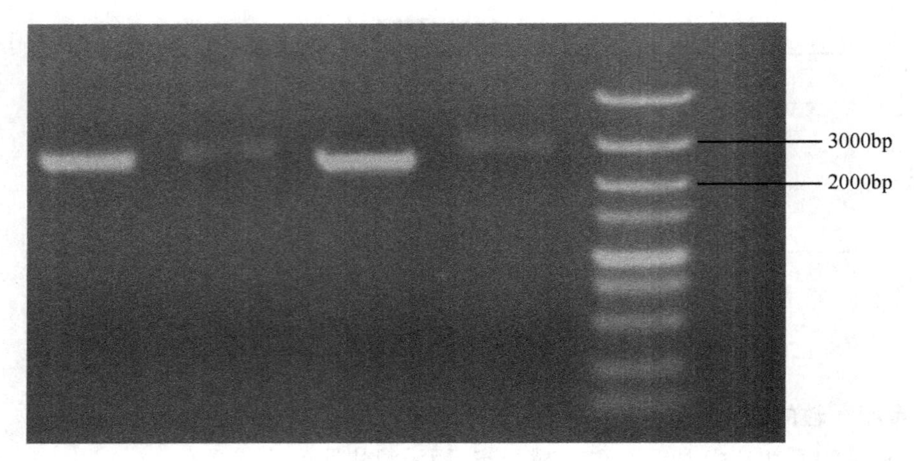

图 5-2　菌检电泳图

2　测序结果

根据测序结果(图 5-3)验证克隆样品的 Nde1 酶切位点是否切除。

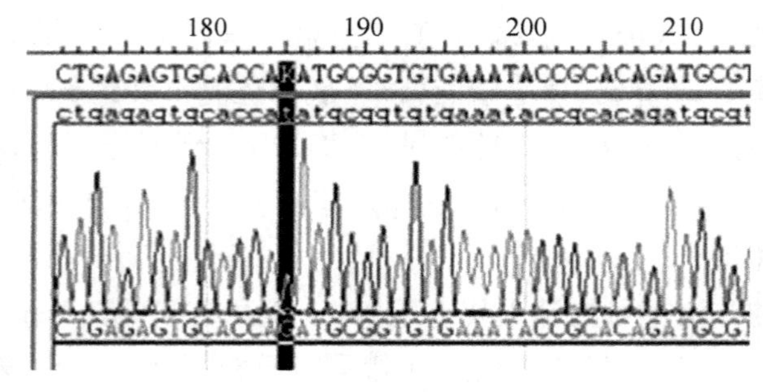

图 5-3　测序结果示意图

【时间安排】

(1) 第 1 天:目的基因的合成、载体酶切、重组质粒构建。

(2) 第 2 天:重组质粒转化、培养。

(3) 第 3 天:菌检、阳性克隆测序。

相关知识

1　基因突变

1.1　概念

基因突变(gene mutation) 是指基因组 DNA 分子在结构上发生碱基对中组成或排列顺序的改变(通常它只涉及基因中部分序列的变化),并引起个体表型的改变,从而使生物体发生遗传性变异。

基因突变是生物界中存在的普遍现象。由基因突变而产生的变异性使生物在自然界中发生不断的进化,从而保证了物种对各种环境的适应性,适应者生存下来,不适应者被淘汰,甚至会导致物种灭绝和消失。在自然界中引起基因突变的因素有物理因素(如紫外线、电离辐射和X射线等)、化学因素(如羟胺、烷化剂、亚硝酸盐和碱基类似物等)和生物因素(如麻疹、风疹、乙肝、疱疹等病毒和由真菌产生的毒素如黄曲霉毒素等)。这些因素中的相关物质被称为突变剂(mutagen)。在自然界中,生物体由于受到上述突变剂的作用,偶然会由于基因复制的错误而发生突变,这种突变称为自发突变(spontaneous mutation)。自发突变的频率很低,基因的每个核苷酸突变率平均为$10^{-10} \sim 10^{-9}$。在人为条件下,使用某种突变剂处理生物体而产生的突变称为诱发突变(induced mutation)。诱发突变频率比自发突变高得多(千倍以上),而且现在可在离体条件下使细胞发生定向诱发突变,又称定向突变。

基因突变可以发生在生殖细胞中,称为生殖细胞突变。此突变基因可通过有性生殖遗传给后代,并存在于子代的每个细胞中。基因突变也可以发生在体细胞中,称为体细胞突变(somatic mutation)。这种基因突变不会传给子代,但可传递给由突变细胞分裂所形成的各代子细胞,在局部形成突变细胞群,它可能会导致病变,成为突变的基础。然而在生物演变和进化的长河中,自然发生的变异是非常缓慢的,而且难以定向和控制。随着生物技术的高度发展,人类已学会干预生物的变异,而且可按照人们的需要进行定向变异,改变物种,甚至可创造出自然界从未有过的新物种。基因工程学的诞生和发展为人类开辟了改造生物遗传性状的新天地,打破了物种间的界限,跨越了种属之间不可逾越的鸿沟,克服了常规自然育种的盲目性。在基因工程的研究中,可以采用实验方法而使基因发生突变。

基因突变就是用化学方法来切割合成DNA,从而将突变碱基或序列导入变化的基因中,再将改变的基因重新送回生物体中,以分析该基因的功能变化的一项高新技术。这项技术是在DNA重组及测序等技术的基础上发展起来的。基因的体外突变技术对生物学和医学的研究及生物技术发展的重要性是难以估量的,它使分子生物学领域发生了一场革命,产生了"反向遗传学"这一全新的概念,即先改变基因序列,再验证基因的功能,这也为有效地进行蛋白质工程研究打开了大门。

1.2 基因突变的分类

对于基因突变的分类,由于基因突变的因果、状态、过程诸多方面既有区别又有联系,因而无法从单一系统来进行分类,只能按照突变基因发生的不同角度来进行分类。其中,按突变生成的过程可以分为自发突变和诱发突变,按突变发生的细胞种类不同可为生殖细胞突变和体细胞突变等。

现根据DNA碱基序列改变的情况不同将基因突变分为如下突变类型:

(1) 点突变(point mutation)。

点突变又可分为单点突变(single point mutation)和多点突变(multiple mutation)。单点突变是指只有一个碱基对发生改变,而多点突变是指有两个或两个以上碱基对发生改变。点突变可以是碱基替代(bases substitution)、碱基插入(base insertion)和基因缺失(base deletion),但"点突变"这个术语常常是指碱基替代。碱基替代又可分为两类:一类称为转换(transition),即嘌呤被另一嘌呤或嘧啶被另一嘧啶取代后而发生的变化;另一类称为颠换(transversion),即嘌呤被嘧啶或嘧啶被嘌呤取代后而发生的改变。例如,亚硝酸盐可使胞嘧啶(C)脱氧基变成尿嘧啶(U),使DNA复制中尿嘧啶(U)与腺嘌呤(A)配对、G与C配对,在下一轮复制时就可使原来的G－C配对转换成A－T配对,而使DNA序列发生变化。点突变的重要特点之一是具有很高的回复突变率。

(2) 碱基插入突变。

碱基插入突变是指基因组DNA链中插入一个或者几个碱基对,这种突变可以引起其后DNA序列的读框发生改变,故又称为移框突变(frameshift mutation)。突变剂吖啶类碱性染料分子大小与DNA中碱基对相当,可以嵌入DNA的碱基对中而引起移框突变。大肠杆菌的转位因子(转座子)也可以通过转位作用,由IS重复序列插入基因组中另外一个位点上,可在同一染色体或不同染色体间移动而引起插入突变。

移框突变的结果不但改变了表达产物的氨基酸组成,而且会出现新的终止子而使蛋白质合成过早终止。

转座子复制拷贝的插入常常会造成基因失活。有些哺乳类动物的DNA病毒和反转录病毒可整合到人和动物基因组DNA中,这些较大的DNA片段的插入不仅会引起基因组DNA读框发生改变,还会导致插入处基因的中断、失活及高级结构的改变等。若插入3个碱基,即使其后的读框并未发生改变,但其产物常常会发生活性改变或只有部分活性。

(3) 碱基缺失突变。

基因缺失突变是指基因组DNA链中缺失1个或数个甚至小片段的碱基对,这种突变也可引起其后DNA序列的读框发生改变。

碱基替代(点突变)、碱基插入或缺失结果,从对三联体密码的影响及遗传信息的改变来看,又有下列几种不同的情况发生:

① 同义突变(synonymous mutation)。同义突变是指碱基被替代后没有改变产物氨基酸序列,虽然这与密码子的简并性相关(如CTT、CTC、CTA、CTG的第3位碱基互相替代后其编码表达产物均为亮氨酸,CCT、CCC、CCA、CCG的第3位碱基互相替代后其编码表达的产物均为脯氨酸)。因此这种突变不产生突变效应。

② 错义突变(missense mutation)。错义突变是指碱基序列的改变引起了产物氨基酸的序列改变。有些错义突变严重影响到蛋白质活性甚至使蛋白质完全失去活性,从而影响了表型。如果该基因是必需基因,则该突变为致死突变。

③ 无义突变(nonscnse mutation)。无义突变是指某个碱基的改变可使某种氨基酸的密码子突变为终止密码子(如赖氨酸的密码子AAG突变为终止密码子TAG,酪氨酸的TAC突变为TAA或者TAG终止密码子)。若无义突变的终止密码子使肽链合成过早终止,则蛋白质产物一般没有活性;若是发生在基因DNA的3′末端处,它所表达产生的多肽常有一定活性或有部分活性。这种突变又称渗漏突变(leaky mutation)。

1.3 基因点突变技术

点突变技术有很多种,现将寡核苷酸介导的定点突变技术和PCR定点突变技术介绍如下:

1.3.1 寡核苷酸介导的定点突变技术

寡核苷酸介导的定点突变技术基本可分为两类:一类为用单链噬菌M13作载体的寡核苷酸引物诱变技术,另一类是用双链质粒作载体的盒式诱变技术。

(1)寡核苷酸引物诱变技术。

该项技术又称以单链噬菌体DNA为载体的寡核苷酸定位诱变。诱变技术原理:用化学合成的含有突变碱基的寡核苷酸短片段作为引物,启动单链M13噬菌体DNA进行复制,随后这段寡核苷酸引物便成为新合成DNA子链的一个组成部分,新生成的子链便具有发生突变的碱基序列。

寡核苷酸引物诱变技术应具备以下物质条件:

① 载体。为了进行定位诱变,应先将需进行突变的靶基因DNA克隆到合适的载体上,通常选用M13单链DNA噬菌体。因为该载体有多种适用的限制性酶切位点,有利于外源DNA片段的插入组装,同时还带有LacZ基因,又便于在X-gal选择性平板上显示有无蓝色克隆来选择阳性克隆。此外,插入M13载体的基因还可直接进行DNA序列分析,因此易于在较短的时间内确定突变位点。

② 诱变剂寡核苷酸引物的合成。应用化学法合成带错配碱基的诱变剂寡核苷酸引物,又称突变引物序列。引物是根据已知序列的基因中预期的突变点来设计的,通常情况下单个碱基突变引物的长度为17~19个核苷酸,而用于多个碱基或多处碱基突变时其长度为25个或更长的核苷酸。在改变的碱基两旁的序列应严格与相应靶DNA的序列互补,以使引物与靶DNA之间形成一种稳定且唯一的双链结构。若引物中G+C碱基较多,而且只有一个不配对的核苷酸存在,则其左、右两边互补序列为6~7个核苷酸为宜;若A+T较多,或者有几个不配对核苷酸,则两侧互补序列中含有的核苷酸应适当延长。为了保护寡核苷酸引物中的错配碱基能稳定合成子链,通常选用Klenow酶进行DNA合成,因该酶无5′-外切核苷酸的活性,而3′-外切酶的活性此时可被抑制。引物较长时5′末端应进行磷酸化,以防引物自身聚合环化。

具体的诱变程序为:将诱变剂寡核苷酸与靶DNA的M13单链混合退火,结集在待诱变的核苷酸部位及其附近序列通过碱基互补配对结合,形成一小段具碱基错配序列的异源双链DNA。此时加入dDNA序列模板合成全长的互补链,然后由T4 DNA连接酶封闭缺口,形成闭环异源双链的M13 DNA分子。经纯化富集后,异源双链DNA混合物可直接转染大肠杆菌,从而可产生众多的噬菌斑,其中有的是野生型噬菌斑,有的为突变型噬菌斑(含有突变碱基序列)。突变体筛选:用^{32}P核素标记的诱变剂寡核苷酸作为探针对噬菌斑进行杂交筛选。该探针同野生型噬菌斑DNA之间存在碱基错配,在漂洗过程中探针与野生型DNA之间形成的错配杂交体易被解离,而探针与突变DNA之间可形成完全配对杂交体而不发生解离,从而可筛选出突变型噬菌斑。

诱变程序结束后,突变体DNA经测序无误,从噬菌体基因组双链复制微型中回收外源DNA(带已突变的片段),然后将突变的片段取代野生型DNA的同源片段,并通过适当的检测方法测定突变的表型效应。

理论上,该方法的诱变效率为50%,但实际工作中突变的转化子比例很低,原因可能为:宿主细胞对DNA的错配有校正作用;完全单链的环状模板经Klenow酶催化,合成互补链时会出现错误突变,而且由于该酶不易通过次级结构的模板区,常常因不能合成全长的互补链而出现不完全合成现象。

为了提高M13噬菌体为载体的寡核苷酸引物诱变效率,克服上述难点,对上述方法进行了进一步的改进,常采用下述方法:

① Kunkel定点诱变法。这是一种通过筛选含尿嘧啶的DNA模板进行的寡核苷酸引物定点诱变法,又称掺U(尿嘧啶)单链进行的寡核苷酸定点诱变法。此法是Kunkel于1985年发明的。

此法是采用掺入尿嘧啶的单链M13噬菌体载体DNA作为模板,加入上述磷酸化的寡核苷酸引物及dNTPs后,在Klenow酶的催化下,新合成的M13 DNA的互补子链中不含有尿嘧啶(U)而含有胸腺嘧啶(T),转化大肠杆菌后能在菌体内大量复制;而含有尿嘧啶的模板DNA链在尿嘧啶脱糖苷酶的作用下发生链的断裂而被破坏,在菌体内不能进行复制。因此,野生型噬菌体的产生受到抑制,而且不带尿嘧啶子链的突变体噬菌体可大量复制,增加了选择突变体的机会。

理论上其突变效率可达100%,但实际上只有70%左右。这是由于宿主体内存在依赖甲基化的错误修复系统。体外合成的DNA转化进入宿主后,在掺U(尿嘧啶)模板未降解前,此种错误修复系统可对DNA进行修复与合成,使突变点消失。此外,还可能是因DNA聚合酶催化的体外合成不完全。

② 硫代磷酸的核苷酸诱变法。鉴于由硫代磷酸的核苷酸衍生物取代正常核苷酸所形成的DNA链不能被AvaⅠ、AuaⅡ、BanⅡ、HindⅡ、NciⅠ、PstⅠ及PvuⅠ等限制性内切酶识别切割,因此首先按上述常规法将突变的硫代磷酸引物与M13单链DNA模板退火结合,然后加入硫代磷酸的核苷酸$dNTP_{\alpha}S$(如$dCTP_{\alpha}S$)及dNTP,以M13单链DNA为模板,在DNA聚合酶的催化下,由$dNTP_{\alpha}S$竞争dNTP合成互补子链,进而形成异源双链DNA连接酶封闭缺口后,再用上述内切酶中的NciⅠ酶消化该异源双链DNA分子。此NciⅠ内切酶只能切割不含硫代磷酸的核苷酸亲本链,再经外切核酸酶消化切除,可使亲本链被裂解消化,只保留有含硫代磷酸的核苷酸的突变体子链(单链),然后以突变体子链为模板进行第二次复制,从而可产生具有定点突变的突变体的双链DNA分子。此法可获得非常高的突变效率,不仅对点突变,而且对于缺失突变和插入突变亦是如此。

(2)盒式诱变技术。

所谓盒式诱变(cassette mutagenesis),是以各种双链质粒DNA为载体,采用人工合成的具有突变序列的寡核苷酸片段置换待改造基因中两个限制酶切点之间的序列,在转化的大肠杆菌中形成数量众多的突变体,故又称双链载体的定位突变。盒式诱变具有简单易行、突变效率较高的优点;不便之处是靶基因DNA区段突变位点的两侧序列只存在一对限制酶单切点,因此往往又受到一定限制。

1.3.2 PCR定点突变技术

应用PCR技术可以在PCR片段内部任何位置进行突变、缺失,这就需要在DNA模板中预先确定的位置上引入单个或多个碱基的改变(插入或缺失),这就是PCR介导的定点突变技术。它比上述传统的定点突变技术(SDM)更为简便,既不用单链DNA中间物,又不用M13系列的噬菌体载体,大大缩短了突变实验所需的时间,并且突变效率高达100%。应用PCR定点突变技术的方法有很多,以下着重介绍两种常用的方法:

(1) 引物PCR定点诱变法。

本法的原理是以第一轮PCR扩增产物作为第二轮PCR扩增的大引物,故又称大引物PCR诱变法(megaprimer PCR)。第一轮以引物2和引物3扩增出短片段DNA,引物2含有预先设计的突变序列。待PCR产物经纯化后除去原来的引物,然后以上一轮PCR扩增的产物作为大引物,并与引物1一起再对靶基因做第二轮PCR扩增,其PCR产物即为突变的DNA。此法不仅简便,在较短的时间内可获得大量带有突变序列的全长DNA,而且突变效率可达100%。本法在扩增较短片段时,其由PCR本身产生错配的机会是很小的,所以扩增的忠实性较高。

(2) 重组PCR定点诱变法。

该法是指采用目的突变的寡核苷酸引物,以靶基因的质粒DNA为模板操作,由PCR产生的同源DNA末端在*E. coli*内通过体内重组,使产生具有目的突变的同源DNA末端的DNA片段转化*E. coli*后可在菌体内重组成环状并携有点突变序列的质粒。这种方法可减少引物的数量,一般只需两个引物,无须再变性和退火处理,也省去了在体外形成错开的末端,简化了操作步骤;缺点是突变效率较低,仅为50%。

此外,根据靶基因5′端和3′端序列及两端适宜的限制酶切点序列,在设计5′及3′端引导下,以靶基因序列为模板,经PCR扩增,就可合成大量具有突变序列的同源DNA序列。该法更为简便,短期内可获得大量突变基因的DNA产物,但靶基因不宜太大,因此常用于靶基因的5′端或3′端某个位点的突变。

以PCR技术为介导的定点突变因为效率高、操作简单,是基因修饰和改造的一个重要途径。通过改变引物中某些碱基而改变基因序列,达到有目的地改造蛋白质结构的目的。也可以在设计引物的5′端加入合适的限制性内切酶位点,为PCR扩增产物后续的克隆提供方便。采用PCR介导的定点突变主要有以下几种:

① 重叠区扩增基因拼接法。该法是经典的PCR介导的定点突变的方法,需要4种扩增引物,进行3次PCR反应。头2次PCR反应中,应用2个互补的并在相同部位具有相同碱基突变的内侧引物,扩增形成2条有一端可彼此重叠的双链DNA片段。去除未掺入的多余引物之后,这2条双链DNA片段经过变性和退火可以形成具有3′凹末端的异源双链分子,在DNA聚合酶的作用下,产生含重叠序列的双链DNA分子。这种DNA分子再用两个外侧寡核苷酸引物进行第3次PCR扩增,便产生突变体DNA。

② 巨型引物法。该方法用3条寡核苷酸引物、2轮PCR反应对模板进行突变,其中侧翼引物既可与克隆的基因互补,也可以和与基因连接的载体互补。中间为突变引物,含有设计

的突变。第一轮 PCR 利用突变引物和一条侧翼引物进行，合成的双链产物经纯化后可用作“巨型引物”，与另一条侧翼引物进行第二轮 PCR。两轮 PCR 均以野生型的克隆基因为模板。该方法还可以用于定点插入、缺失、基因融合以及序列倒置等实验。

③ 一步方向 PCR 法。该方法将引物设计在要突变部位的两侧，突变碱基设计在上游或下游引物的 5′端，利用高保真 DNA 聚合酶扩增包括载体片段在内的重组 DNA 分子，之后实现 PCR 扩增产物 5′端磷酸化和分子的自身环化，从而获得定点突变的重组子。

④ 用耐热连接酶制造突变。模板退火反应中，上游引物和突变引物同时与一条模板链退火，在延伸反应中，两条引物分别延伸。由于多数 DNA 聚合酶没有链置换功能，自上游引物开始合成的 DNA 延伸到中间突变引物上游处时将停止。如果突变引物的 5′端进行过磷酸化，那么在耐热连接酶的催化下，自上游引物延伸至此的链将与突变引物延伸而成的链连接成一条完整的链。利用这种方法可以在一个 PCR 反应中链的任何部位引入突变。

⑤ 重组 PCR 法。该方法应用在大肠杆菌内发生的重组过程中，产生特定位点的突变和重组产物。在重组 PCR 中，利用 PCR 技术向 DNA 加上同源末端。同源末端可以在大肠杆菌内介导线性状态的 PCR 产物之间进行重组。如果两种 PCR 产物具有的同源末端结合后能导致环化，而且环形产物组成可被筛选的质粒，那么大肠杆菌就被两种线性 DNA 成功环化。

1.4 点突变技术的应用

点突变技术现已成为基因工程和分子生物学研究中常用的研究手段，如基因的改造、启动子改造、载体的构建、调控元件的结构和功能研究等都离不开此项技术。

1.4.1 在分子生物学和基因工程中的应用

（1）它可以用来研究某些功能尚未阐明的 DNA 顺序与 DNA 片段，如研究基因的结构与功能的关系，通过启动子诱变技术，比较诱变产生的不同启动子的作用，可用于筛选强启动子。通过腺病毒 DNA 复制起始点和酵母菌的复制子结构的研究，证实真核基因转录起始必须有 TATA 保守序列。

（2）通过对基因调控区序列的定位置换、缺失，经对调控序列的功能测定，可找出调控作用的必需保守序列，以及各保护区之间的最佳距离，以指导基因工程中基因转录和表达的调控。如研究 AUG 两侧序列对胰岛素基因表达的调节作用时，采用寡核苷酸定点诱变，在 AUG 附近制造各种点突变，实验结果说明 ACCAUG 是翻译起始的最适序列，尤其是 AUG 上游第 3 个核苷酸（-3）序列尤为重要。

（3）定点突变也是基因工程载体构建的有效手段，可引入高效表达的调控元件、强启动子，构建质粒新的酶切位点，同时也是基因改造时常用的方法。

1.4.2 在蛋白质工程中的应用

蛋白质工程可使基因工程在生产应用上具有极广阔的前景。改造某些蛋白质产物时，往往只需变动少数几个氨基酸，此时只要通过变动一个或数个密码子便可实现。因此，点突变是蛋白质工程发展必不可少的工具。通过定点突变可以洞察蛋白质的结构与功能之间的联系，如酶的活性高低与酶活性中心的关系、受体-配基关系等。下面列举实例加以说明。

（1）提高蛋白质的生物活性及稳定性。天然人β-干扰素（IFN-β）有三个半胱氨基酸（Cys），其第31与第141位半胱氨基酸形成了二硫键，但第17位上半胱氨基酸的巯基还原状态为游离二硫键状态，在基因工程生产中，常因游离二硫键的错配而使产品性能不稳定，生物学活性下降。用定点突变法将第17位半胱氨基酸改变为丝氨酸（Ser）后，这种新型重组INF-β的抗病毒活性可提高10倍，而且稳定性明显增强，在-70℃下保存半年仍稳定，而未突变的INF-β保存75天后抗病毒性即开始丧失。

人白细胞介素-2（IL-2）现已上市，用于治疗肿瘤和感染性疾病。该IL-2多肽也有3个半胱氨基酸残基，其中有一个为游离状态。在产品复性纯化过程中，它们之间极易发生二硫键错配，导致蛋白质结构变异而失去生物学活性。在蛋白质工程中，将其中不应配对的那个游离半胱氨基酸通过点突变转变成丝氨酸，就可避免二硫键错配，不仅产品的稳定性明显增强，而且生物学活性提高了7倍以上。

（2）降低多肽产品的毒性作用。天然肿瘤坏死因子（TNF）有很强的杀肿瘤作用，但多肽分子中有一毒性基团有很强的毒性作用，使TNF新药的开发和应用受到了极大的限制，至今不能批准上市。现经点突变技术使毒性基团的蛋白质构象发生改变，毒性大大下降；或将该毒性基团的相关序列进行缺失，使毒性基团失活，也可明显降低毒性作用，但仍保留原先的杀肿瘤生物学活性。TNF突变体的多肽衍生物目前正在进入临床试验。

（3）改变亚型和种属特异性。IFN-α2a与IFN-α2b亚型的不同之处是在第23位点上的氨基酸不同，IFN-α2a在该位点是赖氨酸（AAG），而IFN-α2b在该位点是精氨酸（AGG），只是在第2个密码子上的A→G，而它们分别取代了天然IFN-α上的甘氨酸（GGG）。不同亚型蛋白分子中的该分子结构域与受体结合有关，而且可影响蛋白分子的三级结构，以使它们的抗原性也随之发生变化，进而产生出不同的IFN-α亚型，即IFN-α2a和IFN-α2b亚型。

IFN-α、IFN-β中第123位及第236位的酪氨酸（Tyr）是保守的。若用甘氨酸（Gly）或丝氨酸（Ser）取代IFN-α1第123位的Tyr后，该IFN-α1抗病毒活性在人细胞中丧失98%以上，而在牛细胞中仅丧失27%～59%；而第136位Tyr被同样的氨基酸取代后，其抗病毒活性在人及牛细胞中的下降也是相似的，二者无显著差异。由此说明第123位上的Tyr似乎与种属特异性有关，它在人细胞中的抗病毒活性是必不可少的，而在牛细胞中则不尽然。

（4）提高蛋白质作用的专一性。用化学合成及基因重组的方法构建一个人IFN-α1与IFN-β的杂交体，其中IFN-β的第9～56位被第7～54位取代，结果其抗病毒活性为野生型IFN-β的40倍。

项目6 cDNA 文库的构建

在真核生物的基因中，编码序列被非编码序列隔开，转录产物剪去内含子，使外显子相连，加工产生成熟的 mRNA。以 mRNA 为模板，在反转录酶的催化下，形成互补的 DNA，即 cDNA。将真核细胞内全部 mRNA 转录成 cDNA 并将双链 cDNA 和载体连接，导入宿主细胞大量繁殖，由此得到的 cDNA 克隆群称为 cDNA 文库（图 6-1）。

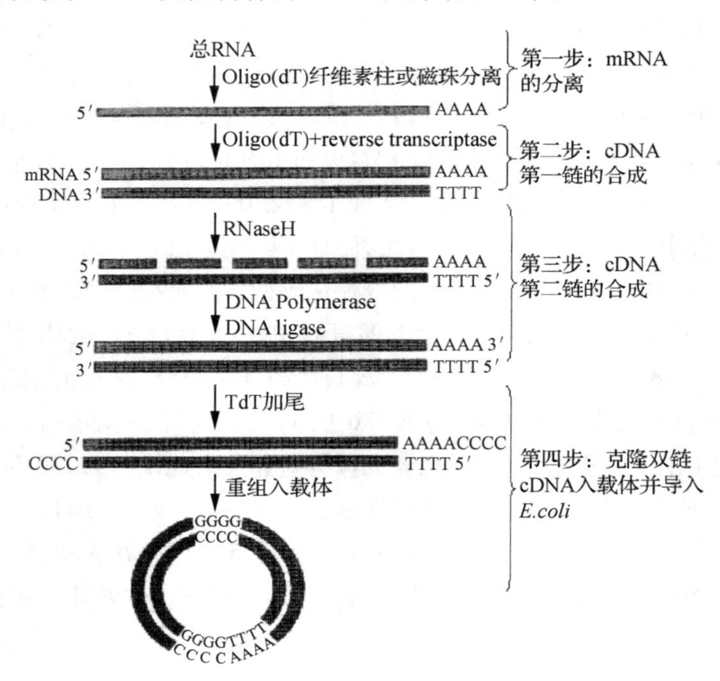

图 6-1　cDNA 文库的构建流程

自 20 世纪 70 年代中期首例 cDNA 克隆问世以来，构建 cDNA 文库已成为研究功能基因组学的基本手段之一。cDNA 便于克隆和大量表达，它不像基因组含有内含子而难于表达，因此可以从 cDNA 文库中筛选到所需的目的基因，并直接用于该目的基因的表达。通过构建 cDNA 表达文库不仅可保护濒危珍惜生物资源，而且可以提供构建分子标记连锁图谱所需的探针，更重要的是可以用于分离全长基因进而开展基因功能的研究。因此，cDNA 在研究具体某类特定细胞中基因组的表达状态及表达基因的功能鉴定方面具有特殊的优势，从而使它在个体发育、细胞分化、细胞周期调控、细胞衰老和死亡调控等生命现象的研究中具有更为广泛的应用价值，是研究工作中最常使用到的基因文库。

子项目1

cDNA文库的构建

【项目描述】

本项目材料为真核生物总RNA（如项目2中提取的小鼠肝脏总RNA），RNA样品总量需在10ng以上并有效去除金属离子（如Mg^{2+}、胍盐等）和有机物（如酚、乙醇等）。实验前，先用DNase Ⅰ去除样品中残留的DNA，然后去除DNase Ⅰ。具体要求如下：

1　mRNA的制备

利用寡聚（dT）-纤维素柱层析法将mRNA从总RNA中分离纯化出来。

2　cDNA的合成与克隆

（1）cDNA第一链的合成：采用反转录法。以mRNA为模板，在反转录酶催化下反转录为cDNA。反转录酶合成DNA时需要引物引导，常用引物是oligo（dT）引物。

（2）cDNA第二链的合成：采用置换合成法。以第一链为模板，由DNA聚合酶催化，采用碱解或酶解（RNaseH）法除去RNA分子。

（3）cDNA克隆：借助末端转移酶给载体和双链cDNA的3′端分别加上几个C或G，成为黏性末端，双链cDNA即可与载体连接，转入受体菌。

3　重组子的筛选与鉴定

对阳性重组子进行筛选与鉴定。

【项目分析】

1　基本原理

真核生物基因的结构和表达控制元件与原核生物有很大的不同。真核生物的基因是断裂的，在基因最后产物中表达的编码序列（外显子）被非编码序列（内含子）分隔开，须经RNA转录后的加工过程才能使编码序列拼接在一起。真核生物的基因不能直接在原核生物中表达，只有将加工成熟的mRNA经逆转录合成互补的DNA（complementary DNA，cDNA），并接上原核生物表达控制元件，才能在原核生物中表达。另外，真核细胞的基因通常只有一小部分进行表达。由于mRNA的不稳定性，对基因表达和有关mRNA的研究通常是通过对其cDNA的研究来进行的。为分离cDNA克隆或研究细胞的cDNA谱，需要先构建cDNA文库。所谓cDNA文库，是指细胞全部mRNA逆转录成cDNA并被克隆的总和。

经典cDNA文库构建的基本原理是：用Oligo（dT）作逆转录引物，或者用随机引物，将细胞内所有的 mRNA 逆转录为与之互补的cDNA,进而合成双链 cDNA,再通过给所合成的cDNA加上适当的连接接头连接到适当的载体中,即可获得文库。其过程可大致概括为:① RNA 的提取和 mRNA 的获取;② 通过反转录酶将各种 mRNA 转变为双链 cDNA;③ cDNA 与合适的载体重组并导入宿主中大量克隆。

2 需要解决的问题

(1) 构建一个高质量的 cDNA 文库,获得高质量的 mRNA 是至关重要的。应采取合适的方法将 mRNA 与生物体内其他类型的 RNA 分离开来。在处理 mRNA 样品时也必须仔细小心。由于 RNA 酶存在于所有生物中,并且能抵抗诸如煮沸这样的物理环境,因此建立一个无 RNA 酶的环境对于制备优质 mRNA 很重要。

(2) 反转录成功与否以及反转录效率是 cDNA 文库构建关键中的关键。反转录不成功,说明一次文库方案的夭折。反转录效率不高表现在:一是部分 mRNA 被反转录了,但还有相当一部分本该转录的 mRNA 未被反转录;二是只有少部分 mRNA 被反转录了,即达到帽子结构最近处,而很大一部分 mRNA 没有反转录完全,总的全长 cDNA 太少,难以构建好的全长 cDNA 文库。

(3) cDNA 文库构建要选择合适的载体。常规用的是 λ 噬菌体,这是因为 λ DNA 两端具有由 12 个核苷酸组成的黏性末端,可用来构建柯斯质粒,这种质粒能容纳大片段的外源 DNA。

3 主要仪器设备、耗材、试剂

(1) 仪器设备:电热恒温水浴锅、微量移液器、高速离心机、微型离心机、紫外-可见分光光度计、制冰机、超低温冰箱、琼脂糖凝胶电泳系统、PCR 热循环仪、电子天平、超净工作台、恒温振荡器、电转仪等。

(2) 耗材:PCR 管、移液器吸头、离心管、一次性 PE 手套、口罩、滤纸、泡沫盒、培养皿、96 孔板、三角瓶、吸水纸等。

(3) 试剂:

① 试剂盒:mRNA 提取试剂盒[Oligotex mRNA Kits(QIAGEN)]、PCR 纯化试剂盒、胶回收试剂盒(QIAEX Ⅱ GEL Extraction Kit)。

② 试剂:Xho Ⅰ Primer、RNase-free 水、DTT(二硫苏糖醇)、dNTP、Superscipt Ⅲ-RT、RNaseH、DNA Polymerase Ⅰ、T4 DNA Polymerase、BSA(牛血清白蛋白)、苯酚、氯仿、异戊醇、NaAc、无水乙醇、EcoR Ⅰ adaptor、T4 DNA Ligase、rATP、T4 PNK(T4 多聚核苷酸激酶)、Xho Ⅰ、pBlueScript Ⅱ、AMP(氨苄青霉素)、LB 培养基、Tris(三羟甲基氨基甲烷)、浓盐酸、EDTA(乙二胺四乙酸)、NaOH、SDS(十二烷基硫酸钠)、异丙醇、EcoR Ⅰ、pBSK(+)、10 × Restriction Enzyme Buffer D、10 × Restriction Enzyme Buffer E、CIAP(碱性磷酸酶)、$MgCl_2$、Taq 酶、溴酚蓝、琼脂糖、逆转录酶 M-MLV、EB 或其他核酸染料、感受态细胞、甘油等。

【项目实施】

本项目主要包括 mRNA 的制备、cDNA 第一链的合成、cDNA 第二链的合成、cDNA 加接头、cDNA 与载体连接、重组 cDNA 导入宿主菌和 cDNA 文库的扩增与鉴定 7 个任务。其中，mRNA 的制备是后续实验的基础，也是整个 cDNA 文库构建最核心的步骤。为了避免由于保存时间过长造成的 RNA 降解，最好能将总 RNA 提取、mRNA 的分离纯化和 cDNA 文库构建实验安排在连续的时间内进行。

任务1 mRNA 的制备

（1）准备工作：

① 将 Oligotex Suspension 置于 37℃ 水浴中，旋转混匀，溶解 Oligotex，然后置于室温环境中。

② 将 OBB Buffer 置于 37℃ 水浴中，旋转混匀，重溶沉淀物，然后置于室温环境中。

③ 将 OEB Buffer 置于 70℃ 水浴中，待用。

（2）实验步骤：

① Total RNA 量不要多于 1mg，用移液器吸取所需 RNA 量到 1.5mL 离心管中，加 RNase-free 水补足到 500μL。

② 根据表 6-1 加入适当体积的 OBB Buffer 和 Oligotex Suspension，轻弹 1.5mL 离心管彻底混匀。

表 6-1 加入试剂量参照表

Total RNA	RNase-free Water	OBB Buffer	Oligotex Suspension	Prep Size
≤0.25mg	250μL	250μL	15μL	Mini
0.25 ~ 0.5mg	500μL	500μL	30μL	Midi
0.5 ~ 0.75mg	500μL	500μL	45μL	Midi
0.75 ~ 1.00mg	500μL	500μL	55μL	Midi

③ 70℃ 水浴 3min。

④ 取出，室温下静置(20℃ ~ 30℃)10min。

⑤ 室温下 13000r/min 离心 2min，用移液器吸取上清液至一支新的 1.5mL 离心管中，保留上清液，直到 PolyA 被结合上。

⑥ 用移液器吸取 400μL OW2 Buffer 混匀沉淀物，将混合物转移到 Spin Column 中，RT，13000r/min 离心 1min。

⑦ 将 Spin Column 转移到一支新的 1.5mL 离心管中，加入 400μL OW2 Buffer，RT，13000r/min 离心 1min。

⑧ 将 Spin Column 转移到一支新的 1.5mL 离心管中，取出 25μL OER Buffer(70℃)到 Column 中，用移液器吹打 3 ~ 4 次树脂，室温下 13000r/min 离心 1min。

⑨ 取出 25μL OER Buffer(70℃)到 Column 中，用移液器吹打 3 ~ 4 次树脂，室温下

13000r/min 离心 1min。

⑩ 测吸光度(A),并电泳定量。

任务2 cDNA 第一链的合成

(1) 在一 RNase-free 的 0.2mL PCR 管中加入如表 6-2 所示试剂。

表 6-2 加入试剂剂量表

试剂	体积
mRNA	xμL(大约 500ng)
Xho Ⅰ Primer(1.4μg/μL) (5′GAGAGAGAGAGAGAGAGAGAACTA GTCTCGAGTTTTTTTTTTTTTTTTTT…3′)	1μL
RNase-free 水	$(11-x)$μL

注意: 大于 500ng mRNA 分 n 管(500ng/管)合成第一链,第一链合成完毕后将 n 管合成一管再进行第二链的合成。

(2) 混匀后,70℃下反应 10min。

(3) 反应完成后,立刻将反应体系置于冰上,静置 5min。

(4) 稍微离心一下,按顺序加入如表 6-3 所示试剂。

表 6-3 加入试剂剂量表

试剂	体积
5×First Strand Buffer	4μL
0.1mol/L DTT	2μL
10mmol/L dNTP(自己配制)	1μL

(5) 混匀,稍微离心反应物后,42℃下放置 2min。

(6) 反应完成,趁热加入 1μL SuperscriptⅢ-RT,混匀。

(7) 42℃下反应 50min,然后 70℃下灭活反转录酶 15min。

任务3 cDNA 第二链的合成

(1) 第一链反应完成后,取 2μL 一链产物保存于 -20℃冰箱中,待电泳检测。其余的产物合并混匀,然后按顺序加入如表 6-4 所示试剂(promega)。

表6-4 cDNA第二链合成反应体系

试剂	体积
10×DNA Polymerase Ⅰ Buffer	20μL
10mmol/L dNTP(自己配制)	6μL
ddH_2O	xμL
RNaseH(2U/μL)	1μL
DNA Polymerase Ⅰ(10U/μL)	10μL
Total	200μL

(2)混匀后,16℃下反应2.5h。

(3)70℃下灭活10min。

(4)反应完成后,得到200μL cDNA第二链反应体系,将此体系置于冰上。

(5)取2μL二链产物,同保存的一链产物一起电泳鉴定。同时上1kb ladder,确定双链的大小范围。

任务4 cDNA加接头

1 双链cDNA末端补平

(1)在第二链反应体系中按顺序加入如表6-5所示试剂(promega)。

表6-5 加入试剂剂量表

试剂	体积
10mmol/L dNTP	6μL
T4 DNA Polymerase(8.7U/μL)	2μL
BSA(10mg/mL)	2μL

(2)稍微离心混匀反应物,37℃下反应至少30min,然后75℃下灭活10min。

(3)加入等体积酚-氯仿-异戊醇,剧烈振荡后,常温下13000r/min离心5min。

(4)离心后吸取上清液于另一1.5mL离心管中,加入等体积氯仿,上下颠倒几次混匀后,常温下13000r/min离心5min。

(5)吸取上清液至另一1.5mL离心管中,加入1/10体积3mmol/L NaAc(pH 5.2)和2.5倍体积预冷的无水乙醇,混匀后-20℃放置过夜以沉淀双链cDNA。

(6)第二日,将第一日沉淀物在4℃下13000r/min离心60min,以充分沉淀双链cDNA。

(7)离心完毕,弃上清液,加入1mL 70%乙醇洗涤沉淀,常温下13000r/min离心5min。

(8)离心完毕,弃上清液,干燥沉淀至无乙醇气味。

注意：第(3)(4)步可以用PCR纯化试剂盒代替，操作流程如下：
(1) 溶液PE使用前应加入适量体积95%~100%的乙醇，混匀。
(2) 向200μL二链补平产物中加入5倍体积的Buffer PB，混匀。
(3) 将其加入Spin Column中，13000r/min离心1min。
(4) 加入0.75mL Buffer PE，13000r/min离心1min。
(5) 13000r/min再离心1min。
(6) 将Spin Column放入一新的1.5mL管中，加入50μL Buffer EB，静置10min。
(7) 13000r/min离心2min。
(8) 加入30μL Buffer EB，静置10min。
(9) 13000r/min离心2min。
(10) 加入1/10体积3mmol/L的NaAc、2.5倍体积的无水乙醇，混匀，-20℃下沉淀过夜。

2 EcoR Ⅰ adaptor加接头

(1) 往双链cDNA沉淀中加入9μL EcoR Ⅰ adaptor(400ng/μL)，4℃下至少放置30min以充分溶解cDNA沉淀。

(2) 溶解完成后，按顺序加入如表6-6所示试剂。

表6-6 连接体系

试剂	体积
10×Ligase Buffer	1.2μL
10mmol/L rATP	1μL
T4 DNA Ligase(4U/μL)	1μL

(3) 混匀后，4℃下连接3天，或者8℃下过夜连接。

任务5 cDNA与载体连接

1 双链cDNA末端的磷酸化及Xho Ⅰ酶切

(1) 连接反应完成后，将反应体系70℃下放置15min，灭活T4 DNA Ligase。

(2) 稍微离心使反应物集中至管底，室温下放置5min，然后加入如表6-7所示试剂。

表6-7 加入试剂剂量表

试剂	体积
10×Ligase Buffer	1μL
10mmol/L rATP	1μL
ddH_2O	6μL
T4 PNK(10U/μL)	1μL

(3) 37℃下反应30min，然后70℃下灭活15min。

(4) 稍微离心使反应物集中至管底。

(5) 室温放置5min,然后加入如表6-8所示试剂。

表6-8 加入试剂剂量表

试剂	体积
Xho Ⅰ 10×Buffer	4μL
BSA	2μL
ddH_2O	5μL
Xho Ⅰ (10U/μL)	8μL

(6) 37℃下反应1.5h,然后65℃下灭活10min。

(7) 反应完成,双链cDNA合成完毕,置于4℃下准备回收。

2 胶回收cDNA(QIAEX Ⅱ GEL Extraction Kit 回收试剂盒)

(1) 配制小胶数板(每个样品一板):1%琼脂糖凝胶,2μL EB/300mL胶。

(2) 取4℃下保存的样品上样(40μL/孔)。

(3) 电泳(50V,1h)。

(4) 紫外灯下分别切下0.5~1kb、1.0~2.0kb以及2.0~4.0kb cDNA片段,分别放入已做标记的1.5mL EP管中。

(5) 称取胶重,加入3倍体积的Buffer QXI(如100mg胶中加入300μL Buffer QXI)。

(6) 50℃水浴数分钟,至胶完全熔化。用手指弹QIAEX Ⅱ使之重悬,每管中加入5μL QIAEX Ⅱ。

(7) 50℃水浴10min,每隔2min取出颠倒混匀数次,使QIAEX Ⅱ保持悬浮。

(8) 4℃下13000r/min快速离心30s,弃上清液,离心机中甩一下,再次吸弃上清液。

(9) 加入500μL Buffer QXI,轻弹管底使QIAEX Ⅱ重悬。

(10) 离心并弃上清[同操作(8)]。

(11) 加入500μL Buffer PE,重悬QIAEX Ⅱ,离心30s,弃上清液。

(12) 再加入500μL Buffer PE,重悬QIAEX Ⅱ,离心30s,弃上清液,离心机中甩一下,再次吸弃上清液。

(13) 超净台上吹干(至无乙醇味),加入10μL Elution Buffer,重悬QIAEX Ⅱ,静置5min,13000r/min离心30s,吸取上清液于一新的EP管中,冰上放置。

(14) 取1μL上清液上样电泳,同时做分子量标准(1kb ladder)及DNA含量标准(10ng,20ng)作对照。

(15) 将回收的cDNA置于-20℃冰箱内保存,根据电泳结果,取适量DNA进行连接。

> **注意:** (1) 胶回收前电泳槽、电泳板、梳子等都要用1%的HCl浸泡过夜。
> (2) 胶回收时电压要保持稳定。

3 pBlueScript Ⅱ 载体的提取

(1) 取1μLpBlueScript Ⅱ转入大肠杆菌宿主菌中,取5μL转化产物均匀涂布在含AMP

的 LB 平板上,37℃下培养过夜。

(2) 第二天取一支无菌的 50mL 离心管,加入 10mL AMP 抗性的 LB 液体培养基,挑单克隆于离心管中,37℃下 250r/min 培养过夜。

(3) 第三天取 200μL 小摇后的菌液接种于 250mL 含 AMP 的 LB 液体培养基中,37℃下 250r/min 培养 6h 左右,使 A 达到 0.6 ~ 0.8。

(4) 将菌液移入 250mL 离心管中,4℃下 3000r/min 离心 15min。取出离心管,菌团朝上,倒掉上清液,将离心管倒置于吸水纸上使上清液充分滤干。

(5) 加入 10mL 溶液Ⅰ(50mmol/L Glucose,25mmol/L Tris-HCl,10mmol/L EDTA,pH 8.0),加入 RNase 至终浓度为 100μg/mL,晃动摇菌,使菌体充分悬浮,静置 10min。

(6) 按 NaOH(0.4mol/L)、SDS(2%)=1∶1的比例新鲜配制溶液Ⅱ,加入 20mL 溶液Ⅱ,静置 3 ~ 5min(静置时间勿超过 5min,并提前将溶液Ⅲ置于冰盒中)。

(7) 加入 15mL 冰浴的溶液Ⅲ,冰浴 15 ~ 30min。

(8) 4℃下 5000r/min 离心 15min。

(9) 吸取上清液于两支 50mL 离心管中,弃去原离心管中的沉淀。

(10) 每管加入 0.6 倍体积的异丙醇,充分混匀,室温下放置 10min。

(11) 20℃下 12000r/min 离心 20min 回收质粒沉淀。

(12) 弃上清液,用 70% 的乙醇洗 2 次。

(13) 弃上清液,倒扣于吸水纸上,尽量空干液体。

(14) 用 3mL TE(pH 8.0)溶解沉淀,移入 1.5mL 离心管中。

(15) 电泳检查 DNA 质量并定量(必要的话,可以用胶回收的方法先纯化一下质粒再进行双酶切)。

4 pBlueScript Ⅱ 的双酶切消化

(1) 依次加入如表 6-9 所示试剂,混匀后加入 6μL 限制性内切酶 EcoR Ⅰ(10U/μL),使酶切体系总体积为 200μL。

表 6-9 EcoR Ⅰ 酶切体系

试剂	体积
pBSK(+)	xμL(6μg)
ddH_2O	(174 − x)μL
10 × Buffer E	20μL

(2) 轻弹管壁或用枪头轻轻吹打混匀,在离心机上甩一下。

(3) 37℃水浴 1h。

(4) 加入 200μL 1∶1(体积比)的酚-氯仿,混匀,4℃下 13000r/min 离心 15min。

(5) 取上清液,加入等体积的氯仿,4℃下 13000r/min 离心 10min。

(6) 取上清液,加入 0.1 倍体积的 NaAc 和 2.5 倍体积的无水乙醇,−20℃下沉淀 30min。

(7) 4℃下 13000r/min 离心 10min,弃上清液,取沉淀。

（8）加入 200μL 70% 的乙醇洗涤沉淀。

（9）4℃下 13000r/min 离心 10min，弃上清液，取沉淀。

（10）自然风干沉淀至无乙醇味，加入 100μL ddH_2O 充分溶解沉淀。

（11）依次加入如表 6-10 所示试剂，混匀后加入 6μL 限制性内切酶 Xho Ⅰ（10U/μL），总体积为 200μL。

表 6-10　Xho Ⅰ 酶切体系

试剂	体积
ddH_2O	74μL
10 × Buffer D	20μL

（12）轻弹管壁或用枪头轻轻吹打混匀，在离心机上甩一下。

（13）37℃水浴 1.5h。

（14）加入 200μL 1∶1（体积比）的酚-氯仿，混匀。

（15）4℃下 13000r/min 离心 15min。

（16）取上清液，加入等体积的氯仿，4℃下 13000r/min 离心 10min。

（17）取上清液，加入 0.1 倍体积的 NaAc 和 2.5 倍体积的无水乙醇，－20℃下沉淀 30min。

（18）4℃下 13000r/min 离心 10min，弃上清液，取沉淀。

（19）加入 200μL 70% 的乙醇洗涤沉淀。

（20）4℃下 13000r/min 离心 10min，弃上清液，取沉淀。

（21）自然风干沉淀至无乙醇味，加入 40μL ddH_2O 充分溶解沉淀，得到双酶切载体。

5　载体去磷酸化

（1）在 40μL 双酶切载体中按表 6-11 所示依次加入相应试剂至总体积为 60μL。

表 6-11　加入试剂剂量表

试剂	体积
10 × buffer	6μL
CIAP(0.01U/μL)	6μL
ddH_2O	8μL

（2）轻弹管壁或用枪头轻轻吹打混匀，在离心机上甩一下。

（3）37℃下水浴 1h。

（4）70℃下灭活酶 15min。

（5）电泳分离，胶回收双酶切载体并定量。

6　cDNA 双链和载体的连接

（1）连接。

根据载体和 cDNA 的电泳定量结果，每个样品设置 3 个比例的连接，即 cDNA∶载体分别为1∶3、1∶1、3∶1。按表 6-12 所示配制体系，14℃下连接过夜。

表 6-12　连接体系

试剂	体积
ddH_2O	$x\mu L$
T4 Ligase 10 × buffer	1μL
PBK(E/X) vector(20ng/μL)	1μL
cDNA	由浓度及连接比例而定
T4 DNA Ligase(3U/μL)	1μL
Total	10μL

(2) 检测(PCR 法)。

① 取适量 PCR 薄壁管,置于冰上,按表 6-13 所示依次加入试剂配制反应体系,并于微型离心机上离心后收集管壁液体。

表 6-13　PCR 反应体系

	连接产物	insert	vector	阳性对照	阴性对照(H_2O)
模板	1μL	1μL	1μL	1μL	1μL
10 × buffer	2.5μL	2.5μL	2.5μL	2.5μL	2.5μL
$MgCl_2$(25mmol/L)	1.8μL	1.8μL	1.8μL	1.8μL	1.8μL
dNTP(2.5mmol/L)	1μL	1μL	1μL	1μL	1μL
T3 引物(10pmol)	1μL	1μL	1μL	1μL	1μL
T7 引物(10pmol)	1μL	1μL	1μL	1μL	1μL
Taq 酶	0.4μL	0.4μL	0.4μL	0.4μL	0.4μL
ddH_2O	16.3μL	16.3μL	16.3μL	16.3μL	16.3μL
Total	25μL	25μL	25μL	25μL	25μL

② 液体混匀后置于 PCR 仪上,具体反应程序如表 6-14 所示。

表 6-14　PCR 反应程序

步骤	温度	时间
① 预变性	94℃	20s
② 变性	94℃	20s
③ 退火	53.6℃	20s
④ 延伸	72℃	4min
⑤ 循环(重复步骤② ~ ④)	—	35 次
⑥ 最后延伸	72℃	10min
⑦ 保存	4℃	∞

③ 待 PCR 反应进入 4℃后,取下 PCR 薄壁管。

④ 取 7μL PCR 产物,加入 3μL 溴酚蓝进行电泳,同时加上 1kb DNA ladder,半小时后照相,观察胶图。insert、vector、阴性对照三个样品除了有少量引物带(大约在 200bp)外,均无其

他带形，阳性对照带形清晰，好的连接产物应在500b 至4～5kb 大小之内形成一条清晰的条带。

任务6　重组 cDNA 导入宿主菌

1　连接产物电转化

（1）从－80℃冰箱中取出感受态细胞，置于冰上解冻（感受态细胞制备见项目4）。

（2）取1μL 纯化后的质粒于一新的1.5mL 离心管中，将其和0.1cm 的电击杯一起置于冰上预冷。

（3）将40～100μL 解冻的感受态细胞转移至此1.5mL 离心管中，小心混匀，冰上放置10min。

（4）打开电转仪，调至"Manual"，调节电压为2.1kV。

（5）将此混合物转移至已预冷的电击杯中，轻轻敲击电击杯使混合物均匀进入电击杯的底部。

（6）将电击杯推入电转仪，按一下"pulse"键，听到蜂鸣声后，向电击杯中迅速加入1000μL SOC 液体培养基，重悬细胞后，转移到1.5mL 离心管中。

（7）37℃下220～250r/min 复苏1h。

（8）取20μL 转化产物加160μL SOC 涂板，放于37℃温室过夜培养，次日查看转化结果。其余菌液加1∶1的30%甘油后混匀，－80℃下保存。

> **注意：** 每块加有 Amp 的平板上均匀涂有80μL X-gal、80μL SOC 和20μL IPTG。

2　电击杯清洗

（1）用清水将电击杯稍微冲洗一下。

（2）向电击杯中加入75%乙醇浸泡2h。

（3）弃去乙醇，再用蒸馏水冲洗2～3遍，然后用1mL 的移液枪吸取超纯水反复吹打电击杯10遍以上。

（4）加2mL 无水乙醇于电击杯中，浸泡30min。

（5）弃去无水乙醇，于通风橱内挥干乙醇。

（6）将清洗好的电击杯放入－20℃冰箱内待用。

> **注意：**（1）不同样品使用的电击杯应分开。
> （2）每周用1%乙醇浸泡30min。

3　快速鉴定

（1）将转化后的菌液铺平板，37℃下过夜培养。

（2）用 TBE 配制0.6%～0.7%的琼脂糖凝胶。

（3）用连续加样枪在96孔板中每孔加入10μL Photoplasting Buffer。

(4) 用灭过菌的 10μL 小枪头挑取单克隆白斑至含有 Photoplasting Buffer 的 96 孔板中，振荡混匀。

(5) 用连续加样枪将 Lysis Buffer 上样于凝胶中，每孔 4μL；用排枪将细胞与 Protoplasting Buffer 混合液上样于凝胶中（细胞在 Protoplasting Buffer 中不宜超过 30～40min），并点上 Marker。

(6) 调节电压为 20V（小槽）或 40V（大槽），电泳 15min，使细胞充分裂解。将电压调高到 200V，继续电泳 1h，照相。

(7) 根据胶图粗略鉴定插入片段的大小及小片段率。

4 菌落 PCR

(1) 取适量 PCR 薄壁管，置于冰上，每管先加入 17.3μL 灭菌水。

(2) 用灭过菌的 10μL 小枪头挑取单克隆白斑至灭菌水中，振荡混匀。

(3) 按表 6-15 所示依次加入试剂。各试剂均加好后，置于微型离心机上快速甩一下，收集管壁液体。

表 6-15 菌落 PCR 体系

试剂	体积
$MgCl_2$（25mmol/L）	1.8μL
10 × buffer	2.5μL
dNTP（2.5mmol/L）	1μL
T3 引物（10pmol）	1μL
T7 引物（10pmol）	1μL
Taq 酶	0.4μL
Total	25μL

(4) 将 PCR 管置于 PCR 仪上，具体反应程序如表 6-16 所示。

表 6-16 菌落 PCR 反应程序

步骤	温度	时间
① 预变性	94℃	4min
② 变性	94℃	40s
③ 退火	53.6℃	40s
④ 延伸	72℃	4min
⑤ 循环（重复步骤②～④）	—	35 次
⑥ 最后延伸	72℃	10min
⑦ 保存	4℃	∞

(5) 待 PCR 反应进入 4℃后，取下 PCR 管。取 7μL PCR 产物，加入 3μL 溴酚蓝进行电泳，同时加上 1kb DNA ladder。半小时后照相，观察胶图。根据胶图粗略鉴定插入片段的大小及小片段率。

（6）将快速鉴定和菌落PCR检测合格的文库送检。

任务7 cDNA文库的扩增与鉴定

（1）将cDNA文库转入大肠杆菌，如DH5α(DH10B)，然后取少量菌液涂布氨苄平板，以推算克隆总量。

（2）取一大小合适的三角瓶，根据克隆总量配制2×LB液体，每500mL 2×LB液体可扩增5×10^5个克隆。可以适当增加2×LB液体的量，但不能少于此比例：按每100mL加0.3g的比例在2×LB液体中加入SeaPrep Agarose。

（3）70℃下加热搅拌至琼脂糖溶解，高压灭菌后于70℃下搅拌30min。

（4）37℃下放置1h。

（5）加入适量氨苄青霉素，使之终浓度为50μg/mL。

（6）加入全部菌液，并轻柔旋转使之混匀，避免振荡。

（7）将三角瓶置于冰水中1h，水面必须没过三角瓶内液面。

（8）轻轻取出三角瓶，30℃下培养40～45h。

（9）将三角瓶内容物全部转入离心管中，室温下10000r/min离心20min。

（10）弃上清液，每100mL培养基离心得到的沉淀用10mL 2×LB－甘油(12.5%)重悬。

（11）将重悬液留下10μL检测滴度，其余分装于1.5mL离心管中，并于－80℃冰箱内保存。

（12）取1μL扩增后菌液倍比稀释。

（13）各取10μL稀释为10^{-5}CFU/mL和10^{-6}CFU/mL的菌液涂布于含氨苄青霉素的LB固体平板上，37℃下过夜培养，次日计算其克隆数以及扩增后的总克隆数。

【思考题】

（1）在cDNA第二链合成过程中，RNaseH、DNA Polymerase Ⅰ、*E. coli* DNA Ligase、T4 DNA聚合酶的作用分别是什么？

（2）如何判断一个cDNA文库中的cDNA序列是否是全长基因的cDNA？

【时间安排】

（1）第1天：mRNA制备，cDNA第一链合成。

（2）第2天：cDNA第二链合成，电泳鉴定cDNA第一链和双链cDNA；双链cDNA加接头，8℃下连接过夜。

（3）第3天：cDNA末端磷酸化及酶切连接，电泳检测，连接产物胶回收，载体接种于LB平板过夜培养。

（4）第4天：单克隆过夜扩大培养。

（5）第5天：菌液接种于LB液体培养基培养，提取载体。

(6) 第 6 天:载体酶切,去磷酸化,cDNA 与载体过夜连接。

(7) 第 7 天:连接产物 PCR 检测,重组 cDNA 电转化,转化产物涂板,过夜培养。

(8) 第 8 天:转化菌液涂板,过夜培养。

(9) 第 9 天:菌液电泳鉴定,菌落 PCR,PCR 产物电泳检测。

(10) 第 10 ~ 15 天:cDNA 扩增与鉴定。

子项目 2

NGS 文库的构建

【项目描述】

本项目材料为真核生物总 RNA(如项目 2 中提取的小鼠肝脏总 RNA),RNA 样品总量需在 10ng 以上并有效去除金属离子(如 Mg^{2+}、胍盐等)和有机物(如酚、乙醇等)。实验前,先用 DNase Ⅰ 去除样品中残留的 DNA,然后去除 DNase Ⅰ。以该 RNA 为材料,构建 NGS(next-generation sequencing technology)文库,用于转录组测序。具体建库步骤按照NEBNext试剂盒——NEBNext Poly(A) mRNA Magnetic Isolation Module(NEB#E7490)的使用说明。

【项目分析】

1 基本原理

高通量测序技术(high-throughput sequencing technology)又称下一代测序技术(next-generation sequencing technology),可以高通量、并行对核酸片段进行深度测序。测序的技术原理是采用可逆性末端边合成边测序反应。首先在 DNA 片段两端加上序列已知的通用接头构建文库,文库加载到测序芯片 Flowcell 上,文库两端的已知序列与 Flowcell 基底上的 Oligo 序列互补,每条文库片段都经过桥式 PCR 扩增形成一个簇。在碱基延伸过程中,每个循环反应只能延伸一个正确互补的碱基,根据四种不同的荧光信号确认碱基种类,保证最终的核酸序列质量,经过多个循环后,完整读取核酸序列(图 6-2)。

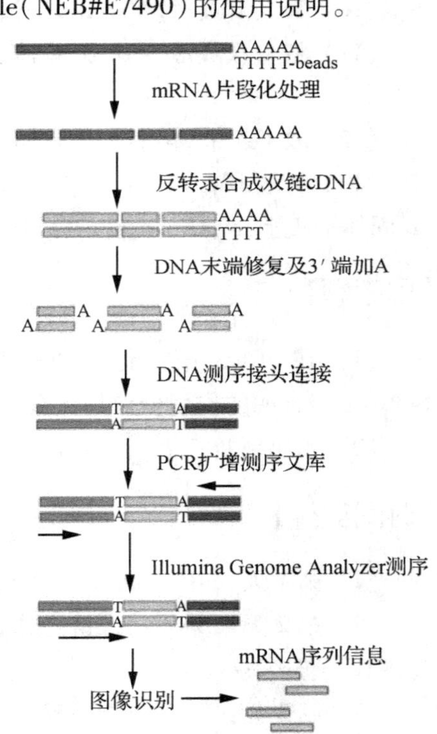

图 6-2 测序文库的构建流程

对于高通量测序,大家的目光往往都聚焦在第二代测序仪本身及其功能上。要享受仪器带来的便利,好的测序样品的制备相当关键,因为这不仅仅是提取一份

DNA 那么简单，而是要构建标准测序文库。测序文库指的是连有相应接头的一系列 DNA 片段，其长度和接头序列都适于测序仪进行处理。当然，文库制备的步骤取决于测序的应用和测序平台的选择。例如，构建基因组文库和转录组文库的步骤和复杂程度就差异很大，用于单方向测序的文库与末端配对文库的制备步骤也是不同的。基于 Illumina 测序平台的cDNA 文库的构建方法主要包含以下步骤：片段化 mRNA 目标序列，将目标片段转化成双链 DNA，在片段末端连上寡核苷酸接头，以及定量最终的文库。

2　需要解决的问题

（1）建立一个无 RNA 酶的环境。由于 RNA 酶存在于所有生物中，并且能抵抗诸如煮沸这样的物理环境，因此建立一个无 RNA 酶的环境对于制备优质 mRNA 很重要。

（2）选择合适的样品制备工具。随着二代测序应用的不断延伸，样品制备工具自然不缺，目前市面上已有不少试剂盒，能够简化测序文库的制备步骤，使其更加标准化，还能支持多重测序。根据自己的测序目标，选择既适用又相对便宜的试剂盒是关键。

3　主要仪器设备、耗材、试剂

本项目所需试剂全部来自试剂盒，无须另外提供试剂。主要仪器设备和耗材如下：

（1）仪器设备：PCR 热循环仪、微量移液器、微型离心机、磁力架、涡旋仪、生物分析仪（Agilent Bioanalyzer）、高灵敏芯片（Agilent High Sensitivity Chip）等。

（2）耗材：PCR 管、移液器吸头、一次性 PE 手套、口罩等。所有与 RNA 接触的耗材均要求不含 RNA 酶，因此最好直接使用本试剂盒所提供的吸头和 PCR 管。

【项目实施】

本项目主要包括 mRNA 的获取和纯化、cDNA 第一链的合成、cDNA 第二链的合成、双链 cDNA 的修饰、cDNA 文库的扩增、cDNA 文库的鉴定评价。其中，mRNA 的制备是后续实验的基础，也是整个构建 cDNA 文库最核心的步骤。为了避免由于保存时间过长造成 RNA 降解，最好能将总 RNA 提取、mRNA 的分离纯化和 cDNA 文库构建实验安排在连续的时间内进行。

1　第一链反应 buffer 和随机引物混液的制备

取一支干净的 PCR 管，按表 6-17 配成混液，置于冰上保存。

表 6-17　混液配方

Component	Volume	Cap Color
NEBNext First Strand Synthesis Reaction Buffer (5×)	8μL	pink
NEBNext Random Primers	2μL	pink
Nuclease-free Water	10μL	
Total Volume	20μL	

2　mRNA 的获取

（1）将总 RNA 转入一新的 0.2mL PCR 管中，用水稀释至 50μL，冰上保存。

（2）吸取 20μL NEBNext Oligo d(T)25 磁珠到一新的 0.2mL PCR 管。

（3）加入 50μL RNA 结合 buffer（2×）清洗磁珠，用移液器上下吹打 6 次混匀。

(4) 将含有磁珠的 PCR 管放在磁力架上,室温下静置 2min。

(5) 用移液器小心弃掉上清液,注意不要吸到磁珠。

(6) 从磁力架上取走 PCR 管。

(7) 重复步骤(3)~(6)一次。

(8) 加入 50μL RNA 结合 buffer(2×)重悬磁珠,加入 50μL 步骤(1)中稀释的总 RNA 样品。

(9) 将 PCR 管置于热循环仪上,盖上盖子,65℃加热 5min,4℃下保存,使 RNA 二级结构变性,释放游离的 Poly-A mRNA 与磁珠结合。

(10) 温度降至 4℃后取下 PCR 管。

(11) 重悬磁珠,用移液器上下吹打 6 次混匀。

(12) 将离心管放在实验台上,室温下静置 5min,使 RNA 与磁珠充分结合。

(13) 重悬磁珠,用移液器上下吹打 6 次混匀。

(14) 室温下静置 5min,使 RNA 与磁珠充分结合。

(15) 将离心管置于磁力架上,室温下静置 2min,分离与磁珠结合的 Poly-A mRNA。

(16) 用移液器小心弃掉上清液,注意不要吸到磁珠。

(17) 从磁力架上取走 PCR 管。

(18) 加入 200μL wash buffer 清洗磁珠,除去未结合的 RNA,用移液器上下吹打 6 次混匀。

(19) 将离心管置于磁力架上,室温下静置 2min。

(20) 用移液器小心弃掉上清液,注意不要吸到磁珠。

(21) 从磁力架上取走 PCR 管。

(22) 重复步骤(18)~(21)。

(23) 加入 50μL Tris Buffer,用移液器轻柔地上下吹打 6 次混匀。

(24) 将 PCR 管置于热循环仪上,盖上盖子,80℃加热 25min,25℃下保存,洗脱磁珠上的Poly-A mRNA。

(25) 温度降至 25℃后取下 PCR 管。

(26) 加入 50μL RNA 结合 buffer(2×)使 mRNA 重新与磁珠结合,用移液器轻柔地上下吹打混匀。

(27) 室温下静置 5min。

(28) 重悬磁珠,用移液器上下吹打混匀。

(29) 室温下静置 5min,使 RNA 与磁珠充分结合。

(30) 将离心管置于磁力架上,室温下静置 2min。

(31) 用移液器小心弃掉上清液,注意不要吸到磁珠。

(32) 从磁力架上取走 PCR 管。

(33) 加入 200μL wash buffer 清洗磁珠,用移液器上下吹打混匀。

(34) 将离心管置于磁力架上,室温下静置 2min。

（35）用移液器小心弃掉上清液，注意不要吸到磁珠。

（36）从磁力架上取走 PCR 管。

（37）加入 17μL 第一链反应 buffer 和随机引物混液洗脱磁珠上的 mRNA，94℃ 加热 15min 后迅速将 PCR 管置于磁力架上。

（38）吸取 15μL 上清液到另一新的 PCR 管。

（39）冰上保存，待下一步反应。

3 cDNA 第一链的合成

（1）在上述制备的 15μL mRNA 样品中加入如表 6-18 所示试剂，并轻柔混匀。

表 6-18 第一链合成反应体系

Component	Volume	Cap Color
Murine RNase Inhibitor	0.5μL	pink
ProtoScript Ⅱ Reverse Transcriptase	1μL	pink
Nuclease-free Water	3.5μL	
Total Volume	20μL	

（2）将 PCR 管置于热循环仪上，进行如表 6-19 所示反应。

表 6-19 第一链合成反应程序

Temperature	Time
25℃	10min
42℃	50min
70℃	15min
4℃	∞

（3）迅速进入下一步，即 cDNA 第二链的合成。

4 cDNA 第二链的合成

（1）在第一链反应的 20μL 产物（表 6-18）中依次加入如表 6-20 所示试剂，并轻柔混匀。

表 6-20 第二链合成反应体系

Component	Volume	Cap Color
Second Strand Synthesis Reaction Buffer(10×)	8μL	orange
Second Strand Synthesis Enzyme Mix	4μL	orange
Nuclease-free Water	48μL	
Total Volume	80μL	

（2）将 PCR 管置于热循环仪上，16℃下反应 1h，盖子温度 40℃。

5 cDNA 的纯化

（1）在涡旋仪上重悬 AMPure XP 磁珠。

（2）往第二链反应的 80μL 产物（表 6-20）中加入 144μL 重悬 AMPure XP 磁珠，在涡旋仪上混匀或者用移液器上下吹打 10 次混匀。

(3) 迅速置于微型离心机上离心收集管壁上的液体,室温下静置5min。

(4) 将PCR管放到磁力架上,待液体澄清后(约5min),用移液器小心吸弃上清液,注意不要吸到磁珠。

(5) 将PCR管保留在磁力架上,加入200μL 80%的现配乙醇,室温下静置30s,用移液器小心吸弃上清液。

(6) 重复步骤(5),再一次清洗磁珠。

(7) 打开PCR管盖子,室温下风干5min。

(8) 从磁力架上取走PCR管,加入60μL 0.1×TE Buffer和10mmol/L Tris-HCl(pH 8.0)洗脱磁珠上的DNA,在涡旋仪上或者用移液器上下吹打,迅速混匀后在室温下静置2min,然后将PCR管置于磁力架上待液体澄清。

(9) 用移液器吸取55.5μL上清液到一新的PCR管。

6 cDNA制备的终止反应和末端修复

(1) 在一新的无菌PCR管中按表6-21所示配制混液。

表6-21 混液配方

Component	Volume	Cap Color
NEBNext End Repair Reaction Buffer(10×)	6.5μL	green
NEBNext End Prep Enzyme Mix	3μL	green
Purified Double Stranded cDNA	55.5μL	
Total Volume	65μL	

(2) 将PCR管置于热循环仪上,进行如表6-22所示反应(盖子温度75℃)。

表6-22 反应程序

Temperature	Time
20℃	30min
65℃	30min
4℃	∞

(3) 迅速进入下一步,即加接头。

7 加接头

试剂准备:将NEBNext Adaptor用10mmol/L的Tris-HCl按1∶9的比例稀释待用。NEB-Next Adaptor由NEBNext Singleplex(NEB#E7350)提供。

(1) 在表6-21配制的混液中依次加入如表6-23所示试剂。

表6-23 加接头反应体系

Component	Volume	Cap Color
Blunt/TA Ligase Master Mix	15μL	red
End Prep Reaction	65μL	
Diluted NEBNext Adaptor	1μL	
Nuclease-free Water	2.5μL	
Total Volume	83.5μL	

(2) 在涡旋仪上混匀后在微型离心机上快速离心收集管壁液体。

(3) 将PCR管置于热循环仪上,盖上盖子,20℃下反应15min。

(4) 加入1.5μL USER Enzyme混匀,37℃下反应15min。

8 纯化连接体

(1) 在上述连接体系中加水至100μL。

(2) 加入100μL重悬AMPure XP磁珠,在涡旋仪上或用移液器上下吹打不少于10次混匀。

(3) 混匀后置于微型离心机上快速离心收集管壁上的液体,室温下静置5min。

(4) 将PCR管放到磁力架上,待液体澄清后(约5min),用移液器小心吸弃上清液,注意不要吸到磁珠。

(5) 将PCR管保留在磁力架上,加入200μL 80%的现配乙醇,室温下静置30s后用移液器小心吸弃上清液。

(6) 重复步骤(5),再一次清洗磁珠。

(7) 简单离心后将PCR管放回磁力架。

(8) 弃掉残余乙醇,打开PCR管盖子,室温下风干5min。

(9) 从磁力架上取走PCR管,加入52μL 0.1×TE Buffer和10mmol/L Tris-HCl(pH 8.0)洗脱磁珠上的DNA,在涡旋仪上或者用移液器上下吹打,迅速混匀后在室温下静置2min,然后将PCR管置于磁力架上待液体澄清。

(10) 用移液器吸取50μL上清液到一新的PCR管中,弃磁珠。

(11) 在上清液中加入50μL重悬AMPure XP磁珠,在涡旋仪上或用移液器上下吹打不少于10次。

(12) 混匀后置于微型离心机上快速离心收集管壁上的液体,室温下静置5min。

(13) 将PCR管放到磁力架上,待液体澄清后(约5min),用移液器小心吸弃上清液,注意不要吸到磁珠。

(14) 将PCR管保留在磁力架上,加入200μL 80%的现配乙醇,室温下静置30s,用移液器小心吸弃上清液。

(15) 重复步骤(14),再一次清洗磁珠。

(16) 简单离心后将PCR管放回磁力架。

(17) 弃掉残余乙醇,打开PCR管盖子,室温下风干5min。

(18) 从磁力架上取走 PCR 管,加入 22μL 0.1 × TE Buffer 和 10mmol/L Tris-HCl(pH 8.0)洗脱磁珠上的 DNA,在涡旋仪上或者用移液器上下吹打,迅速混匀后在室温下静置 2min,然后将 PCR 管置于磁力架上待液体澄清。

(19) 吸取 20μL 上清液到另一新的 PCR 管,待下一步 PCR 扩增。

9 连接产物的 PCR 扩增

本项目加单端接头,即 PCR 对应试剂盒说明书中 1.9C 的步骤。

(1) 在上述纯化的 20μL cDNA 中加入如表 6-24 所示试剂。引物由 NEBNext Singleplex (NEB#E7350)提供。

表 6-24 PCR 反应体系

Component	Volume	Cap Color
Index Primer	1μL	blue
Universal PCR Primer	1μL	blue
NEBNext Q5 Hot Start HiFi PCR Master Mix	25μL	blue
Sterile Water	3μL	
Total Volume	50μL	

(2) 将 PCR 管置于 PCR 仪上,进行如表 6-25 所示反应(盖子温度 75℃)。PCR 的循环数决定于 RNA 的量,如 10ng 总 RNA 设置 15 个循环。循环数并不是越多越好,因为过扩增往往会使片段自连产生一些超大的产物。

表 6-25 PCR 反应程序

Cycle Step	Temperature	Time	Cycles
Initial Denaturation	98℃	30s	1
Denaturation	98℃	10s	12 ~ 15
Extension	65℃	75s	
Final Extension	65℃	5min	1
Hold	4℃	∞	

(3) 待下一步 PCR 产物的纯化。

1.0. PCR 产物的纯化

(1) 在涡旋仪上重悬 Agencourt AMPure XP 磁珠。

(2) 在 50μL PCR 产物中加入 45μL 重悬 AMPure XP 磁珠,在涡旋仪上或用移液器上下吹打不少于 10 次,使之混匀。

(3) 在微型离心机上快速离心以收集管壁上的液体,室温下静置 5min。

(4) 将 PCR 管放到磁力架上,待液体澄清后(约 5min),用移液器小心弃掉上清液,注意不要吸到磁珠。

(5) 将 PCR 管保留在磁力架上,加入 200μL 80% 的现配乙醇,室温下静置 30s 后用移液器小心吸弃上清液。

(6) 重复步骤(5),再一次清洗磁珠。

(7) 将 PCR 管放回磁力架,打开 PCR 管盖子,室温下风干 5min。

(8) 从磁力架上取走 PCR 管,加入 23μL 0.1×TE Buffer 和 10mmol/L Tris-HCl(pH 8.0)洗脱磁珠上的 DNA,在涡旋仪上或者用移液器上下吹打迅速混匀。

(9) 室温下静置 2min,然后将 PCR 管置于磁力架上待液体澄清。

(10) 取 20μL 上清液到另一新的 PCR 管中,-20℃下保存。

1.1. 文库质量检测

(1) 吸取 2~3μL cDNA 文库(纯化的 PCR 产物),用 10mmol/L Tris-HCl 或 0.1×TE 稀释 5 倍。

(2) 吸取 1μL 稀释过的文库样品到高灵敏芯片(Agilent High Sensitivity Chip)上进行微型电泳,并在生物分析仪(Agilent Bioanalyzer)上分析电泳图谱。

(3) 理论上电泳图谱应该有较窄的峰,峰值出现在 300bp 左右的位置。

【结果呈现】

图 6-3 为某个 cDNA 文库在生物分析仪上显示的图谱。

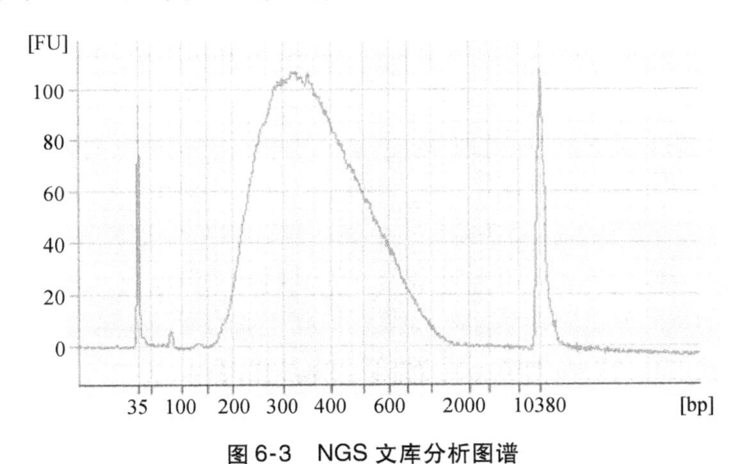

图 6-3　NGS 文库分析图谱

【思考题】

转录组测序相对于基因组测序,文库的构建要相对复杂些,主要复杂在哪里?

【时间安排】

(1) 第 1 天:mRNA 的获取,cDNA 的合成及纯化(未纯化的 cDNA 不宜过夜放置,因为其中残余的酶会破坏其结构)。

(2) 第 2 天:cDNA 的末端修复、加接头及 PCR 扩增。

1 cDNA 文库的定义

cDNA 文库的构建是分子生物学领域的一项重要技术。其以特定的组织或细胞 mRNA 为模板,在逆转录酶的作用下,在体外被逆转录为 cDNA 第一链,再以 cDNA 为模板,由大肠杆菌 DNA 聚合酶Ⅰ合成第二链,从而得到双链 cDNA。由于组织或细胞的总 RNA 或mRNA 中含有该细胞的全部 mRNA 分子,因而被合成的 cDNA 产物将是各种 mRNA 拷贝的群体。当它们与质粒重组并转化至宿主细胞中后,将得到一系列克隆群体,每个克隆仅含有一种 mRNA 信息,所有克隆的总和包含细胞内全部 mRNA 信息,这种克隆群体即为 cDNA 文库。cDNA 文库特异地反映某种组织或细胞中在特定发育阶段表达的蛋白质的编码基因,因此 cDNA 文库具有组织或细胞特异性。

因真核细胞基因组文库的基因常含有内含子以及特定启动子等调控结构,转录时先转录前体 mRNA(pre-mRNA),通过剪接、加帽、加尾等加工,方可形成成熟的 mRNA,然后再翻译成蛋白质。而原核细胞无剪接、加帽、加尾等功能,带内含子的真核基因在原核细胞中不表达功能性蛋白。因此,以 mRNA 为模板,在反转录酶的作用下,将形成的互补 DNA (cDNA)建立基因文库有以下优点:

(1) cDNA 克隆以 mRNA 为起始材料,这对于有些 RNA 病毒来说非常适用,因为它们的增殖并不经过 DNA 中间体,研究这样的生物有机体,cDNA 克隆是唯一可行的方法。

(2) cDNA 基因文库的筛选简单易行。恰当选择 mRNA 的来源,使所构建的 cDNA 基因文库中某一特定的克隆达到很高的比例,简化了筛选特定基因序列克隆的工作量。

(3) 每一个 cDNA 克隆都含有一种 mRNA 序列,在选择中出现假阳性的概率比较低,从阳性杂交信号选择出来的阳性克隆一般含有目的基因序列。

(4) cDNA 克隆还可用于基因序列的测定。读码框的界定只有通过 mRNA 5′端核苷酸序列才能得到。

2 cDNA 文库构建原理

真核生物基因的结构和表达控制元件与原核生物有很大的不同。真核生物的基因是断裂的,在基因最后产物中表达的编码序列(外显子)被非编码序列(内含子)分隔开,须经 RNA 转录后的加工过程才能使编码序列拼接在一起。真核生物的基因不能直接在原核生物中表达,只有将加工成熟的 mRNA 经逆转录合成互补的 DNA(complementary DNA,cDNA)接上原核生物表达控制元件,才能在原核生物中表达。而且,真核细胞的基因通常只有一小部分进行表达,由于 mRNA 不稳定,对基因表达和有关 mRNA 都常通过对其 cDNA 来进行研究。为分离 cDNA 克隆或研究细胞的 cDNA 谱,需要先构建 cDNA 文库。所谓 cDNA 文库,是指细胞全部 mRNA 逆转录成 cDNA 并被克隆的总和。

cDNA 文库应包含的克隆数目可由以下公式来计算:

$$N=\frac{\ln(1-p)}{\ln(1-1/n)}$$

式中 N 表示 cDNA 文库所包含的克隆数目;p 表示低丰度 cDNA 存在于库中的概率,通常要求其大于 99%;$1/n$ 表示每一种低丰度 mRNA 占总 mRNA 的分数。

经典 cDNA 文库构建的基本原理:用 Oligo(dT)作逆转录引物,或者用随机引物给所合成的 cDNA 加上适当的连接接头,再通过 PCR 扩增获得大量克隆。其基本步骤包括:① mRNA的提取和纯化(获取高质量的 mRNA 是构建高质量 cDNA 文库的关键步骤之一);② cDNA 第一链的合成;③ cDNA 第二链的合成;④ 双链 cDNA 的修饰;⑤ 双链cDNA的分子克隆;⑥ cDNA 文库的扩增;⑦ cDNA 文库的鉴定评价。构建好的 cDNA 文库具有以下特点:① 不含内含子序列;② 可以在细菌中直接表达;③ 不可能包含某一生物所有编码基因;④ 比 DNA 文库小得多,容易构建。

3 cDNA 文库的分类

3.1 标准化 cDNA 文库(normalized cDNA library)

标准化 cDNA 文库是指某一特定组织或细胞的所有表达基因均包含其中,且含量相等的 cDNA 文库,因此又称等量化 cDNA 文库。该文库能够克服基因转录水平上的巨大差异,有利于研究基因的表达和序列分析。目前,构建等量化 cDNA 文库有两种理论上可行的方法:一种是基于复性动力学的原理,即利用低丰度的 cDNA 比高丰度的 cDNA 复性或杂交慢的特性构建等量化 cDNA 文库;另一种是基于基因组 DNA 在拷贝数上具有相对等量化的性质,通过 cDNA 与基因组 DNA 饱和杂交而降低丰度。

3.2 消减 cDNA 文库(subtracted cDNA library)

消减 cDNA 文库是指经过消减杂交所构建的互补 DNA(cDNA)文库,即用目标细胞 cDNA与第二种细胞(不同类型或不同状态下的细胞)过量的 mRNA 或 cDNA 杂交,收集目标细胞 cDNA 中未被杂交的部分来构建的文库。该文库代表了目标细胞中表达而第二种细胞中不表达的基因序列。

3.3 染色体区域特异性 cDNA 文库(region of the chromosome specific cDNA library)

用某一染色体或基因组区 DNA 与 cDNA 池或已构建的 cDNA 文库进行杂交,将捕获的 cDNA 进行 PCR 扩增,便可用于构建染色体区域特异性 cDNA 文库。

3.4 全长 cDNA 文库(full-length cDNA library)

全长 cDNA 文库指从生物体内一套完整的 mRNA 分子经反转录而得到的 DNA 分子群体,是 mRNA 分子群的一个完整拷贝。全长 cDNA 文库不仅能提供完整的 mRNA 信息,而且可以通过基因序列比对得到 mRNA 剪接信息;此外,还可以对蛋白质序列进行预测和体外表达,以及通过反向遗传学研究基因的功能等。

4 cDNA 文库的构建流程

4.1 总 RNA 的提取

总 RNA 的提取有多种方法,如异硫氰酸胍法、盐酸胍-有机溶剂法、热酚法等。提取方法的选择主要根据不同的样品而定,具体提取方法见项目 2 中总 RNA 的提取。

4.2 制备 mRNA

4.2.1 纤维素柱层析法

mRNA 上的寡聚 A 可与交联寡聚 T 的纤维素柱在高盐下以碱基配对形式发生亲和吸附；而在低盐下，碱基配对能力破坏，吸附解除。其他成分的 RNA 则不具有该特性。因此在高盐下，当 RNA 抽提样品流经该柱时，mRNA 被挂在柱上，而其他 RNA 则随高盐溶液流出；当用低盐洗脱液或蒸馏水洗柱时，mRNA 随洗脱液流出（图 6-4）。

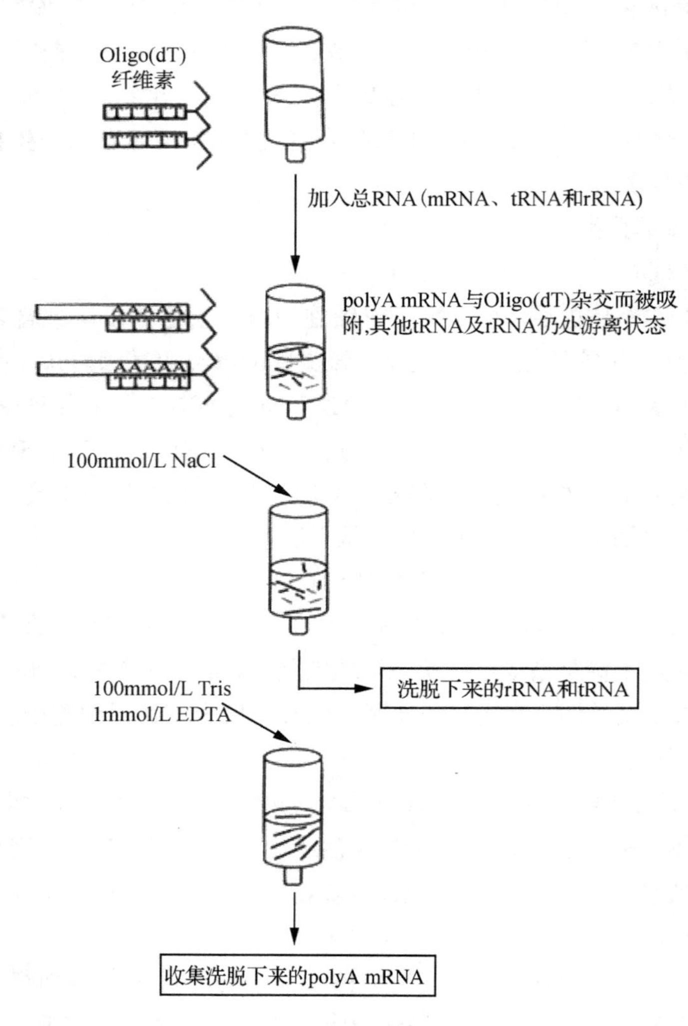

图 6-4 纤维素柱层析法分离 mRNA

4.2.2 磁珠分离法

用生物素标记的 Oligo（dT）与 mRNA 3′端的 polyA 退火形成杂交体，然后用带有亲和素（链菌素抗生物素）的顺磁珠洗涤并捕获杂交体，形成杂交体-磁珠复合体，最后用磁架将此复合体捕获，这样 mRNA 即可与其他形式的 RNA 相分开，进一步用无 RNase 的无菌水洗涤，即可获得纯化的 mRNA（图 6-5）。此法快速简便，可以将核酸酶对 RNA 的降解作用降到最低程度。

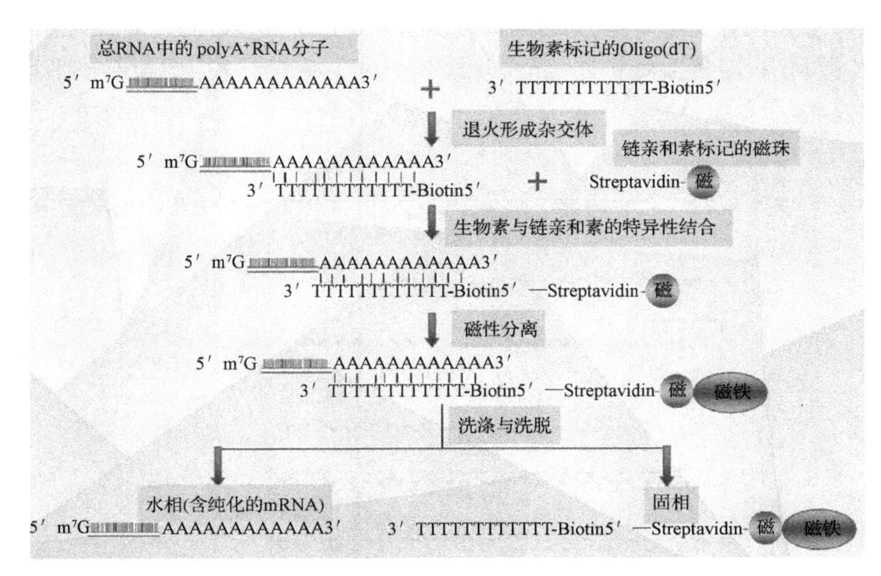

图6-5 磁珠分离法分离 mRNA

4.3 cDNA 第一链的合成

由 mRNA 到 cDNA 的过程称为反转录,是由反转录酶(reverse transcriptase)催化完成的。常用的反转录酶有两种,即 AMV(来自禽成髓细胞瘤病毒)和 MMLV(来自 Moloey 鼠白血病病毒),二者都是依赖于 RNA 的 DNA 聚合酶,有 5′→3′DNA 聚合酶活性。合成 DNA 时需要引物引导,目前常用的引物主要有两种,即 Oligo(dT)和随机引物。Oligo(dT)引物一般由包含 10~20 个脱氧胸腺嘧啶核苷和一段带有稀有酶切位点的引物共同组成,随机引物一般是包含 6~10 个碱基的寡核苷酸短片段。

Oligo(dT)引导的 cDNA 合成是在 cDNA 的合成过程中加入高浓度的 Oligo(dT)引物,Oligo(dT)引物与 mRNA 3′末端的 polyA 配对,引导反转录酶以 mRNA 为模板合成第一链 cDNA。这种 cDNA 合成的方法在 cDNA 文库构建中应用极为普遍,其缺点主要是白于 cDNA 末端存在较长的 polyA 而影响 cDNA 的测序。

随机引物引导的 cDNA 合成是采用 6~10 个随机碱基的寡核苷酸短片段来锚定 mRNA 并作为反转录的起点。由于随机引物可能在一条 mRNA 链上有多个结合位点而从多个位点同时发生反转录,比较容易合成特长的 mRNA 分子的 5′端序列。随机引物 cDNA 合成的方法不适合构建 cDNA 文库,一般用于克隆特定 mRNA 的 5′末端,如 RT-PCR 和 5′- RACE。

4.4 cDNA 第二链的合成

cDNA 第二链的合成即将上一步形成的 mRNA-cDNA 杂合双链变成互补双链 cDNA 的过程。cDNA 第二链合成的方法主要有四种:自身引导合成法、置换合成法、引导合成法和引物-衔接头合成法。

4.4.1 自身引导合成法

首先用氢氧化钠消化杂合双链中的 mRNA 链,解离的第一链 cDNA 的 3′末端就会形成一个发夹环(发夹环的产生是第一链 cDNA 合成时的特性,原因至今未知,据推测可能与帽子的特殊结构相关），并引导 DNA 聚合酶复制出第二链（图 6-6）。此时形成的双链之间是连接在一起的，再利用 S1 核酸酶将连接处（仅该位点处为单链结构）切断形成平端结构进行连接。

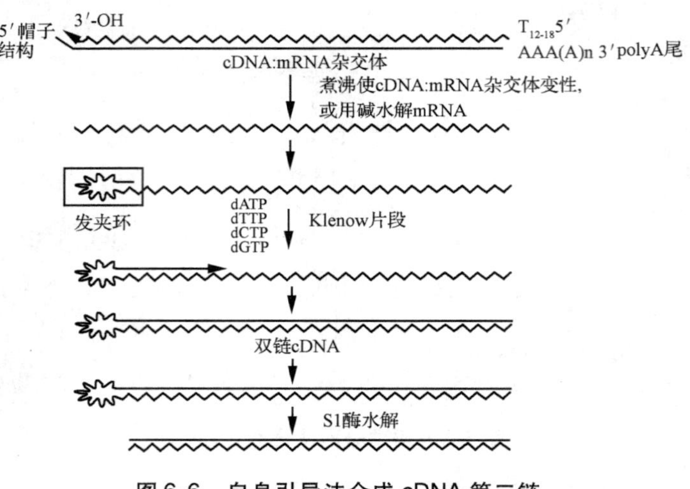

图 6-6 自身引导法合成 cDNA 第二链

4.4.2 置换合成法

它是由一组酶共同控制的，包括 RNA 酶 H、大肠杆菌 DNA 聚合酶 I 和 DNA 连接酶。mRNA-cDNA 杂合双链中的 mRNA 链在 RNA 酶 H 作用下先形成很多切口，mRNA 链就被切割成很多小片段，这些小片段为大肠杆菌 DNA 聚合酶 I 提供了合成第二链的引物。大肠杆菌 DNA 聚合酶 I 以第一链 cDNA 为模板合成一段段互补的 cDNA 片段，这些 cDNA 片段进而在 DNA 连接酶的作用下连接成一条链，即 cDNA 第二链（图 6-7）。遗留在 5′末端的一段很小的 mRNA 也被大肠杆菌 DNA 聚合酶 I 的 5′→3′核酸外切酶和 RNA 酶 H 降解，暴露出与第一链 cDNA 对应的 3′端部分序列。同时，大肠杆菌 DNA 聚合酶 I 的 3′→5′核酸外切酶的活性可将暴露出的第一链 cDNA 的 3′端部分消化掉，形成平端或差不多的平端。这种方法合成的 cDNA 在 5′端存在几个核苷酸缺失，但一般不影响编码区的完整。

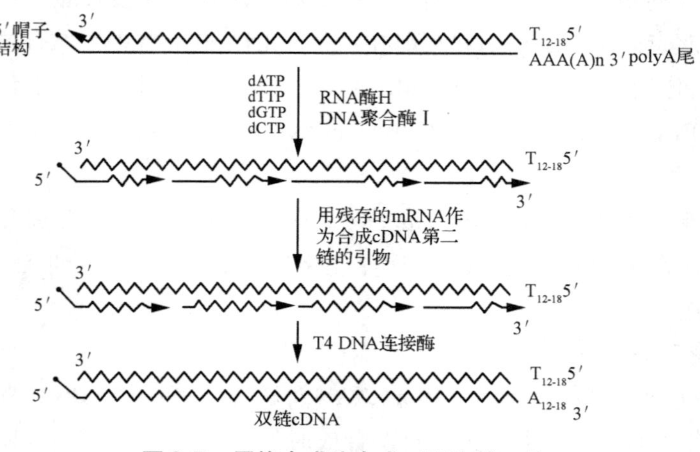

图 6-7 置换合成法合成 cDNA 第二链

4.4.3 引导合成法

本方法是Okayama和Berg于1982年提出的。首先是制备一段带有poly(dG)的片段Ⅱ和带有poly(dT)的载体片段Ⅰ,并用片段Ⅰ来代替Oligo(dT)进行cDNA第一链的合成。在第一链cDNA合成后直接采用末端转移酶(TdT)在第一链cDNA的3′端加上一段poly(dC)的尾巴,同时进行酶切创造出另一端的黏端,与片段Ⅱ一起形成环化体,这种环化了的杂合双链在RNA酶H、大肠杆菌DNA聚合酶Ⅰ和DNA连接酶的作用下合成与载体联系在一起的双链cDNA(图6-8)。其主要特点是合成全长cDNA的比例较高,但操作比较复杂,形成的cDNA克隆中都带有一段poly(dC)/(dA),这对重组子的复制和测序都不利。

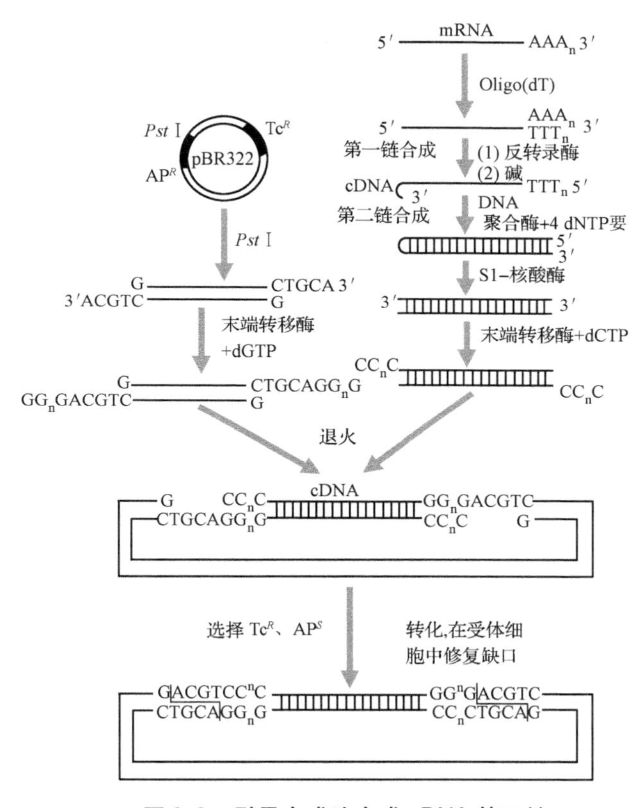

图6-8 引导合成法合成cDNA第二链

4.4.4 引物-衔接头合成法

该方法由Gubler和Hoffman通过改进引导合成法而得来。第一链合成后直接采用末端转移酶(TdT)在第一链cDNA的3′端加上一段Poly(dC)的尾巴,然后用一段带接头序列的Poly(dG)短核苷酸链作引物合成互补的cDNA链。接头序列可以是适用于PCR扩增的特异序列,也可以是用于方便克隆的酶切位点序列。这一方法目前已经发展成PCR法构建cDNA文库的常用方法。

4.5 双链cDNA与载体连接并导入宿主细胞

对于制备好的双链cDNA,必须将它插入载体中才能形成文库。为此,首先必须连接上接头(接头可以是限制性内切酶识别位点片段,也可以是利用末端转移酶在载体和双链cDNA的末端接上的一段寡聚 dG 和 dC 或 dT 和 dA 尾巴),然后退火形成重组质粒或噬菌体并转化到宿主菌中进行扩增。

4.5.1 同聚物加尾法

利用末端转移酶在载体及外源双链 DNA 的 3′端各加上一段寡聚核苷酸,制成人工黏性末端,外源 DNA 和载体 DNA 分子要分别加上不同的寡聚核苷酸,如 dA(dG)和 dT(dC),然后在 DNA 连接酶的作用下连接成为重组的 DNA(图 6-9)。该方法只对质粒有效,尾的长短不一(100dA/dT,20dG/dC)。同聚尾结合的质粒,其 cDNA 杂合分子转化 *E. coli* 的效率随宿主的不同而不同。

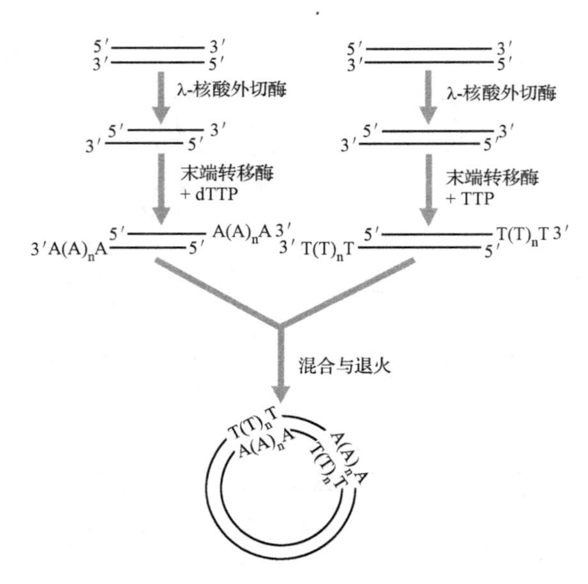

图 6-9 同聚物加尾法介导双链 cDNA 与载体的连接

4.5.2 合成接头和衔接头法

平端连接的效率低,加尾和加接头主要为了提高连接效率,其中添加带酶切位点的接头为最常用的方法。一种方式是单酶切位点连接策略,其在第一链合成时不引入接头,而直接在第二链上通过平端连接导入接头。当导入的黏端接头已经去磷酸化时,可以分级分离后直接用于连接;当导入的黏端接头带有活性磷酸基团时,所加接头须选择甲基化敏感的酶且加接头之前必须对双链 cDNA 进行甲基化处理,加上接头后再用该酶进行消化以创造出用于连接的黏端。另一种方式是双酶切连接的策略,一般在第一链合成时在 cDNA 的 5′端引入一稀有酶切位点,如 Not Ⅰ,在双链 cDNA 平端连接上带去磷酸化黏端的接头,如 Sal Ⅰ,然后用 Not Ⅰ 酶切创造出另一端的黏端,这样就可以与对应的双酶切载体连接(图 6-10)。同时,双酶切连接可以对插入的 cDNA 具有定向的作用。

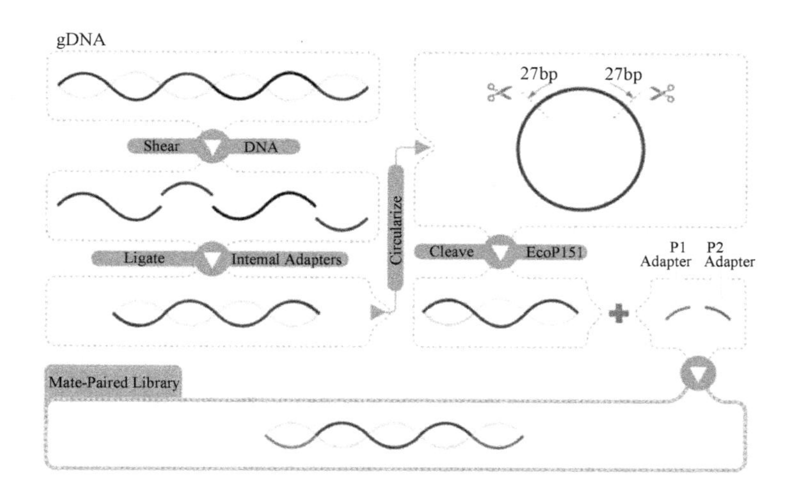

图6-10 合成接头和衔接头法介导双链cDNA与载体的连接

4.5.3 cDNA克隆常用载体。

(1) 质粒。质粒是细菌染色体外遗传因子,DNA呈环状,大小为1~200kb,在细胞中以游离超螺旋状存在,很容易制备。质粒DNA可直接通过转化引入寄主菌,但是它所含的克隆群体少,适用于高丰度的mRNA。质粒在细胞中有两种状态,即紧密型和松弛型。此外,质粒还具有相对分子质量小、易转化、有一至多个选择标记的特点。质粒型载体一般只能携带10kb以下的DNA片段,适用于构建原核生物基因文库、cDNA文库和次级克隆。

(2) 噬菌体DNA。常用的λ噬菌体的DNA为双链结构,长约49kb,约含50个基因,其中50%的基因对噬菌体的生长和裂解寄主菌是必需的,分布在噬菌体DNA两端;中间是非必需区,进行改造后组建了一系列具有不同特点的载体分子。λ载体系统最适于构建真核生物基因文库和cDNA文库,但必须经过体外包装形成噬菌体颗粒感染宿主细胞。这类载体包含的克隆群体多,一般对于转录组比较大的常选用噬菌体载体。常用的噬菌体为λgt10,该载体可通过观察噬菌斑的差别来判断是否有基因插入,并且还可通过蓝白斑鉴定筛选。

(3) 柯斯(Cos)质粒。这是一类带有噬菌体DNA黏性末端序列的质粒DNA分子,是噬菌体-质粒混合物。此类载体分子容量大,可携带45kb的外源DNA片段。

连接注意事项:cDNA相对较短,长度一般在0.5~10kb之间,所以可用普通质粒载体。对于较大的文库,可用噬菌体载体并用碱性磷酸酶去磷酸化。连接反应需注意载体DNA与DNA片段的比率。以λ或Cos质粒为载体时,形成线性多连体DNA分子,载体与DNA片段的比率高些为佳。以质粒为载体时,形成环状分子,其比率常为1∶1。

5 cDNA文库构建方法进展

最初的cDNA克隆技术主要适合于获得高丰度mRNA的拷贝;但对于低丰度mRNA的拷贝,通常需要筛选文库的大量克隆才能获得相应的cDNA,有时即使筛选克隆的量很大也不能奏效。为了更有效地克隆到未知的低丰度mRNA的DNA,近年来已发展了一些cDNA文库构建的新方法和新技术。

5.1 标准化 cDNA 文库

这种文库主要有三方面的优点:第一,增加克隆低丰度 mRNA 的机会,适用于分析分化发育阶段的基因表达及突变检查;第二,等量化的 cDNA 可作探针来发现基因组序列中的转录区,尤其是普通探针所不能发现的稀有转录区;第三,与原始丰度的 mRNA 拷贝数相对应的 cDNA 探针与标准化 cDNA 文库杂交,可估计出大多数基因的表达水平及发现一些组织表达特异的基因。

5.2 固相 cDNA 文库构建

1998 年,Roeder 开发了一种快速高效的 cDNA 文库构建方法。它基于传统的 cDNA 文库合成方法,包含通常所需的全部步骤,但在 cDNA 合成过程中引入了固相支持物。cDNA 通过一个生物素基固定在链霉卵白素偶联的磁珠上,这样在反应中就可以简便而迅速地实现酶和缓冲液的更换,因此它将快速与高质量的文库结合在一起(构建文库只需一天),并且构建的文库适合于大多数的研究工作。

该方法的关键步骤为:① mRNA 提取:使用一个修饰的 5′-生物素化 Oligo(dT)25 引物[5′-生物素- GAGAGAGAGAGAGCGGCCGCT(25)G/A/C - 3′],其内部含一个 Not Ⅰ 识别序列,通过 5′-生物素连接在链霉卵白素包裹的磁珠上。mRNA 通过与 Oligo(dT)引物互补,结合在磁珠上。② 第一链合成:如果 cDNA 合成以 Oligo(dT)引物进行,则 mRNA 不用低盐缓冲液洗脱,淋洗后直接进行第一链合成反应(加入酶、缓冲液等)。如果 cDNA 合成是以一个修饰的随机的寡核苷酸 5′-生物素为引物[5′-生物素- GAGAGAGAGAGAGCGGCCGCNNN - NNNN - 3′],此引物与链霉卵白素包裹的磁珠结合,mRNA 从 Oligo(dT)磁珠上洗脱后,加入随机引物磁珠中,然后进行第一链合成反应。

第二链生成、补平末端、加接头、激酶磷酸化等步骤的实现是通过吸去上清液,并用下一步反应缓冲液冲洗来完成的。磷酸化是在固相上进行的最后一步酶反应。

固相 cDNA 合成法的主要优点是可以简化 cDNA 合成的操作,在进行缓冲液更换时既没有 cDNA 的丢失之忧,也无其他物质污染之忧。另外,用此方法可以得到真实的代表性文库,它包含有短小的 cDNA,这是因为在克隆之前省去了分级分离的步骤。总之,固相法结合了传统 cDNA 合成的优点并弥补了其不足。这种方法简便易行,准确可靠,价格低廉,所建文库质量较高。

5.3 差示 cDNA 文库

差示 cDNA 文库又称扣除 cDNA 文库,是反映不同组织和细胞或同一细胞在不同功能状态下基因表达差异的 cDNA 文库。差示 cDNA 文库主要用于细胞的发育和分化、细胞周期、细胞对药物和生长因子的诱导反应以及肿瘤等疾病的研究。

基本流程:分别提取不同组织细胞或同一种细胞在不同功能状态下细胞的 mRNA,将其中一种细胞的 mRNA 反转录成 cDNA 第一链,然后将该 cDNA 与另一细胞过量的 mRNA 进行杂交,第一种细胞中若存在不同于第二种细胞的特殊基因,则会产生特殊基因的 mRNA 和 cDNA,它们不能与第二种细胞的 mRNA 形成杂交体。将未形成杂交体的 cDNA 分出,合成与之互补的cDNA第二链，再以此双链cDNA构建cDNA文库，即差示cDNA文库。

传统上一般利用羟基磷灰石柱层析的方法分离杂交单体，这种技术存在着操作复杂、周期长、核酸损失量大等缺点。赵大中等利用磁珠分离杂交单体缩短了实验周期，简化了实验程序，减少了杂交体的损失量，并且以一种mRNA为处理、两种mRNA为对照，进行消减杂交，可以扣除更多非特异基因，利于寻找更加特异的基因或基因片段，而且所建库容要比使用同种材料的传统方法时大得多。

5.4 抑制消减杂交

抑制消减杂交是1996年Diatchenko等建立的一项以杂交和PCR为基础的基因克隆技术。该技术主要通过消减杂交将待比较双方共同的cDNA进行消减，再通过抑制PCR技术特异性地扩增在Tester中特异表达的cDNA片段，使其得到大量富集。

基本原理：将两个群体的mRNA反转录为cDNA，其中含有特异性表达基因的样本为Tester，另一组为Driver。先将T(Tester)方与D(Driver)方用限制性内切酶切割为小片段，将T方平均分为两份，分别连接不同的接头，然后与过量的D方cDNA进行不充分杂交。根据复性动力学原理，浓度高的单链分子迅速复性，而浓度低的单链分子仍以单链形式存在。然后混合两份杂交样品，同时加入新的变性D方cDNA进行第二次扣除杂交，杂交完全后补平末端，加入合适的引物接头进行PCR扩增。当DNA两条链含相同接头时，其PCR扩增受到抑制，只有含不同接头的双链DNA分子才可进行指数扩增，其产物为目的片段。

SSH具有三大突出优点：① 高度特异性。该技术经过两轮消减杂交及两步PCR，使Tester中代表差异表达基因的cDNA片段得到大量扩增，同时抑制了非特异性cDNA片段的扩增，使各种消减文库的特异性得到极大的提高。② 高敏感性。cDNA消减杂交、mRNA差异显示等方法的一个共同缺点是不能分离到低丰度的差异表达基因，而SSH对单链Tester cDNA的均等化过程使高、低丰度的差异表达基因都能有效分离，是一项很有发展前途的技术，可望在研究基因表达及新基因分离中得到广泛应用。③ 高效率。一次SSH反应可以分离出成百个差异表达的基因。

5.5 cDNA末端快速扩增

cDNA末端快速扩增(rapid amplification of cDNA ends，RACE)方法首先是由Frohman等于1988年建立的。该方法的建立大大简化了基因分离操作，与之相适应的RACE cDNA文库也由此而产生。RACE是一种用来快速扩增cDNA末端的特殊PCR，又被称为单边PCR和锚定PCR，是根据部分已知序列快速得到基因全部序列的重要手段。它直接以双链cDNA为模板，通过PCR扩增手段得到目的片段。用RACE方法分离基因不需要进行文库扩增和多轮杂交筛选等过程，用于RACE的cDNA文库也不需要克隆入载体，只需要在双链cDNA的两端带有连接子序列，大大简化了cDNA文库构建程序。

基本程序：为了得到cDNA的5′端，在进行反转录反应时，采用基因特异的引物作为反转录引物，在反转录酶的作用下，合成cDNA第一链，然后去除多余的反转录引物和单核苷酸，在末端转移酶的作用下，在cDNA第一链的3′端加上多聚脱氧腺苷酸，再用带有连接子的寡聚脱氧胸腺嘧啶核苷酸为引物合成cDNA第二链，最后用基因特异的引物和连接子引物进行 PCR 扩增,得到 cDNA 的 5′端片段。用于 PCR 扩增的基因特异引物位于反转录引物的上游,这样可以增加扩增反应的效率和特异性。得到 cDNA 的 5′端的反应称为 5′端 RACE。与 5′端 RACE 类似,为了得到 cDNA 3′端,反转录反应采用带有连接子的寡聚 T 引物,用基因特异的引物合成 cDNA 第二链,再用基因特异引物和连接子引物进行 PCR 扩增,得到 cDNA 的 3′端片段。这个过程称为 3′端 RACE。

若已知一个基因的部分序列,为了得到全长 cDNA 序列,首先可用 RACE 得到该 cDNA 的 3′端和 5′端序列,再根据 3′端和 5′端序列设计引物,通过 PCR 扩增得到全长 cDNA。应用 RACE 方法能在最短的时间内得到 cDNA 的 5′端和 3′端序列,最终得到全长 cDNA 序列。因此,RACE 方法已成为目前分离基因的首选方法。

5.6 Oligo-capping 方法构建 cDNA 文库

1994 年,Marnyama 和 Sugano 开发了 Oligo-capping 方法,这是一种用人工合成寡核苷酸替代真核细胞 mRNA 帽子结构的简便方法。这种寡核苷酸能够作为 mRNA 起始位点的序列标签。真核生物在其 5′末端具有帽子结构,在 3′末端具有 PolyA 尾巴。在帽子与 PolyA 尾之间的序列信息,对识别控制 mRNA 稳定性和翻译效率的编码区和非编码区是非常重要的。因此,分离全长 cDNA,使其包含从帽子至 PolyA 尾之间的全部序列,是基因结构和功能分析中不可缺少的一个步骤。

传统的 cDNA 文库对于分离全长 cDNA 具有若干缺陷:第一,其 5′末端能延伸到mRNA 的起始位点的 cDNA 克隆含量非常少;第二,对于含有全长 cDNA 的 cDNA 克隆的识别是非常困难的,因为 3′末端具有 PolyA 结构,能为其提供序列标签,因此识别是简单的,而 5′末端帽子结构不能为 mRNA 起始部位提供序列标签。

如果使用“Oligo-capped”mRNAs 和 Oligo(dT)引物来构建一个 cDNA 文库,那么我们可以通过监测 5′和 3′末端序列而识别出全长的克隆。如果在 5′-Oligo 和 Oligo(dT)引物中引入恰当的限制性位点,那么又可以将全长的 cDNA 选出并克隆到载体中。此外,如果使用随机引物进行 cDNA 合成,通过相似的办法可以克隆出 mRNA 的 5′末端。这一类型的 5′末端富集的 cDNA 文库对于分离出 mRNA 的 5′末端可能是有用的,因为 5′末端是很难用 Oligo(dT)为引物合成的 cDNA 文库进行分离的。基于上述设想,1997 年 Suzuki 等通过 Oligo-capping方法构建了两类文库:一类是全长富集的 cDNA 文库,此库含有高含量的全长 cDNA 克隆;另一类是 5′末端富集的 cDNA 文库,此库含有高含量的 mRNA 起始位点的克隆。

Oligo-capping 主要步骤:① mRNA 用细菌碱性磷酸 BAP 处理并加入 RNasin,酚-氯仿抽提 2 次,乙醇沉淀;② 沉淀的 mRNA 用烟草酸焦磷酸酶 TAP 处理,加入 RNasin,抽提,沉淀,得到 BAP-TAP 处理的 mRNA;③ 沉淀的 mRNA 与 5′- Oligo 进行连接,加入 RNA ligase、RNasin;④ 对于全长富集文库采用接头引物(5′-GCG…TTT-3′);⑤ 对于 5′-end 富集文库采用随机接头引物(5′-GCG…NC-3′)。

总之,Oligo-capping 构建文库的方法是对传统建库方法的一个重要改进,且 5′端富集的文库对于产生含有 mRNA 起始位点信息的 5′-ESTS 是非常有用的,目前还缺乏这样的 EST 数据库。

5.7 酵母双杂交文库

酵母双杂交技术(又称蛋白肼捕获系统),是20世纪90年代兴起的一种研究蛋白质与蛋白质相互作用的高新分子生物学技术。以酵母双杂交技术为基础构建的cDNA文库称为酵母双杂交文库。作为酵母双杂交研究的cDNA文库属于质粒文库。其基本原理是:依据真核转录因子的DNA结合域和活性域分离的特性,将酵母内转录因子的DNA结合域和活性域用人工方法分为两部分,即将酵母转录因子GAL4分为GAL4DB和GAL4AD,并将拟研究的靶蛋白(prey)和诱饵蛋白(bait)分别与GAL4AD、GAL4DB结合形成融合蛋白。只有当靶蛋白与诱饵蛋白相互作用时,GAL4调控的报告基因才能表达,酵母才能在选择性培养基中生长。酵母双杂交技术是一种在体内研究蛋白相互作用的方法,用于真核蛋白的研究更能保持蛋白的真核特征。该技术不仅应用于检测与病毒蛋白相互作用的蛋白,而且由于在酵母细胞中真核蛋白能够保持正常的形态及折叠,而受体是否糖基化对其亲和力几乎没有影响,因此也适于研究受体与配体间的作用。

酵母双杂交文库现已广泛用于信号传导。目前研究细胞信号传导多用动物模型进行,得到的细胞传导通路是正常生理状态下的。以肿瘤cDNA文库为研究对象,研究肿瘤的各种信号通路,可以揭示肿瘤的发生发展机理,为诊断与治疗肿瘤提供切实可靠的依据。

酵母双杂交文库还广泛用于癌基因研究、细胞凋亡研究等领域,不仅可以验证已知蛋白之间的相互作用,而且可以从酵母双杂交文库中寻找与诱饵蛋白相结合的新的蛋白,发现新基因。

5.8 mRNA差异显示文库

mRNA差异显示文库是根据mRNA差异显示技术构建的cDNA文库。mRNA差异显示文库简单易行,灵敏度高,重复性好,具有多能性,快速。

基本过程:以一组对应细胞的总RNA或mRNA为模板,合成上、下游引物。5′端引物含有HindⅢ内切酶位点,每个引物由13个碱基组成,共有8种;3′端引物也含有HindⅢ内切酶位点,每个引物由18个碱基组成,共有3种。反转录合成cDNA有24种产物,经计算机同源分析表明,它们覆盖所有mRNA。在进行PCR反应中,用^{32}S dCTP或dATP标记的底物以便随后检测。将对应的两组或更多组PCR产物在4%测序凝胶上进行电泳,样品内cDNA单链均按相对分子质量大小依次排列在凝胶泳道内,通过放射自显影从胶上两组产物对比中发现cDNA差异,回收差异条带的cDNA,再经二次PCR扩增获得足量PCR产物,可用于序列分析、基因表达研究、制备各种探针以及Southern或Northen杂交分析。

5.9 限制性cDNA文库

限制性cDNA文库是根据限制性显示PCR(restriction display PCR,RD-PCR)技术构建的cDNA文库。限制性显示PCR是为了克服DD-PCR假阳性而提出的一种新的基因差异显示技术,该方法由于对cDNA进行限制性分组,每组的cDNA片段均不相同,因而既保证了平板上菌落的适当密度,又能提供足够数量的菌落供分析,重复的机会大大减少,从而提高了分离cDNA片段的速度。

限制性cDNA文库对合成的cDNA使用识别四碱基的限制性核酸内切酶处理,获得大量

200～700bp 的 cDNA 片段，然后在 cDNA 片段两端加上通用接头，根据限制性显示方法，通过通用引物延伸若干碱基，进行分组归类扩增，扩增产物经纯化与载体连接、转化，即为 cDNA限制性片段文库。由于分组后每组 PCR 产物中只有相应的克隆，分别涂布不同的平板，这样平板间克隆的重复率是相当低的，这为后面克隆的鉴定、分离提供了方便，减少了单一平板菌落量大、重复率高、操作不方便等缺点。相对一般全长 cDNA 文库而言，限制性 cDNA文库杂交动力学条件趋于一致，因而较易控制。一般全长 cDNA 的大小相差悬殊，从 100bp 左右到几 kb 均有，增加了芯片杂交检测的难度。

5.10　逆转录病毒 cDNA 表达系统构建

1998 年，Wang 开发了一个新的逆转录病毒，以此来构建 cDNA 文库并进行了肿瘤抗原的功能性克隆。这种逆转录病毒载体含有一个巨细胞病毒的启动子，位于 5′- LTR 中，还含有一个已扩展的包装信号，用于快速生产逆转录病毒的颗粒，另外还有许多便于 cDNA 文库构建的克隆位点。疱疹性口炎病毒 G 蛋白已被用于产生假性逆转录病毒颗粒，从而保证了高效的病毒感染。以这种新的逆转录病毒为基础的 cDNA 表达系统，允许将 cDNA 文库引入真核细胞，如自身固有的成纤维细胞，这种细胞可以加工抗原肽并递呈给细胞毒性 T 细胞（CTL）。这种方法便于鉴别一个 T 细胞辨认的新抗原，而无须知道 MHC Ⅰ 限制元素。研究者通过构建一个逆转录病毒为基础的 cDNA 文库以及使用抗原特异性 CTL 再次分离了肿瘤抗原 NY-ESO-1，使这一系统的效用得到了证实。

T 细胞辨认 MHC Ⅰ 分子递呈的抗原肽，这在肿瘤免疫应答中起到重要的作用。研究人员已经发展了一些方法来鉴定 T 细胞识别的肿瘤抗原，并且描述其功能特征。最初，重组基因组文库或 cDNA 文库被导入抗原缺失的、MHC Ⅰ 相配的肿瘤细胞。后来这一系统被改进，cDNA文库短暂导入 Cos-7 或 293 细胞并伴随质粒表达 MHC Ⅰ 分子，并根据 CTL 受到刺激分泌细胞因子的能力来筛选阳性克隆。尽管此 cDNA 表达系统已经成功使用，但它仍存在许多局限：① 只有具有高度转染能力的细胞才能被用于高效率引入源自肿瘤细胞的 cDNA 文库，如 Cos-7 以及 293 细胞。② 当一个 cDNA 文库转导入 Cos-7 或 293 细胞时，CTL 使用的 MHC Ⅰ 限制元素就必须被确认。在很多情况下，想要鉴别 MHC Ⅰ 限制元素是困难的，因为得不到特异的针对特殊的 MHC Ⅰ 等位基因的封闭抗体。到目前为止，只有少数突变抗原在人类黑色素瘤中被识别。

解决这一问题的方法是使用自身固有的成纤维细胞或者 Ebv-B 细胞作为抗原递呈细胞。但是这些细胞却又不能被高效感染，因此不能使用传统的 cDNA 表达系统进行基因克隆。

5.11　染色体或区域特异性 cDNA 文库

用某一染色体或基因组区 DNA 与合成的 cDNA 池或已构建的 cDNA 文库杂交，将捕获的 cDNA 进行 PCR 扩增，可用于构建染色体或区域特异性 cDNA 文库。其中的 cDNA 或定位于该染色体上，或与之有同源性。这类文库可有效地用于分离与染色体相关的疾病基因、基因的定位，以及种、属间同源区基因的筛查。在经典的 cDNA 文库构建基础上，研究者应根据自己的实际情况，改进相应技术，以达到自己的预期目的。

6 高通量测序

高通量测序技术(high-throughput sequencing technology)又称下一代测序技术(next-generation sequencing technology),以能一次并行对几十万到几百万条DNA分子进行序列测定和一般读长较短等为标志。

自2005年454 Life Sciences公司(2007年该公司被Roche正式收购)推出454 FLX焦磷酸测序平台以来,曾推出过3730xl DNA测序仪、一直占据着测序市场最大份额的Applied Biosystem(ABI)公司的领先地位就开始动摇了。因为其拳头产品毛细管阵列电泳测序仪系列遇到了两个强有力的竞争对手,一个是罗氏公司(Roche)的454测序仪,另一个是2006年美国Illumina公司推出的Solexa基因组分析平台。为此,2007年ABI公司推出了自主研发的SOLiD测序仪。这三个测序平台即为目前高通量测序平台的代表。

Illumina新一代测序技术可以高通量、并行地对核酸片段进行深度测序,测序的技术原理是:采用可逆性末端边合成边测序反应,首先在DNA片段两端加上序列已知的通用接头构建文库,文库加载到测序芯片Flowcell上,文库两端的已知序列与Flowcell基底上的Oligo序列互补,每条文库片段都经过桥式PCR扩增形成一个簇,即在碱基延伸过程中,每个循环反应只能延伸一个正确互补的碱基,根据四种不同的荧光信号确认碱基种类,保证最终的核酸序列质量,经过多个循环后,完整读取核酸序列。

利用该技术,可以对任何物种(包括动物、植物、细菌、病毒、寄生虫等)在DNA水平上进行全基因组测序、基因组靶向区域测序,检测基因组范围内的遗传变异或多态性,在细菌、病毒等病原溯源上分辨率最高;在RNA水平上进行基因的表达测序分析,准确检测基因表达量和表达片段的序列信息;对DNA处理后,可以对基因组甲基化水平进行检测,从表观遗传学角度对影响基因表达的因素进行分析;利用转录因子的抗体对DNA进行处理,寻找转录因子影响的DNA序列信息,定位影响基因表达的片段。自然界存在的微生物基本上都是混合物,传统的Sanger法测序技术无法对混合物中的各种微生物进行准确检测,利用新一代测序的高通量、并行性特点,通过宏基因组分析方法,可以从整体上对自然界本来状态进行分析,从而得到最客观的信息。

高通量测序技术的诞生可以说是基因组学研究领域一个具有里程碑意义的事件。该技术使得核酸测序的单碱基成本与第一代测序技术相比急剧下降。以人类基因组测序为例,20世纪末进行的人类基因组计划花费30亿美元解码了人类生命密码,而第二代测序使得人类基因组测序已进入万(美)元基因组时代。如此低廉的单碱基测序成本使得我们可以实施更多物种的基因组计划,从而解密更多生物物种的基因组遗传密码。同时在已完成基因组序列测定的物种中,对该物种的其他品种进行大规模的全基因组重测序也成为可能。

7 测序文库的构建

目前3种测序技术Roche 454、Solexa和ABI SOLiD均有单端测序和双端测序两种方式。在基因组De Novo测序过程中,Roche 454的单端测序读长可以达到400bp,经常用于基因组骨架的组装;而Solexa和ABI SOLiD双端测序可以用于组装scaffolds和填补gap。下面以

Solexa 为例，对单端测序（Single-read）和双端测序（Paired-end 和 Mate-pair）进行介绍。Single-read、Paired-end 和 Mate-pair 的主要区别在于测序文库的构建方法上。

单端测序首先将 DNA 样本进行片段化处理，形成 200～500bp 的片段，引物序列连接到 DNA 片段的一端，然后末端加上接头，将片段固定在 Flowcell 上生成 DNA 簇，上机测序，单端读取序列，如图 6-11 所示。

双端测序方法是指在构建待测 DNA 文库时在两端的接头上都加上测序引物结合位点，在第一轮测序完成后，去除第一轮测序的模板链，用对读测序模块（Paired-end Module）引导互补链在原位置再生和扩增，以达到第二轮测序所用的模板量，进行第二轮互补链的合成测序，如图 6-12 所示。

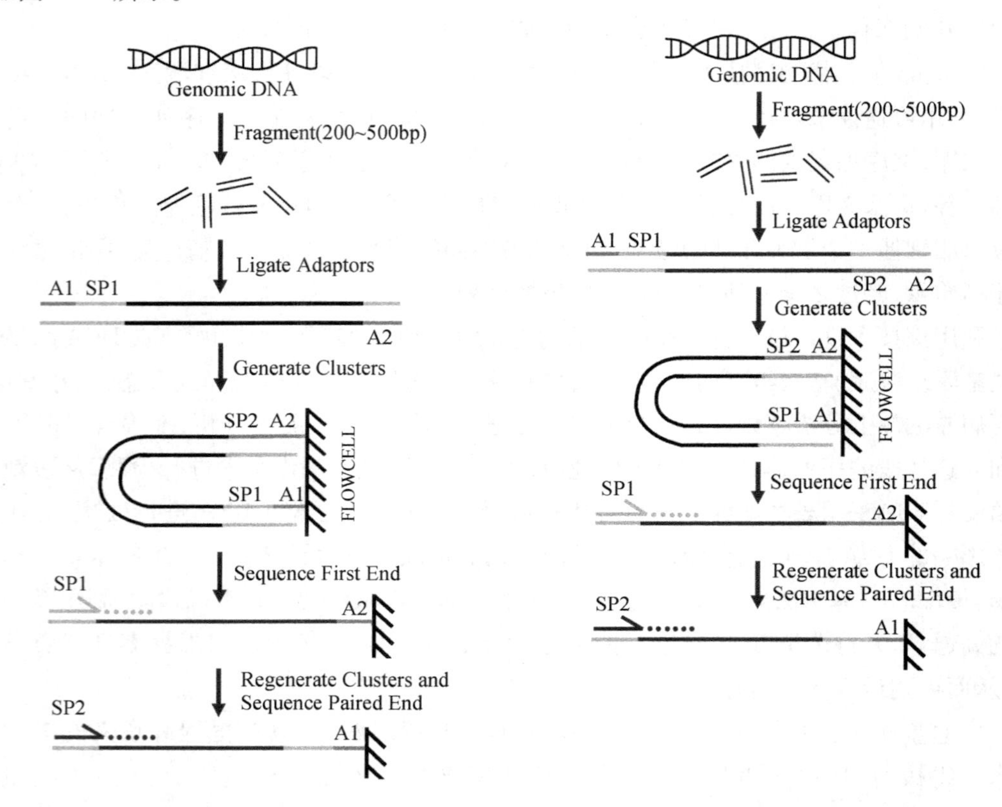

图 6-11 Single-read 文库构建方法　　图 6-12 Paired-end 文库构建方法

Mate-pair 文库的制备旨在生成一些短的 DNA 片段，这些片段包含基因组中较大跨度（2～10kb）片段两端的序列。更具体地说，首先将基因组 DNA 随机打断到特定大小（2～10kb 范围），然后经末端修复、生物素标记和环化等实验步骤，再把环化后的 DNA 分子打断成 400～600bp 的片段并通过带有链亲和霉素的磁珠把那些带有生物素标记的片段捕获。这些捕获的片段再经末端修饰和加上特定接头后建成 Mate-pair 文库，然后上机测序。

主要实验仪器的使用

1 高压灭菌锅

1.1 工作环境

环境要求通风、宽敞、地面平整,不准与有腐蚀性物品摆放在同一空间。

1.2 操作步骤

(1) 开盖:向左转动手轮数圈,直至转动到顶,使锅盖充分提起,拉起左立柱上的保险销,向右推开横梁,移开锅盖。

(2) 通电:接通电源,此时欠压蜂鸣器响,显示锅内无压力(当锅内压力升至约0.03MPa时蜂鸣器自动关闭),控制面板上的低水位灯亮,锅内属断水状态。

(3) 加水:将纯水或生活用水直接注入蒸发锅内(约8L),同时观察控制面板上的水位灯,当低水位灯灭、高水位灯亮时停止加水。当加水过多发现内胆有存水时,开启下排水阀,放去内胆中的多余水量。

(4) 放样:将灭菌物品仪器堆放在灭菌筐内,各包之间留有间隙,有利于蒸汽的穿透,提高灭菌效果。

(5) 密封:把横梁推向左立柱内(横梁必须全部推入立柱槽内),手动保险销自动下落锁住横梁,旋紧锅盖。

(6) 设定温度和时间:按一下确认键,进入温度设定状态,按上下键可以调节温度值,再次按确认键,进入时间设定状态,按左键或上下键设置需要的时间,再次按确认键,设定完成,仪器进入工作状态,开始加热升温。

(7) 灭菌结束后,关闭电源,待压力表指针回落零位后,开启安全阀或排气排水总阀,放净灭菌室内余气。若灭菌后需迅速干燥,须打开安全阀或排气排水总阀,让灭菌器内的蒸汽迅速排出,使物品上残留水蒸气快速挥发。灭菌液体时严禁使用干燥方法。

(8) 启盖:同第(1)步。

1.3 注意事项

(1) 堆放灭菌包时应注意安全阀放气孔位置必须留出空隙,保障其畅通,否则易造成锅体爆裂事故。

(2) 灭菌液体时,应将液体灌装在耐热玻璃瓶中,以不超过3/4体积为好,瓶口选用棉花纱塞。

(3) 本器尽量使用纯水，以防产生水垢。

2 分光光度计

能从含有各种波长的混合光中将某一单色光分离出来并测量其强度的仪器称为分光光度计。分光光度计因使用的波长范围不同而分为紫外光区、可见光区、红外光区以及万用(全波段)分光光度计等。

2.1 常见分光光度计的使用

2.1.1 V-1100 型可见分光光度计

V-1100 型可见分光光度计是一种较高级的可见分光光度计，其波长范围为 325 ~ 1000nm，应用了最新的微机处理技术和专业的 Mapada 分析软件，操作更简单、方便。

V-1100 型可见分光光度计操作规程：

(1) 开机，预热 30min。

(2) 转动波长旋钮，调至所需波长，按 mode 键切换到 T 档。

(3) 将黑体放入光路中，合上盖，按 0% 键校零。

(4) 开盖，将参比液按空白液、标准液、待测液顺序放在吸收池架上，合上盖。

(5) 拉动吸收池架拉杆，将空白液放入光路中，合上盖，按 100% 键校 100，然后按 mode 键切换到 A 档。

(6) 拉动拉杆，将标准液、待测液依次放入光路中，即可读取其吸光度。

(7) 读数后，将黑体推入光路中，开盖取出吸收池。

(8) 将参比液倒回原试管中，清洗吸收池并晾干。

(9) 关机，盖上防尘盖。

2.1.2 UV-1100 型紫外-可见分光光度计

UV-1100 型紫外-可见分光光度计是一种可供在紫外光到红外光区(200 ~ 1000nm)测量吸收光谱的较高级的分光光度计，以进口品牌钨灯作光源，操作简单、方便。

UV-1100 型紫外-可见分光光度计操作规程：

(1) 开启仪器电源，开启钨灯和 X 灯电源，预热 10min。

(2) 仪器初始化结束后进入主菜单。

(3) 进入光度测定主界面：在仪器初始化完成后按 ⊖ 键选择“光度测量”，进入光度测量主界面。

(4) 数据清除及打印：在光度测量主界面下，按 PRINT 键进入打印选择界面，按上下键，选定所需的功能后按 ⊖ 键选择“确认”(选择“取消”则返回上级菜单)。

(5) 测定工作波长：在光度测量主界面下，按 GOTO λ 键可以进入波长设定界面，然后按上下键调到所需波长，每按一次，波长增加或减少 0.1nm，长时间按键可快速调整波长。选择完后按 ⊖ 键选择“确认”并自动返回上一级界面。波长选择范围为 200 ~ 1000nm 或

325～1000nm(可见)。

(6) 在光度测定界面下,按 ZERO 键对当前工作波长下的参比液调 0.000Abs、100% T。

(7) 在光度测量界面下,调零完成后,把待测试样拉入光路,按 ⊖ 键选择“测试”,测试表格形式显示并存储。每屏只可显示3行数据,其余数据可通过上下键进行翻页显示。

(8) 测量完毕,取出吸收池,关上样品室盖。点击“返回”按钮,返回主菜单界面,再依次关闭X灯电源、主机电源。

在测量结果显示界面下,也可以进行波长设置和调零操作,操作方法同前。

2.1.3　核酸蛋白测定仪

核酸蛋白测定仪是一款适用于分子生物学、生物化学和细胞生物学领域的紫外-可见分光光度计。下面以 Eppendorf BioPhotometer Plus 为例加以介绍。该仪器以氙灯作光源,有9种波长(230nm、260nm、280nm、340nm、405nm、490nm、550nm、595nm、650nm),可快速、可靠地进行核酸、蛋白质、细胞密度和生物分子中荧光染料标记率的检测,单波长吸光度检测和终点检测等细胞生物学以及生物化学检测。

核酸蛋白测定仪操作规程:

(1) 打开仪器电源开关,无须预热。

(2) 根据样品的不同,在仪器控制面板上选择对应的方法组,如测量质粒 DNA 浓度选 DNA/7,测量 RNA 浓度选 RNA/8 等,以此类推。

(3) 选择进入方法组后,再根据特定的样品通过上下键选择所需要的方法。进入 DNA 方法组后,所测的样品是质粒 DNA 就选择 dsDNA,是单链 DNA 就选择 ssDNA,是 RNA 就选择 RNA 等,以此类推,然后按 enter 键确认。

(4) 按 parameter/dilution 键设置样品稀释倍数,在弹出的对话框中输入样品的体积和稀释样品所用稀释液的体积,按 enter 键确认(如取质粒 DNA 样品 1μL + 灭菌水 49μL)。

(5) 打开仪器上放置吸收池的槽盖。

(6) 按照设置的稀释方法,先向石英吸收池中加入对应体积的空白稀释液(灭菌水),然后把吸收池放入检测槽,按 blank 键进行调零。

(7) 再按照设置的稀释方法,向石英吸收池中加入对应体积的样品,并用微量加样器轻轻混匀。

(8) 按 sample 键,仪器会根据样品的稀释倍数自动计算出样品的最终浓度。

2.2　使用注意事项

(1) 分光光度计必须放置在固定且不受振动的仪器台上,不要随意搬动,严防振动、潮湿和强光直射。

(2) V-1100 型可见分光光度计和 UV-1100 型紫外-可见分光光度计开机后必须先预热 10min,待仪器自检稳定后再开始测定。

(3) 手持吸收池侧壁的毛玻璃面,不可手持其光学面,禁止用毛刷等物摩擦吸收池的光学面。

(4) 吸收池盛液量不能太满,以达杯容积2/3左右为宜。若不慎将溶液流到吸收池外表面，则必须先用滤纸吸干，再用擦镜纸或绸布擦净，然后才能把吸收池放入吸收池架。

（5）拉动吸收池架要轻，以防溶液溅出，腐蚀机件。

（6）测定完毕，比色液一般应先倒回原试管中，直至计算无误后方可倒掉。

（7）用完吸收池后应立即用水冲洗，再用蒸馏水洗净。若用上法洗不净，则可用5%中性皂溶液或洗衣粉稀溶液浸泡，也可用新配制的重铬酸钾-硫酸洗液短时间浸泡，之后立即用水冲洗干净。洗涤后应把吸收池倒置晾干或用滤纸条将水吸去，再用擦镜纸轻轻揩干。

（8）一般应把溶液浓度尽量控制在吸光度为0.05～1.0的范围进行测定，这样所测得的读数误差较小。如吸光度不在此范围内，可调节比色液浓度，适当稀释或浓缩，使其在仪器准确度高的范围内进行测定。

（9）每台分光光度计与其吸收池应配对使用，不得随意挪用。

（10）分光光度计内应放有硅胶干燥袋，且须定期更换。

3 电泳装置的结构及使用

第一台商品自由移动界面电泳系统问世后，近50年来电泳仪器发展迅猛，尤其是随着凝胶电泳技术的成熟及广泛应用，各种类型的凝胶电泳装置层出不穷，使电泳技术得以迅速发展。随着科学技术的不断发展，电泳仪器的分析对象越来越专一化，分辨率越来越高，操作越来越简单，性能越来越稳定。

3.1 电泳装置

凝胶电泳系统主要包括电泳仪、电泳槽及附属设备三大类。

3.1.1 电泳仪

电泳仪提供直流电，在电泳槽中产生电场，驱动带电分子的迁移。根据电泳仪的电压设计范围可将其分为三类：

（1）常压电泳仪（600V）：用于净电荷和SDS-聚丙烯酰胺凝胶电泳（图附-1）。

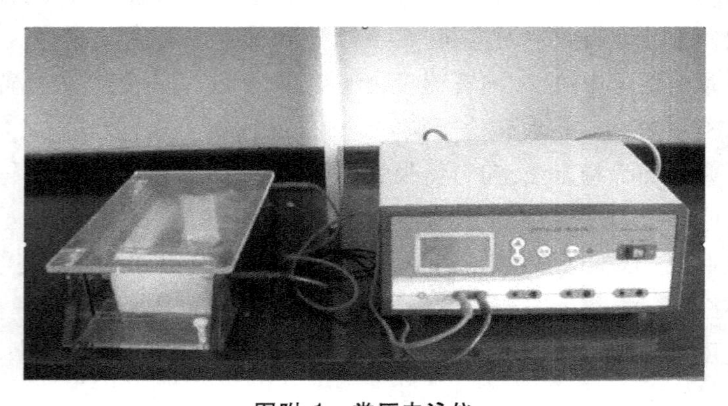

图附-1 常压电泳仪

（2）高压电泳仪（3000V）：用于载体两性电解质等电聚焦电泳和DNA测序。

（3）超高压电泳仪（30000～50000V）：用于毛细管电泳。

3.1.2 电泳槽

根据电泳种类不同，对电泳槽的设计也不一样。电泳槽主要有自由界面电泳槽、圆盘电泳槽、板状电泳槽。

(1) 自由界面电泳槽。

Tiselius 设计的自由界面电泳槽(图附-2)是一个 U 形玻璃管,在 U 形管下部放待分离的蛋白溶液,管壁连接到电极上。在电场的作用下,缓冲系统中蛋白质界面的移动可用光学系统“纹影法(schlieren)”照相,得到电泳图谱。这种电泳槽目前已不使用。20 世纪 90 年代初发展起来的高效毛细管电泳就是根据自由界面电泳槽的原理而设计的。

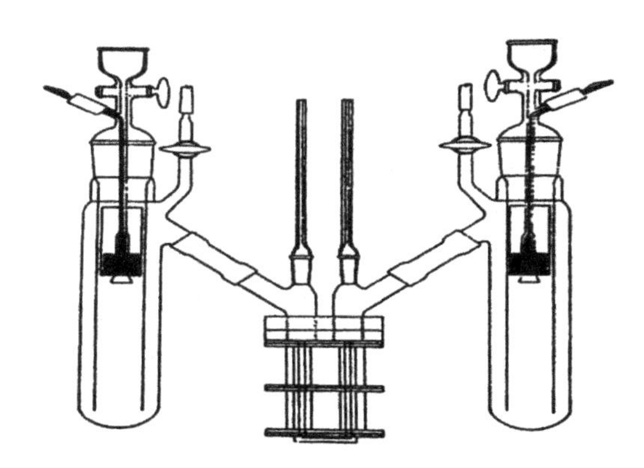

图附-2 Tiselius 自由界面电泳装置

(2) 圆盘电泳槽。

20 世纪 50 年代末,商品圆盘电泳槽(图附-3)问世。圆盘电泳槽有上下两个电泳槽和带有铂金电极的盖,上电泳槽具有若干个孔,可插电泳管。将丙烯酰胺凝胶贮液装在玻璃管内,凝胶在电泳管中聚合成柱状胶条,样品经电泳分离,蛋白区带染色后呈圆盘状,因而称为圆盘电泳(disc electrophoresis)。

图附-3 圆盘电泳槽

(3) 板状电泳槽。

板状电泳槽是目前使用最多的电泳槽,即将凝胶灌装在两块平行的玻璃板中间,因而称为板状电泳(slab electrophoresis)。板状电泳的最大优点是包括标准相对分子质量蛋白在内的多个样品可在同一块凝胶上在相同的条件下进行电泳,便于利用各种鉴定方法,热量容易消散，凝胶电泳结果便于照相和制成干胶。板状电泳槽可分为垂直式电泳槽（图附-4 至图附-6）和水平式电泳槽（图附-7）。

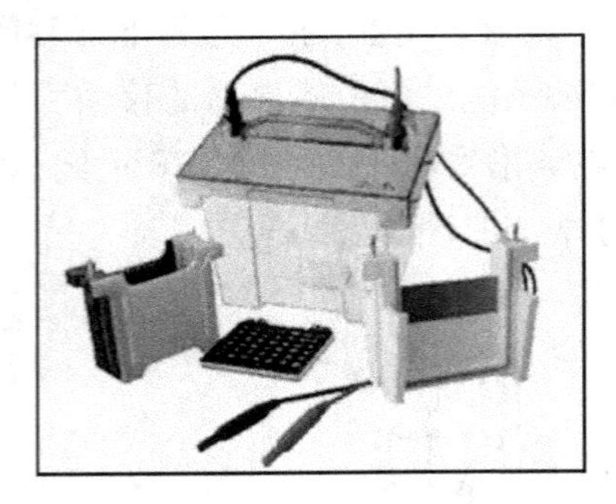

图附-4　垂板电泳槽

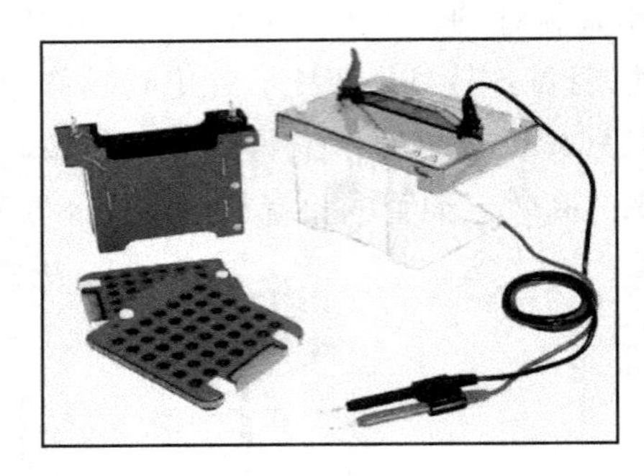

图附-5　转移电泳槽

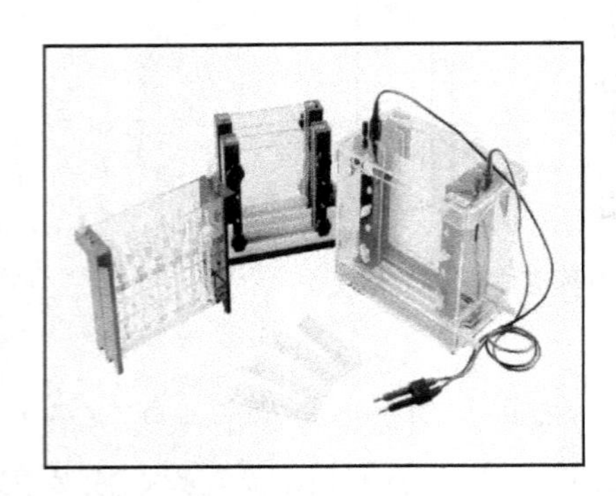

图附-6　双向电泳槽

图附-7　水平式电泳槽

垂直式电泳槽常用于聚丙烯酰胺凝胶电泳中蛋白质的分离，电泳槽中间是夹在一起的两块玻璃平板，在玻璃平板中间制备电泳凝胶，制胶时在凝胶溶液中放一个塑料梳子，在胶集合后移去，形成上样品的凹槽。

水平式电泳槽常用于琼脂糖凝胶电泳中核酸的分离，凝胶铺在水平的玻璃板或塑料板上，用一薄层湿滤纸连接凝胶和电泳缓冲液，或将凝胶直接浸入缓冲液中，制胶时在凝胶溶液的垂直方向放一个梳子，在凝胶集合后移去，可形成上样品的凹槽。

3.1.3　附属设备

随着电泳技术的发展，电泳技术的种类逐渐增加，凝胶电泳在制胶、电泳系统的冷却、凝胶染色及结果分析等方面的手段日趋完善，科学家们研制出了各种电泳附属设备，如梯度混合仪、外循环恒温系统、脱色仪、凝胶干燥系统、紫外透射仪（图附-8）、凝胶成像仪（图附-9），凝胶扫描仪（图附-10）等。

图附-8 紫外透射仪

图附-9 凝胶成像仪

图附-10 凝胶扫描仪

3.2 使用方法

3.2.1 操作步骤

(1) 电泳仪/电泳槽基本操作。

① 首先按装置说明组装好电泳槽,将配好的凝胶放入电泳槽并向电泳槽中加入适量的电泳缓冲液。

② 用导线将电泳槽的两个电极与电泳仪的直流输出端连接,注意极性不要接反。

③ 电泳仪电源开关调至关的位置,电压旋钮转到最小,根据工作需要选择稳压稳流方式及电压电流范围。

④ 接通电源,缓缓旋转电压调节钮至所需电压,设定电泳终止时间,此时即开始电泳。

⑤ 工作完毕后,应将各旋钮、开关旋调至零位或关闭状态,并拔出电泳插头。

(2) 凝胶成像仪基本操作(以 Tanon-1600 凝胶图像处理系统为例)。

① 打开主机电源和计算机电源。

② 将凝胶放入暗箱内样品台上。

③ 双击计算机桌面上的 Tanon MP 快捷方式,打开拍摄程序。

④ 打开发射白灯开关。首先,调节光圈大小,使画面内能观察到图像;然后在计算机显示屏上观察凝胶是否已全部在显示区域内,如凝胶位置不在画面中央,应重新移动凝胶,如凝胶未能在画面内完全显示,应调节变焦。

⑤ 关闭反射灯开关,打开投射灯开关。

⑥ 观察计算机显示的图像,重新调节光圈大小,注意避免图像过亮出现光晕,调节焦距,使图像清晰(如需使用投射白光,则把白光台电源打开,把白光台放在底板上,把胶放在白光台上)。

⑦ 单击工具栏上的拍照图标,获取图像。

⑧ 选择保存路径保存图像,设定文件名,并选择图像保存格式。

⑨ 图像保存后,关闭拍摄程序和成像系统电源。

3.2.2 使用注意事项

(1) 电泳仪通电进入工作状态后,禁止人体接触电极、电泳物及其他可能带电部分,也不能到电泳槽内取放东西,如有需要应先断电,以免触电。同时要求仪器必须有良好的接地端,以防漏电。

(2) 仪器通电后,不要临时增加或拔除输出导线插头,以防短路现象发生,虽然仪器内部附设有保险丝,但短路现象仍有可能导致仪器损坏。

(3) 由于不同介质支持物的电阻值不同,电泳时所通过的电流量也不同,其泳动速度及泳至终点所需时间也不同,故不同介质支持物的电泳不要同时在同一电泳仪上进行。

(4) 在总电流不超过仪器额定电流(最大电流范围)时,可以多槽并联使用,但要注意不能超载,否则容易影响仪器寿命。

(5) 某些特殊情况下须检查仪器电泳输入情况时,允许在稳压状态下空载开机,但在稳流状态下必须先接好负载再开机,否则电压表指针将大幅度跳动,容易造成不必要的人为机器损坏。

(6) 使用过程中发现异常现象,如噪声较大、放电或有异常气味,须立即切断电源,进行检修,以免发生意外事故。

(7) 电泳槽每次使用完以后都要用水冲洗干净,然后晾干以备下次使用,避免铂丝被缓冲液中析出的盐覆盖而影响电泳中的电流稳定。

(8) 使用紫外线透射光进行凝胶成像后要及时关掉紫外灯电源,并用软纸或无水乙醇把玻璃板面擦干净。

(9) 进行凝胶成像后不要完全关闭暗箱式抽屉,使其保持空气畅通。

4 离心机设备

4.1 制备型离心机

制备型离心机主要用于对不同密度、不同形状的物质微粒进行分离提纯,按离心转速大小可分为低速离心机(又称普通离心机)、高速离心机和超速离心机三类。转速≤10000r/min的为低速离心机,10000r/min＜转速＜30000r/min的为高速离心机,转速≥30000r/min的为超速离心机。其中以低速(包括大容量)离心机和高速冷冻离心机应用最为广泛,是生化实验室用来分离制备生物大分子必不可少的重要工具。

4.1.1 低速离心机

这类离心机结构较简单,可分为小型台式和落地式两类,配有驱动电机、调速器、定时器等装置,其转头多用铝合金制的甩平式和角式两种,可根据离心物质所需,更换不同容量和不同型号转速的转头。离心管有硬质玻璃管、聚乙烯硬塑料管和不锈钢管等多种型号。其最大转速为6000r/min左右,最大相对离心力近6000g,容量为几十毫升至几升,分离形式是固液沉降分离。低速离心机通常不带冷冻系统,室温下操作,主要用于收集易沉降的大颗粒物质,如红细胞、酵母细胞等。这种离心机多用交流整流子电动机驱动,电机的碳刷易磨损,转速用电压调压器调节,启动电流、速度升降不均匀,一般转头置于一个硬质钢轴上,因此精确地平衡离心管及内容物就极为重要,否则会损坏离心机。

4.1.2　高速冷冻离心机

高速冷冻离心机的转速可达20000r/min以上,最大相对离心力为89000g,最大容量可达3L,分离形式也是固液沉降分离。高速冷冻离心机一般都有制冷系统,以消除高速旋转转头与空气之间摩擦而产生的热量;离心室的温度可以调节并维持在0~4℃,转速、温度和时间都可以严格准确地控制,并有指针或数字显示。高速冷冻离心机所用角式转头均用钛合金和铝合金制成,离心管为带盖的聚乙烯硬塑料制品。这类离心机通常用于微生物菌体、细胞碎片、大细胞器、硫铵沉淀和免疫沉淀物等的分离纯化,但不能有效地沉降病毒、小细胞器(如核蛋白体)或单个分子。

4.1.3　超速离心机

超速离心机的转速可达50000~80000r/min甚至更高,能使亚细胞器分级分离,并用于蛋白质、核酸相对分子质量的测定等。超速离心机著名的生产厂商有美国的贝克曼公司和日本的日立公司等。其离心容量由几十毫升至2L,分离的形式是差速沉降分离和密度梯度区带分离,离心管平衡允许的误差<0.1g。

超速离心机主要由驱动和速度控制、温度控制、真空系统和转头四部分组成。超速离心机的驱动装置是由水冷或风冷电动机通过精密齿轮箱或皮带变速,或直接用变频感应电机驱动,并由微机进行控制。由于驱动轴的直径较细,因而在旋转时此细轴可有一定的弹性弯曲,以适应转头轻度的不平衡,而不至于引起振动或转轴损伤。除速度控制系统外,还有一个过速保护系统,以防止转速超过转头最大规定转速而引起转头撕裂或爆炸。为此,离心腔用能承受此种爆炸的装甲钢板密闭。

温度控制由安装在转头下面的红外线射量感受器直接连续监测离心腔的温度,以保证准确、灵敏的温度调控。这种红外线温控比高速离心机的电热偶控制装置更敏感、更准确。

超速离心机装有真空系统,这是它与高速离心机的主要区别。离心机的速度在2000r/min以下时,空气与旋转转头之间的摩擦只产生少量的热;速度超过20000r/min时,由摩擦产生的热量显著增大;当速度在40000r/min以上时,由摩擦产生的热量就成为严重问题,为此,将离心腔密封,并由机械泵和扩散泵串联工作的真空泵系统抽成真空,温度变化容易控制,摩擦力很小,这样才能达到所需要的超高转速。

超速离心机转头由高强度钛合金制成,可根据需要更换不同容量和不同型号的转速转头。

4.2　分析型离心机

分析型离心机使用特殊设计的转头和光学检测系统,以便连续监测物质在离心场中的沉降过程，从而确定其相关的物理性质，如沉降系数(S)、物质质量(m)等。

分析型超速离心机的转头是椭圆形的，以避免应力集中于孔处。此转头通过一个有柔性的轴连接到一个高速的驱动装置上，在一个冷冻和真空的腔中旋转，转头上有2~6个装离心杯的小室。离心杯是扇形石英的，可以上下透光。离心机中装有一个光学系统，在整个离心期间都能通过紫外吸收或折射率的变化检测离心杯中沉降的物质，在预定的期间可以拍摄沉降物质的照片。在分析离心杯中物质沉降情况时，在重颗粒和轻颗粒之间形成的界面就像一个折射的透镜，结果在检测系统的照相底板上产生了一个峰。由于沉降不断进行，界面向前推进，因此峰也移动，从峰移动的速度可以计算出样品颗粒的沉降速度。

分析型超速离心机在短时间内用少量样品就可以得到一些重要信息，如能够确定生物大分子是否存在以及其大致的含量，计算生物大分子的沉降系数，结合界面扩散估计分子的大小，检测分子的不均一性及混合物中各组分的比例，测定生物大分子的分子质量，检测生物大分子的构象变化等。

4.3 离心操作注意事项及其维护保养

高速与超速离心机是生物化学、细胞生物学和分子生物学实验中的重要精密仪器。使用离心机首先应重视安全。离心机转速高、产生的离心力大，如使用不当或缺乏定期的检修和保养可能发生严重事故，因此使用离心机时必须严格遵守操作规程。

(1) 使用前细心准备、检查。首先明确离心机的最大转速，应该在允许的范围内进行离心。如果需要4℃离心，则提前制冷，待温度达到后再开始离心。此外，使用前必须检查离心管是否有裂纹、老化等现象，如有应及时更换。

(2) 样品严格配平，对称放置。离心前应确保样品对称放置，质量相等。因此必须事先将离心管及其内容物进行小心、严格配平，使两端质量之差不超过离心机说明书上所规定的范围，尤其是在高速离心时，由于离心力较大，即使质量上很小的差异也会造成很大的不平衡力，这会引起中心轴扭曲而带来危险。

(3) 离心管加样量适宜。装载溶液时，要根据待离心液体的性质及体积选用合适的离心管。对于无盖的离心管，液体不得装得过满，以防离心时甩出，造成转头不平衡或腐蚀离心机。

(4)留意观察离心过程，不能随意打开盖门。离心过程中不得随意离开，应随时观察离心机上仪表是否正常工作，如有异常的声音应立即停机检查，及时排除故障后再进行离心。仪器在工作状态或停机未稳定状态下，不要随意打开盖门，避免发生危险。

(5) 离心完毕后精心处理。每次离心完毕后，必须将转头和仪器擦干净，以防液体沾污、腐蚀仪器。低温离心后须将离心机盖打开以保持干燥，避免水滴凝结。

(6) 使用完毕后认真登记。当所有离心过程完成后，应在记录本上登记使用情况，尤其是离心过程中的异常情况更应该如实填写，以避免一些不良后果的发生。

(7) 注意转头保养。转头是离心机的重点保护部件，平常使用时应注意清洗擦干以免腐蚀，搬动时避免碰撞造成伤痕，长期不用时应涂一层上光蜡保护。不同的转头有不同的使用寿命，超过使用寿命应停止使用。

5 可调微量移液器

可调微量移液器又称加样枪，是一种取液量连续可调的精密取液仪器。其量程一般包括 10μg、20μg、100μg、200μg，最大到 1000μg，可根据需要选择合适体积。其基本结构和原理是一样的，即通过按动芯轴排出空气，将前端安装的吸头置于液体中，放松对按钮的按压，靠内置弹簧机械力使按钮复原，形成负压，吸取液体。

5.1 操作方法

（1）选择。根据需要选择合适的移液器，其容量最好等于或稍大于取液量。用前先看清量程。

（2）调所需值。将体积选取钮调至所需值前先确定调节轮的方向，再调至大于或小于所需值一格，最后调回所需值。

（3）装吸液嘴。将吸液嘴或吸头、枪头套在吸液杆上，轻轻转动，以保证密封。

（4）取液。垂直地握住移液器，用拇指将取液按钮按到第 1 挡，并把吸液嘴浸入液面下几毫米处，再缓慢地放松按钮，使之复位，等待 1 ~2s 后将其从液体中取出。

（5）放液。将吸液嘴移至加样容器上，缓慢地把按钮按到第 1 挡位置，等待 1 ~2s，再放松按钮完全按下（即按到第 2 挡位置），排尽全部液体后，吸液嘴应沿容器壁向上滑动取出，再放松按钮，使之复位，即完成一次操作过程（图附-11）。如果发现吸液嘴尖口处仍残留液体，则应将吸液嘴接触容器内壁，使液体沿壁流下，同时拇指不能松开。

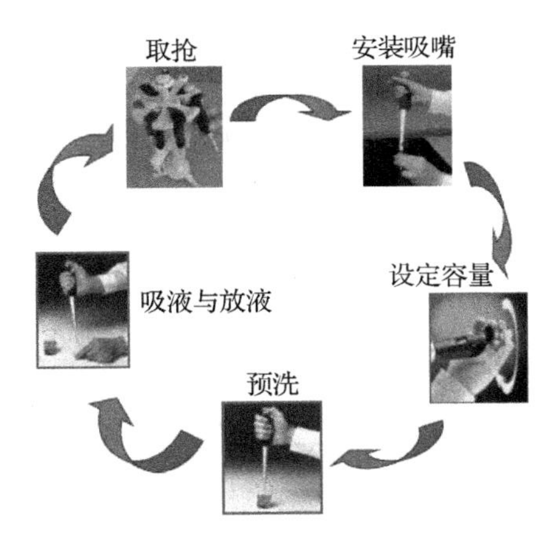

图附-11 取液放液操作

5.2 使用注意事项

（1）移液器属精密仪器，取液前应调好调节轮。

（2）排液时按钮要按动至第 2 挡，以便排净液体。

（3）为获得较好的精度，在取液时应先按吸液的方法浸渍吸液嘴头部，以消除误差。因为当所吸液体为血浆类、石油类和有机类液体时，吸液嘴的内表面会留下一层薄膜，而这个值对同一个吸液嘴是一个常数，如果将这个吸液嘴再浸一次，则精度是可以保证的。

（4）按钮移动速度不能过快，否则会造成吸液嘴内形成气泡，影响吸入液体的量，有时还会使液体冲入移液器内，腐蚀内部垫圈或弹簧，造成吸液不准确，严重时则不能吸入液体。

(5) 当移液器中有溶剂时,移液器不准平放。

(6) 移液器使用完毕应恢复至其最大容量值。

6 容量瓶

容量瓶主要用于配制准确度高的溶液或定量地稀释溶液,故常和分析天平、移液管配合使用。它是一种细颈梨形的平底玻璃瓶,带有磨口玻璃塞或塑料塞,颈上有标度刻线,表示在所指温度(一般为20℃)时,液体充满至标线时的准确容积。

6.1 容量瓶的使用步骤

(1) 检查瓶塞是否漏水。容量瓶使用前应检查是否漏水,检查方法为:注入自然水至标线附近,盖好瓶塞,将瓶外水珠拭净,用左手食指按住瓶塞,其余手指拿住瓶颈标线以上部分,用右指尖托住瓶底边缘。将瓶倒立2min,观察瓶塞周围是否有水渗出,如果不漏水,将瓶直立,把瓶塞旋转180°,再倒立2min,如不漏水,即可使用。

(2) 检查标度刻线距离瓶口是否太近。若标度刻线距离瓶口太近,不便混匀溶液,则不宜使用。

(3) 转移溶液。用容量瓶配制标准溶液或分析试液时,最常用的方法是:将待溶固体称出置于小烧杯中,加水或其他溶剂将固体溶解,然后将溶液定量转入容量瓶中。定量转移溶液时,使烧杯嘴紧靠玻璃棒,而玻璃棒则悬空伸入容量瓶口中,棒的下端应靠在瓶颈内壁上,使溶液沿玻璃棒和内壁注入容量瓶中。烧杯中溶液流完后,玻璃棒和烧杯稍微向上提起,并使烧杯直立,再将玻璃棒放回烧杯中。然后用洗瓶吹洗玻璃棒和烧杯内壁,再将溶液定量转入容量瓶中。如此吹洗、转移溶液的操作一般应重复3次以上,以保证定量转移。当转移溶液或加水至容量瓶的3/4左右容积时,用右手食指和中指夹住瓶塞的扁头,将容量瓶拿起,按同一方向摇动几周,使溶液初步混匀。继续加水至距离标度刻线约1cm处,等1~2min,使附着在瓶颈内壁上的溶液流下后,再用细而长的滴定管加水至凹液面下缘与标度刻线相切。此时,盖上干的瓶塞,然后将容量瓶倒转,使气泡上升到顶,振荡容量瓶,混匀溶液。再将瓶直立过来,如此反复10次左右,即可将溶液混匀。稀释溶液时用移液管移取一定体积的溶液于容量瓶中,加水至标度刻线,按前述方法混匀溶液。

6.2 使用注意事项

(1) 不要将容量瓶的磨口玻璃塞随便取下放在桌面上,以免沾污或再次盖上时配错容量瓶,可用橡皮筋或细绳将瓶塞系在瓶颈上。当使用平顶的塑料塞时,取下时可将塞子倒置在桌面上放置。

(2) 容量瓶中不宜长期保存试剂溶液,尤其是碱性溶液,因为它会侵蚀瓶塞使其无法打开。配好的溶液需保存时,应转移至清洁干燥的试剂瓶中。

(3) 容量瓶使用完毕应立即用水冲洗干净,如长期不用,磨口处应洗净擦干,并用纸片将盖子和磨口隔开。

(4) 容量瓶不得在烘箱中烧烤,也不能在电炉等加热器上直接加热。如需使用干燥的容量瓶,可用乙醇等有机溶剂荡洗后晾干或用电吹风的冷风吹干。

7　电子天平

电子天平是根据电磁力补偿的原理设计并由微机控制的一种仪器，它使物体在重力场中实现力矩的平衡，经过模数变换，以数字和符号显示称量的结果。用电子天平称量全程不用砝码，放上被称物后，在几秒内即达到平衡，显示读数，称量速度快、精度高。它的支撑点用弹性簧片取代机械天平的玛瑙刀口，用差动变压器取代升降旋钮，用数字显示代替指针刻度。因此，电子天平具有使用寿命长、性能稳定、操作简单和灵敏度高的特点。此外，电子天平还具有自动校准、自动去皮、超载显示、故障报警、质量信号输出功能，且可与打印机、计算机连用，进一步扩展其功能，如统计称量的最大值、最小值、平均值及标准偏差等。

电子天平按结构可分为上皿式和下皿式两种。秤盘在支架上面的为上皿式，秤盘吊挂在支架下面的为下皿式。目前，广泛使用的是上皿式以电子天平。电子天平的规格品种齐全，载荷可以大到数吨、小到毫克，其读数精度从10g到0.1μg。超微量天平其读数准确度达1μg，再现性（标准偏差）也能达到1μg。尽管电子天平种类繁多，但其使用方法大同小异，具体操作可参考各仪器的使用说明书。以下简要介绍电子天平的使用方法。

7.1　操作步骤

（1）水平调节。在初次使用前及每次变换天平的安装位置后，都要对电子天平进行水平调节。观察水平仪，若水平仪气泡不位于圆环中央，须反复调整地脚螺栓，直至水平仪内的气泡正好位于圆环的中央。

（2）预热。接通电源，预热30min后，开启显示器进行操作（为达到理想的测量结果，电子天平在初次接通电源或在长时间断电之后，至少需要30min的预热时间）。

（3）校准。电子天平安装到位后，第一次使用前，应对其进行调整校正。因存放时间较长、位置移动、环境变化或为获得准确测量，电子天平在使用前也应进行校准操作。在确认电子天平空载的情况下，按ON/OFF键接通电子天平，等信号稳定后按ZERO键将电子天平清零，使电子天平显示零刻度。轻按CAL键，调校过程开始，显示不带单位的砝码值（如100g）。放置所要求的砝码，经一定时间后调校结束，显示称量单位。取下校准砝码，显示器应显示为零；若显示不为零，再仔细重复以上操作。为了得到准确的校准结果，通常须反复校准2次。

（4）称量。按ON/OFF键接通天平自检。按ZERO键，显示为“0”后，置被称物于秤盘上，待数字稳定后，该数字即为被称物的质量值。

（5）去皮称量。按ZERO键清零，置容器（小烧杯、小表面皿、称量纸、称量瓶）于秤盘上，天平显示容器质量，再按ZERO键，显示为“0”，即去皮重。将被称物放入容器中（用药勺盛装试样在容器上方轻轻振动，使试样徐徐落入容器中，直至指定质量），数字稳定后显示即为被称物的净质量。

（6）称量结束。称量、记录完毕，将试样全部转入实验容器中。按ZERO键清零，关闭两侧门，按NO/OFF键关闭显示器。若当天不再使用电子天平，应拔下电源插头，罩上防尘罩，并在电子天平使用登记本上登记。

7.2 使用注意事项

（1）电子天平是精密仪器，必须保持在一定环境中才能达到其设计性能。要求天平室温度应保持在波动幅度不大于0.5℃/h，室温应在15℃～30℃，湿度保持在55%～75%。天平室应避免阳光直射，最好是在朝北的室内，以减少温度变化。天平室应有窗帘，以挡住直射阳光。

（2）天平室要注意清洁、防尘，门窗要严密，周围无振动源，无强磁场。

（3）同一实验应使用同一台电子天平。

（4）称量后应检查电子天平是否完好，并保持电子天平的清洁。若不慎在电子天平内洒落了药品，应立即清理干净，以防止腐蚀电子天平。

（5）电子天平载重不得超过最大负荷，开启开关不能用力过猛，被称药品应放在洁净的器皿中称量，挥发性、腐蚀性、吸潮性的物体必须放在密封加盖的容器中称量。

（6）不得把过热或过冷的物体放在电子天平上称量，应在物体和电子天平温度一致后进行称量。

（7）被称物体均应放在电子天平秤盘中央，开门、取放物体必须在电子天平处于休止状态时。

（8）称量完毕，应及时取出被称物，关好天平门，拔下电源插头，罩上防尘罩。

8 酸度计

酸度计是测量pH的精密仪器，也可用来测量电动势。

8.1 操作步骤

（1）安装。

① 电源的电压与频率必须符合仪器铭牌上所指明的数据，同时必须接地良好，否则在测量时可能导致指针不稳。

② 酸度计一般配有玻璃电极和甘汞电极。将玻璃电极的胶木帽夹在电极夹的小夹子上，将甘汞电极的金属帽夹在电极夹的大夹子上。可利用电极夹上的支头螺丝调节两个电极的高度。

③ 玻璃电极在初次使用前，必须在蒸馏水中浸泡24h以上；平常不用时也应浸泡在蒸馏水中。

④ 甘汞电极在初次使用前，应浸泡在饱和氯化钾溶液内，不要与玻璃电极同泡在蒸馏水中；不使用时也应浸泡在饱和氯化钾溶液中或用橡胶帽套住甘汞电极的下端毛细孔。

（2）校正。

① 将“pH-mv”开关拨到pH位置。

② 打开电源开关，指示灯亮，预热30min。

③ 取下放蒸馏水的小烧杯，并用滤纸轻轻吸去玻璃电极上多余的水珠。在小烧杯内倾入选择好的、已知pH的标准缓冲溶液，然后将电极浸入。注意应使玻璃电极端部小球和甘汞电极的毛细孔浸在溶液中。轻轻摇动小烧杯使电极所接触的溶液均匀。

④ 根据标准缓冲液的pH，将量程开关调到0～7或7～14处。

⑤ 调节控温钮,使旋钮指示的温度与室温相同。

⑥ 调节零点,使指针指在 pH 7 处。

⑦ 轻轻按下或稍许转动读数开关使开关卡住。调节定位旋钮,使指针恰好指在标准缓冲液的 pH 数值处。放开读数开关,重复操作,直到数值稳定为止。

⑧ 校正后,切勿再旋动定位旋钮,否则需重新校正。取下盛放标准液的小烧杯,用蒸馏水冲洗电极。

(3) 测量。

① 将电极上多余的水珠吸干或用被测溶液冲洗 2 次,然后将电极浸入被测溶液中,并轻轻转动或摇动小烧杯,使溶液均匀接触电极。

② 被测溶液的温度应与标准缓冲溶液的温度相同。

③ 校正零位,按下读数开关,指针所指的数值即为待测液的 pH。若在量程 pH 0 ~7 范围内测量时指针读数超过刻度,则应将量程开关置于 pH 7 ~ 14 处再次测量。

④ 测量完毕,放开读数开关后,指针必须指在 pH 7 处,否则须重新调整。

⑤ 关闭电源,冲洗电极,并按照前述方法浸泡。

8.2　使用注意事项

(1) 防止仪器与潮湿气体接触。潮气的浸入会降低仪器的绝缘性,使其灵敏度、精确度、稳定性都降低。

(2) 玻璃电极小球的玻璃膜极薄,容易破损,切忌与硬物接触。

(3) 玻璃电极的玻璃膜不要沾上油污,如不慎沾有油污,可先用四氯化碳和乙醚冲洗,再用乙醇冲洗,最后用蒸馏水洗净。

(4) 甘汞电极的氯化钾溶液中不允许有气泡存在,其中一般含有极少结晶,以保持饱和状态。如结晶过多,毛细孔堵塞,最好重新灌入新的饱和氯化钾溶液。

(5) 如酸度计指针抖动严重,则应更换玻璃电极。

8.3　标准缓冲液的配制

酸度计所用的标准缓冲液配制容易,也比较稳定,常用的配制方法如下:

(1) pH =4.00 的标准缓冲液:称取在 105℃下干燥 1h 的邻苯二甲酸氢钾 5.07g,加重蒸馏水溶解,并定容至 500mL。

(2) pH =6.88 的标准缓冲液:称取在 130℃下干燥 2h 的磷酸二氢钾(KH_2PO_4)3.401g,磷酸氢二钠($Na_2HPO_4 \cdot 12H_2O$)8.95g 或无水磷酸氢二钠(Na_2HPO_4)3.549g,加重蒸馏水溶解并定容至 500mL。

(3) pH =9.18 的标准缓冲液:称取硼酸钠($Na_2B_4O_7 \cdot 10H_2O$)3.814g 或无水硼酸钠($Na_2B_4O_7$)2.02g,加重蒸馏水溶解并定容至 100mL。